LAS LUCES MÁS DIMINUTAS DEL UNIVERSO

Últimos títulos publicados en esta colección:

C. Fine, *Testosterona rex*
R.-P. Droit, *La tolerancia explicada a todo el mundo*
F. Manes y M. Niro, *El cerebro del futuro*
N. N. Taleb, *Jugarse la piel*
S. Zweig, *Balzac*
S. Chemaly, *Enfurecidas*
Edgar Cabanas y Eva Illouz, *Happycracia*
E. Kandel, *La era del inconsciente*
E. Kandel, *La nueva biología de la mente*
N. Mandela, *El camino a la montaña*
C. López-Otín, *La vida en cuatro letras*
J. Baggini, *Cómo piensa el mundo*
T. Phillips, *Humanos*
M. Eliade, *Historia de las creencias y las ideas religiosas I*
M. Eliade, *Historia de las creencias y las ideas religiosas II*
M. Eliade, *Historia de las creencias y las ideas religiosas III*
M. S. Gazzaniga, *El instinto de la conciencia*
M. Mittelmeier, *Adorno en Nápoles*
T. Morton, *Ecología oscura*
D. Robson, *La trampa de la inteligencia*
D. Darling y A. Banerjee, *El sorprendente libro de las rarezas matemáticas*
L. Castellanos, *El lenguaje de la felicidad*
B. Lewis, *El último Leonardo*
K. Armstrong, *El arte perdido de las escrituras*
Ch. Ryan y C. Jethá, *En el principio era el sexo*
C. Rackete, *Es hora de actuar*
K. Kirkpatrick, *Convertirse en Beauvoir*
E. Young-Bruehl, *Hannah Arendt*
M. Rovere, *¿Qué hacemos con los idiotas?*
S. Žižek, *El sexo y el fracaso del absoluto*
Dr. S. Novella, *Guía del Universo para escépticos*
A. García Ortega, *Abecedario del lector*
I. Crespo, *Una selva de sinapsis*
E. Safran Foer, *Todavía seguimos aquí*
H. Jahren, *El afán sin límite*
C. López-Otín y G. Kroemer, *El sueño del tiempo*
M. Onfray, *Sabiduría*
E. R. Kandel, *La era del inconsciente*
b. hooks, *Todo sobre el amor*
V. Hansen, *El año 1000*
L. Feldman Barrett, *Siete lecciones y media sobre el cerebro*
A. Rutherford, *Cómo rebatir a un racista*
A. Poirier, *La Rive Gauche*
Z. D. Carter, *El precio de la paz*
A. David, *El cerebro es más profundo que el mar*
AA. VV., *Las preguntas siguen*
S. Seager, *Las luces más diminutas del universo*

SARA SEAGER

LAS LUCES MÁS DIMINUTAS DEL UNIVERSO

Una historia sobre amor,
dolor y exoplanetas

Traducción de Ana Pedrero Verge

PAIDÓS Contextos

Título original: *The Smallest Lights in the Universe*
Publicado originalmente en inglés por DoubleDay Canada.
Esta edición ha sido publicada por acuerdo con Intercontinental Literary Agency LTD.

1.ª edición, junio de 2021

Paidós es un sello editorial de Editorial Planeta, S. A.
Avda. Diagonal, 662-664
08034 Barcelona, España
www.paidos.com
www.planetadelibros.com

ISBN 978-84-493-3828-1
Fotocomposición: AuraDigit
Depósito legal: B. 7.166-2021

El papel utilizado para la impresión está calificado como papel ecológico y procede de bosques gestionados de manera sostenible.

Impreso en España – *Printed in Spain*

Para Charles

SUMARIO

NOTA DE LA AUTORA

En este libro no hay ficción. Hasta donde recuerdo, todo lo que leerás es cierto. Siempre que ha sido posible, he recurrido a fuentes secundarias para comprobar los hechos, y he cambiado algunos nombres para proteger las identidades de personas particulares.

LAS LUCES MÁS DIMINUTAS DEL UNIVERSO

No todos los planetas tienen estrellas. Algunos no forman parte del sistema solar. Están solos, y los llamamos planetas interestelares.

Al no estar vinculados a ninguna estrella, estos planetas no están anclados en el espacio. No orbitan, sino que deambulan, flotando en la corriente de un océano infinito. Carecen también de la luz y del calor que emiten las estrellas. Sabemos de un planeta interestelar, el PSO J318.5-22 —ahora mismo, está ahí arriba, en la inmensidad—, que da tumbos por la galaxia como un barco sin timón, envuelto de una oscuridad perpetua. Las constantes tormentas asolan su superficie. Es posible que llueva en el PSO J318.5-22, pero en tal caso, no llovería agua. Es más probable que sus negros cielos desaten precipitaciones de hierro fundido.

Puede que nos cueste imaginar un planeta en el que llueve metal líquido en la oscuridad, pero los planetas interestelares no son ciencia ficción. No los hemos imaginado ni los hemos soñado. Los astrofísicos como yo los hemos encontrado. Son lugares reales que existen en nuestros mapas celestiales. Puede que tan solo en la Vía Láctea existan billones de exoplanetas —planetas que orbitan alrededor de estrellas que no son el Sol— más convencionales que andan dando vueltas alrededor de los cientos de miles de millones de estrellas que habitan nuestra galaxia, pero entre todo ese orden perfecto y casi infinito, en el vacío que se extiende entre un sinfín de estira y afloja, también están los planetas perdidos, los interestelares. Y el PSO J318.5-22 es tan real como la propia Tierra.

Hubo días en los que me despertaba y no veía gran diferencia entre estar allí y aquí.

Una mañana, lo único que me convenció para levantarme de la cama fue la risa lejana de mis hijos. Max tenía ocho años y Alex, seis. Estaban mirando por la ventana con las caras radiantes de alegría. Era un fin de semana de enero; el cielo estaba azul y un fino manto de nieve lo había cubierto todo por la noche. Por fin, un rayo de luz: podríamos salir y tirarnos en trineo, uno de los pasatiempos favoritos de nuestra familia. Tras un desayuno rápido, Max y Alex se pusieron la ropa para ir a la nieve, metimos sus trineos de plástico en el coche e iniciamos el breve trayecto que nos llevaría hasta la cima de la montaña de Nashawtuc.

Este lugar es un punto de encuentro muy popular en Concord, Massachusetts. La ladera es lo suficientemente empinada y rápida como para divertir también a los adultos, y por eso a veces se llena de gente. Pero esa mañana estaba tranquila, no había nieve suficiente como para tirarse en trineo, y la hierba alta y las malas hierbas asomaban entre la poca nieve que había. Traté de fingir, por alegrar a los niños, que aun así sería divertido, pero ni yo misma me lo creía. Me había pasado toda mi vida buscando luces en la oscuridad, y ahora solo veía la negrura que nos envolvía. Pero ya que habíamos hecho el viaje hasta la cima, ¿por qué no intentar llegar hasta abajo?

En la cima había otras dos mujeres, madres que hablaban y se reían mientras sus hijos jugaban. Eran hermosas e iban tan arregladas que sentí celos. Las miré fríamente. Pensé: «¿Quién se levanta un domingo y decide maquillarse así?». Parecían sacadas de un folleto que anuncia felicidad.

Max era lo bastante corpulento como para llegar a los pies de la montaña. Incluso si se topaba con los hierbajos, su masa y la velocidad lo ayudarían a atravesarlas. Pero la física no acompañaba tanto a Alex. Se atascaba una y otra vez, y tras intentar tirarse unas cuantas veces, terminó dándose por vencido. Para colmo de males, tenía que ver cómo su hermano bajaba como un rayo, y no lo pudo soportar: se quedó sentado, en medio de la ladera, haciendo pucheros. No lloró, pero se estiró en plena bajada y se negaba a moverse: si él no se divertía, los demás, tampoco.

Una de las madres me llamó la atención y me pidió si podía apartarlo. Estaba en medio y le preocupaba que pudiera hacerse daño. Entendía por qué tenía que mover al niño, pero también estaba agotada y mis planes se habían ido al garete. No estaba de humor para recibir órdenes de alguien como aquella mujer tan atractiva. De hecho, no estaba de humor para recibir órdenes de nadie. La miré fijamente y negué con la cabeza.

Me lo pidió de nuevo.

«No —dije—. Tiene un problema.»

La mujer sonrió y puede que incluso riera un poco.

«Ah, vale —dijo—. Pero es que...»

La ignoré.

«Es que la ladera...»

«TIENE UN PROBLEMA. MI MARIDO HA MUERTO.»

Cuando las feas garras del duelo te tienen atrapada, repeles a la mayoría de los que te rodean. Nadie sabe qué decir o cómo comportarse en tu presencia. Lo que representas asusta a todos y supongo que, en cierto modo, aprendes a querer que así sea. La distancia que guardan es una muestra de respeto: tu dolor justifica que todos te eviten. Y llegas a ansiar esa capacidad de influir en los movimientos de los demás; el desconsuelo es tu poder sobrehumano, y la tristeza, tu rasgo más extraordinario. Llega un momento en el que ansías ese espacio.

Pensé que aquella mujer se estremecería, que recularía, pero entonces hizo algo de lo más extraño: sonrió y le brillaron los ojos. Se convirtió en un horno que irradiaba calor.

«El mío también», afirmó.

Me quedé de piedra. Creo que le pregunté cuándo había enviudado. «Hace cinco años», dijo. Yo solo llevaba seis meses. «Ya no se acuerda de lo que se siente —pensé—, cómo se atreve a reírse de mí.»

Me sobrevino la urgencia de salir corriendo, de volver a meterme en la cama, bajo el azote de mis propias tormentas de hierro fundido, pero Max seguía divirtiéndose en la montaña. Es en momentos como esos, cuando te sientes partida por la mitad, cuando te das cuenta de lo sola que estás. Debes encontrar soluciones para problemas irresolubles. Decidí que volvería con los niños a casa, cogeríamos el iPad para Alex y volveríamos. Alex podría quedarse en el coche y jugar, y Max podría seguir tirándose con el trineo. Con un poco de suerte, cuando volviéramos la otra viuda ya se habría ido.

Pero no, allí seguía. Conocer a gente nueva y atractiva no me resultaba fácil en las mejores circunstancias, y en aquel caso estaban lejos de ser óptimas. No tenía ni idea de cómo actuar. Traté de quedarme lejos, de resultar todavía más repulsiva de lo que me sentía. No funcionó. Se estaba acercando. Qué bochorno. ¿Es que no sabía leer el cartel que llevaba colgado del cuello? ¿No podía dejarme en paz? Esta vez, sin embargo, había algo distinto en su forma de acercarse. Medía sus movimientos, como si no quisiera asustarme. Todavía sonreía, solo que un poco menos.

Llevaba un papel en la mano en el que había escrito su nombre, Melissa, y su número de teléfono. Dijo que en Concord había un grupo de viudas de nuestra edad. Hablaba de ellas como si se tratara de una macabra *troupe* de acróbatas, como si su nombre debiera ir en mayúsculas: las Viudas de Concord. Dijo que cinco de ellas se acababan de reunir por primera vez para acompañarse en sus nuevas realidades, en sus nuevos papeles de mujeres abandonadas. Que tal vez debería unirme a ellas la próxima vez que se reunieran. Entonces sonrió con esa cálida sonrisa suya y volvió con su amiga.

Yo sería la sexta. De pie en la cima de la montaña, calculé las probabilidades. Que hubiera tantas viudas en un municipio tan pequeño —la población de Concord no llega a los veinte mil habitantes— parecía enormemente improbable. Y así se lo dije a Melissa: «Eso es estadísticamente imposible». Entonces me acordé del verano pasado, cuando había llamado al campamento de Max y Alex para advertir al director de que su padre se estaba muriendo. El director dijo que no me preocupara. «Estamos acostumbrados», aseguró. En aquel momento me sorprendió su respuesta, pero ahora lo entendía. En Concord había demasiados niños sin padre, faltos de una de sus dos anclas.

Me guardé el número de Melissa en el bolsillo del abrigo. Un día tras otro, lo sacaba y lo miraba para asegurarme de que era real. Me aterraba perderlo, pero, por otro lado, me daba demasiado miedo llamar. Jamás había conocido a nadie como yo; ¿por qué iba a hacerlo ahora que me había vuelto todavía más atípica? Tampoco quería descubrir que, en realidad, las demás viudas no eran como yo. Unos meses antes había llamado a un número que había visto en un anuncio de un grupo de viudas en el periódico local, pero la mujer que cogió el teléfono me rechazó porque el grupo era para viudas mayores, no para viudas jóvenes. Me había hecho sentir como un bicho raro. Cuando estás inmersa en esa terrible tristeza, cuesta imaginar que alguien en el mundo sabe cómo te sientes. Y, sin embargo, ahí estaba ese pequeño ejército de mujeres en mi pueblecito, unas mujeres que, de alguna manera, sabían exactamente por lo que estaba pasando porque ellas estaban pasando por lo mismo. Cuando sacaba ese pedazo de papel, sentía como si fuera la última cerilla que me quedaba por encender en plena tormenta.

Tardé casi una semana en reunir el valor de llamar a Melissa. Para entonces, el papel ya estaba casi deshecho.

Sonó el teléfono y Melissa cogió el teléfono. Me preguntó cómo estaba. Ya casi nadie se atrevía a preguntármelo, y no supe cómo contestar.

«Bien —dije—. Mal.»

Dijo que las Viudas de Concord iban a celebrar una fiesta pronto. Preguntó si me apetecería ir.

«Sí —respondí—, me gustaría mucho. ¿Cuándo es?»

Hubo una pequeña pausa.

«En San Valentín.»

CAPÍTULO 1

Ha nacido una observadora de estrellas

La primera vez que de verdad vi las estrellas tenía diez años. Era una niña básicamente urbanita, así que casi nunca experimentaba la oscuridad absoluta. Las calles de Toronto eran mi universo. Mis padres se separaron cuando era muy pequeña, y mi hermano, mi hermana y yo pasábamos mucho tiempo solos, viajando en metro y explorando callejones. A veces nos cuidaban jóvenes apenas mayores que nosotros. Uno de ellos, un chico llamado Tom, le pidió a mi padre que nos llevara a todos de acampada.

Las acampadas no encajaban con el concepto de diversión de mi padre. Los canadienses se escapan «al campo» siempre que pueden, y forman grandes colas serpenteantes de tráfico dominguero para llegar a una fracción sagrada de lago y árboles. El doctor David Seager era británico, y a menudo se ponía corbata en fin de semana; para él, lo de dormir en el bosque era cosa de animales.

Pero Tom debió de ser bastante convincente, porque antes de que me diera cuenta ya estábamos de camino hacia el norte. Fuimos a un parque provincial llamado Bon Echo, forjado en un pequeño enclave de Ontario, a tres o cuatro horas de Toronto. Bon Echo alberga una serie de preciosos lagos que parecen casi negros junto al verde de los árboles. Hay playas blancas y acantilados de granito rosa —perfectos para escalar tan alto como te atrevas antes de saltar al agua fría— y espesas alfombras de agujas rojas de pino en el suelo de los bosques. Bon Echo era el lugar más hermoso que había visitado jamás.

Tal vez fue la ausencia de los sonidos de la ciudad lo que hizo que me costara dormir. Mis hermanos y yo compartíamos una tienda de campaña. Habíamos colocado una maleta pequeña entre nosotros, como si fuera una mesilla de noche. (Como de costumbre, nos las habíamos tenido que apañar solos, y nos habíamos tenido que preparar las cosas nosotros mismos. Nadie nos había dicho que uno no suele llevarse una maleta para irse de acampada.) Mis hermanos hacían los suaves sonidos que hacen los niños cuando duermen.

Jeremy era el mayor, y era alto para su edad. Solo me llevaba un año, pero ese año era crucial y solían ponerlo a cargo de todo. Desde las alturas, dirigía nuestras actividades cotidianas. Julia era la pequeña, bonita y escandalosa, con una luz perpetua en los ojos. Era la favorita de todos. Yo, pequeña y callada, estaba en medio en todos los sentidos. Yo era la oscuridad. Jeremy y Julia son rubios y tienen los ojos azules; yo soy morena y tengo los ojos avellana. Y aquella noche mis ojos también eran los únicos que se quedaron abiertos.

Bajé la cremallera para abrir la puerta de la tienda y salí a la oscuridad. Me alejé lo suficiente como para dejar atrás los árboles.

Y entonces miré hacia arriba.

Se me paró el corazón.

Han pasado muchos años, pero todavía recuerdo aquella sensación en el pecho. Era una noche sin luna y sobre mi cabeza había estrellas, muchas estrellas, cientos, quizá miles. Me pregunté cómo era posible que existiera tal belleza, y me pregunté también por qué nadie me había hablado de ella. Tenía que ser la primera persona en ver el cielo nocturno. Tenía que ser la primera persona en la historia de la humanidad que se había atrevido a salir y a mirar hacia arriba. De lo contrario, la gente hablaría de las estrellas, se las enseñarían a los niños en cuanto abrieran los ojos. Me quedé ahí parada y miré el cielo durante lo que me parecieron horas pero seguramente fueron segundos; yo, una niña que sabía cómo abrirse paso entre el caos de una gran ciudad y de un hogar roto, y que ahora se encontraba, por primera vez, ante un misterio de verdad.

Me sobrecogió la sensación de que aquello era demasiada luz, demasiado conocimiento para asimilarlo de golpe. Corrí de vuelta a la tienda, me hice un ovillo junto a mi hermana y traté de volver a tener solo diez años, concentrándome en el dulce sonido de su respiración.

Mi padre vivía a las afueras de Toronto, en una serie de apartamentos y bungalós pulcros y ordenados. Mi madre, Janis, vivía en una antigua pensión en una zona maltrecha de la ciudad llamada South Annex, con mi padrastro, montones de periódicos viejos y una legión de gatos bautizados con nombres de personajes literarios. Era escritora, poeta.

Yo nunca intimaba con niños que no fueran parientes nuestros, así que desconocía lo diferente que era nuestra familia. Cuando me siento generosa, me digo a mí misma que tuvimos suerte de vivir ajenos a las habituales presiones impuestas por una educación más convencional. Aprendí a creer que la libertad es valiosa en cualquier forma en que se te dé, y que aquella difícil libertad contribuyó a hacer de nosotros quienes somos hoy: Jeremy es enfermero, Julia es arpista, yo soy astrofísica. Pero cuando reflexiono sobre la realidad de nuestra infancia, me cuesta creer que sobreviviéramos, especialmente cuando pienso en mis hijos a esa misma edad. Éramos oseznos a los que echaron a correr entre osos.

Al principio, cuando vivíamos en South Annex, íbamos a una escuela Montessori muy retirada de la ciudad, cerca de la lejana casa que había sido nuestro hogar antes de que mis padres se separaran. No sé por qué seguimos yendo al mismo colegio tras mudarnos a la ciudad, pero tardábamos más de una hora a la ida y a la vuelta, y el viaje implicaba coger dos autobuses y el metro, además de largas esperas en ajetreadas estaciones y andenes entre uno y otro. Jeremy debía de tener unos ocho años, lo que significa que yo tendría siete y Julia, cinco. Tras unas semanas de viajes de ensayo, pasamos a hacer el trayecto solos todos los días.

Jeremy ahorraba un puñadito de monedas hasta que le llegaba para comprar una bolsa de patatas de salsa agria y cebolla que compartíamos estrictamente. Hoy, el simple olor de esas patatas me devuelve a aquellos autobuses y a aquellos metros. Para pasar el rato leíamos los periódicos —desechados por los adultos o robados de la caja de periódicos cuando alguien compraba uno, antes de que la puerta se bloqueara—, lo que supongo que era un punto positivo. Éramos lo que los educadores modernos llamarían «avanzados».

Un día, mi hermana se cayó en un charco de barro en la parada de autobús en la que empezaba nuestro largo trayecto hasta casa. Después de un viaje bañado en lágrimas, una mujer vio a Julia, que seguía llorando, y se la llevó al baño de mujeres para limpiarla. Tardó una eternidad, y yo entraba y salía para mantener informado a mi hermano, que, preocupado, montaba guardia afuera. Trato de imaginar aquella situación hoy en día: una mujer que se topa con tres niños de menos de ocho años, solos, una de ellas llorando y cubierta de barro. Creo que, hoy, en la mayoría de los casos, la historia terminaría con una llamada a la policía. En nuestro caso, terminó con una desconocida que adecentó como pudo a mi hermana de cinco años antes de montarnos en el metro de vuelta a la ciudad.

Tengo otros recuerdos que causaron daños más duraderos. Mi padrastro era un monstruo, el tipo de bestia que suele vivir en las negras entrañas de un cuento de hadas. No me agredía físicamente, pero era capaz de una crueldad insoportable, y sus cambios de humor eran feroces. Vivía siempre con miedo de contrariarlo.

Él y mi madre seguían en la cama cuando nos íbamos al colegio después de juntar lo que podíamos para prepararnos algo para desayunar y comer. Él no trabajaba, y la carrera literaria de mi madre no era precisamente lucrativa. Mi padre me contó que sospechaba que toda la familia sobrevivía con la pensión que les pasaba por nosotros. Cuando mi padrastro y mi madre tuvieron a mi media hermana, íbamos tan justos que me preguntaba si ahora éramos seis viviendo de una pensión pensada para tres. Julia y yo teníamos que compartir una habitación ya de por sí abarrotada con el bebé. Durante meses los cólicos la hicieron llorar toda la noche, y cuando se le pasaron, se despertaba en cuanto amanecía. Mi madre me ignoraba cuando le suplicaba que tapara las ventanas, orientadas al este, y siempre era yo quien se levantaba a atender a la pequeña.

A los nueve años, una mañana decidí no llevar a Julia al colegio. (Para entonces ya no íbamos a la escuela Montessori, pero nuestro nuevo colegio estaba a más de un kilómetro a pie.) Julia debía de tener siete años, pero yo quería ir con una de mis medio amigas y no quería que mi hermana pequeña nos acompañara, así que le dije que fuera sola. En lugar de ir por las calles secundarias, más seguras y tranquilas, fue por las calles principales. En una esquina especialmente concurrida, una mujer inestable se enfrentó a ella, le gritó en la cara e intentó golpearla con las bolsas que llevaba. Julia se quedó petrificada y gritó pidiendo auxilio. Pasó un largo rato antes de que alguien le prestara atención. Un agente inmobiliario salió por fin de una oficina cercana y la rescató. Durante los siguientes días, los profesores del colegio me preguntaron qué había pasado. «¡Oh no, la dulce Julia!» Estaban estupefactos.

«Te has metido en un lío tremendo», gritó mi padrastro cuando llegué a casa. No recuerdo exactamente qué dijo después, pero cuando cierro los ojos, esto es lo que oigo: «Eres una mala persona. ¿En qué estabas pensando? Eres una irresponsable. Eres una niña ingrata y estoy furioso contigo».

Tendría que haber cuidado de mi hermana, pero no dejaba de tener nueve años. Esa noche fui yo quien se despertó llorando.

Pasábamos los fines de semana con mi padre, al principio en su apartamento cerca de unas autopistas enormes. Esos dos días eran como tener vacaciones del miedo. Mi padre se echaba la siesta para compensar el sueño perdido durante toda la semana laboral, mientras mi hermano, mi hermana y yo pasábamos el rato jugando, a menudo a juegos inventados por nosotros mismos. Una tarde, salimos al balcón. Vivía en el decimoctavo piso. Era lo más lejos del suelo que habíamos estado nunca, y, con un impulso que consideré bastante natural, decidimos tirar todo tipo de objetos por encima de la barandilla para verlos caer. Nada que pesara: un peine, una muñeca. Pero la gravedad es como es, y cualquier cosa gana velocidad si se lanza desde tan arriba. Seguíamos nuestros proyectiles con la mirada para verlos aterrizar y nos esforzábamos para oír el momento del impacto, mientras aprendíamos un poco sobre la física de la aceleración de la velocidad del sonido. Entonces bajábamos en el ascensor, los recogíamos, y vuelta a empezar.

Cuando mi padre se despertó y vio lo que estábamos haciendo, se enfadó mucho. Podríamos haberle hecho daño a alguien, y no debíamos salir del edificio solos. Yo ni siquiera entendía que ese tipo de reglas pudieran existir, y mucho menos que debiera seguirlas. Desde entonces he sabido que muchos científicos eran revoltosos de pequeños, y la cepa específica de sus trastadas puede ser un buen indicador para predecir el campo de estudio que escogerán en el futuro. Los químicos, por ejemplo, suelen atravesar períodos de piromanía infantil. Los biólogos pueden mostrar una curiosidad un tanto excesiva acerca del interior de las ranas. Los físicos, en algún momento de nuestras vidas, lanzamos objetos desde las alturas.

A pesar de que ese experimento no fue de su agrado, mi padre prefería dar ejemplo, enseñar mediante la ilustración. Su primer apartamento no estaba hecho para acomodar a una familia, y dormíamos en camas improvisadas, pero al menos no teníamos que preocuparnos por que unos extraños gatos blancos llamados Rosencrantz y Guildenstern marcaran el territorio sobre nuestra ropa. Una mañana, estaba recogiendo la cama plegable que compartía con mi hermana cuando rasgué sin querer la manta naranja de poliéster que habíamos usado. Mi padrastro me había condicionado a esperar que mi dejadez tuviera consecuencias, y empecé a llorar de una forma inconsolable.

Mi padre no entendía aquel disgusto, ya que mi reacción no era proporcional con lo que había ocurrido. Por desgracia, no ató cabos. Nos había oído quejarnos de nuestro padrastro, pero creo que pensó que éramos los típicos hijos de divorciados que detestan a los padres sustitutos por instinto. En ese momento, no vio nada más que a su hijita, asustada, destrozada por un desgarro en una manta barata.

Nunca he olvidado lo que hizo a continuación. Cogió la manta por cada lado de la rasgadura y la rompió en dos ante mis ojos inyectados en sangre. Trataba de enseñarme que algunas cosas importan y otras no, pero en aquel momento, mi interpretación fue otra: el lugar en el que estás lo cambia todo.

A medida que fui creciendo, cada vez estaba más unida a mi padre. Con él, me sentía comprendida. Fue médico de familia durante muchos años, y su ajetreada consulta era una piedra angular en la pequeña localidad de Markham, al norte de la ciudad. Con el tiempo, Markham se convirtió en una ciudad, y mi padre siguió en el centro de todo. El proceso fue lento, pero logró abrirse camino, y se mudó a un bungaló en una zona residencial del norte que, a mis ojos, era el paraíso. Siempre había sentido el tiempo que pasaba con él como un indulto; ahora, cada fin de semana era una fuga.

Mi padre veía que yo funcionaba de un modo algo diferente, que mi cerebro no era como el de otros niños. A veces manifestaba en voz alta su preocupación por el hecho de que era demasiado seria y sonreía poco. Un día, mientras mirábamos unas fotografías, me enseñó a qué se refería: mis ojos se veían tristes y desenfocados, como si estuviera mirando algo que nadie más veía. Me confesó que se había preguntado si padecía algún problema de desarrollo. Décadas después encontré una etiqueta que ponía nombre a esa díscola mirada mía, un diagnóstico que me situó en el espectro autista. Pero entonces, y durante el resto de la vida de mi padre, simplemente era su hija, una hija algo diferente. Pasé mucho tiempo preguntándome —y agonizando— acerca de mi sensación de diferencia, pero mi padre me aceptaba sin reservas.

Recuerdo que en una ocasión invitó a un amigo a cenar que comentó que mi interior pertenecía a alguien mucho mayor, y mi padre se creció ante la idea de que mi cuerpo no se correspondiera con mi alma. Creía en la reencarnación y se preguntaba si nos habríamos conocido en una vida anterior y si ello explicaba nuestra conexión. Estaba convencido de que nos encontraríamos de nuevo en el futuro.

Para cuando cumplí once años, los libros ya se habían convertido en mi vía principal de conexión con el mundo, y cuando salió el tema de la reencarnación, hice lo que siempre hacía y fui a la biblioteca a leer sobre la idea de la vida después de la muerte. Mi investigación me llevó a concluir que la muerte era definitiva, pero mi padre me había ofrecido otras posibilidades. Para él, ser padre consistía en eso: su misión era hacernos de guía por entre las maravillas de la existencia humana. Decidió que sería médico, como él, y empezó a encaminarme hacia ese tipo de éxito concreto. Me ponía música clásica y me daba libros que estaban muy por encima de mi entendimiento. Recuerdo que me dio uno de George Gamow titulado *Un, dos, tres... Infinito*. Lo leí, tal como se me había indicado. No entendí absolutamente nada.

Hubo otro libro, rojo, finito y de bolsillo llamado *La magia de creer* que sí me impactó. Mi padre había comprado una caja entera de ese libro y se lo regalaba a todo aquel que lo quisiera. Era una investigación histórica sobre el poder del pensamiento positivo. Lo leí una y mil veces. Mi parte favorita era la historia de una niña llamada Opal, hija de un leñador de Oregón, que creía pertenecer a la realeza francesa. La mayoría la trataba de lunática, pero para cuando cumplió los veintitantos ya formaba parte de una familia real, aunque en la India, donde un periodista la descubrió en un carruaje magnífico tirado por caballos. Aquel libro me hizo creer en un tipo de «magia práctica»; esto es, en que la visión lleva a la planificación y esta, a su vez, genera oportunidades. Podía mejorar mi vida a fuerza de desearlo.

Mi realidad se mostró resistente al cambio. A los doce años, mi padre me matriculó en un colegio privado, St. Clement's School, para niñas anglicanas. Éramos judíos, en la teoría más que en la práctica, de forma que solo encajaba a medias, pero era el único colegio privado que me aceptó. Pasé sin problemas las pruebas de acceso de todos los demás colegios, pero las entrevistas eran otra historia. En ese momento, pensé que quizá pensaban que carecía de las capacidades sociales necesarias para integrarme. Ahora, al echar la vista atrás, creo que es más probable que tuviera que ver con mi silencio durante lo que se suponía que debía ser una conversación. Nunca sabía qué decir, así que apenas hablaba.

Entré en St. Clement's en séptimo. Teníamos prohibido salir de los confines del colegio, pero yo llevaba vagando por las calles de Toronto sola desde los seis años. Había una pastelería en la calle de enfrente que me llamaba a gritos, y no iba a dejar que una regla idiota me impidiera ir. Unas semanas después de llegar al colegio, crucé la calle.

En un colegio como St. Clement's, aquella ofensa era equiparable a provocar un incendio, y en cierto modo sí prendí una llama. Las otras niñas empezaron a poner en duda nuestro plan de estudios, el cual había sido diseñado para que obedeciéramos. Empezaron a hacer trampa en la sala de estudios y a escribir obscenidades en las pizarras. (Una chica escribió «Jesús te quiere», lo que se consideraba ofensivo por razones que jamás llegué a comprender.) La directora me consideraba el catalizador de aquella rebelión, seguramente porque lo era. Me llamó a su despacho más de una vez. «Sara —empezaba siempre—, eres muy lista, y guapa, y las otras alumnas te siguen. Podrías hacer mejor uso de tus cualidades.» Algo en mí había cambiado, y sus palabras me crispaban. ¿Por qué tenía que ser como ella creía que debía ser?

Cuando algunos padres empezaron a prohibir que sus hijas hablaran conmigo, me di cuenta de que había llegado el momento de cambiar de colegio. Volví al sistema público; uno o dos años después, ya había aceptado totalmente mi destino. Empecé a salir con un grupo de adolescentes desarraigados de colegios de toda la ciudad. Se corría la voz y quedábamos por la noche en algún andén del metro. Ninguno era exactamente amigo mío, pero había dos chicas mayores que se apiadaban de mí y se aseguraban de que fuera a las fiestas. Se reían de mi ropa antes de dejarme algo mejor, y yo las seguía como una mascota, tratando de aprender cómo sentir lo que sentían la una por la otra. (Su pitorreo era mejor que el puro tormento al que a veces me sometían en el colegio.) Nos colábamos en los poros de la ciudad como el mercurio. Corrían ríos de alcohol y abundaban las drogas. Podía ser la hija de mi padre, pero solo el fin de semana. Entre semana, seguía viviendo con mi madre y mi padrastro, y esas cinco noches trataba de mantenerme lejos de su vista.

A finales del invierno y en la primavera de 1987, cuando ya tenía quince años, apareció una estrella nueva en el cielo del sur. Una supergigante azul llamada Sanduleak -69° 202 había estallado en la Gran Nube de Magallanes, una galaxia satélite enana próxima a la Vía Láctea. Fue la supernova más próxima a nosotros en aparecer en cerca de cuatrocientos años, y la primera oportunidad que tuvieron los astrónomos modernos de presenciar de primera mano la muerte de una estrella y el nacimiento de otra. Estaba a 168 000 años luz de la Tierra, pero para verla no hacían falta telescopios: desde su descubrimiento en febrero y hasta el punto de mayor brillo en mayo, los últimos vestigios de su luz quedaron prendidos en el cielo. Los astrónomos no pudieron confirmar que la estrella perdida era la Sanduleak -69° 202 hasta que hubo desaparecido su último destello.

Una tarde de domingo había quedado con unas chicas del colegio para ir a patinar, pero cancelé mis planes para ir a una presentación sobre la nueva supernova en la Universidad de Toronto. Entre los ponentes trajeados, uno que iba en vaqueros llamaba la atención. Resultó ser el astrónomo que había descubierto la Supernova 1987A y el resplandor de su halo. Dos mil personas, sentadas en hileras que salían del escenario, lo escuchaban hablar. El silencio era sepulcral, y yo, cautivada, me dejaba embelesar por el asombroso relato de su descubrimiento. Bastó con la autodestrucción de una estrella para que la fascinación que me había sobrevenido en Bon Echo prendiera de nuevo en mi interior.

Ese verano cumplí los dieciséis. Dejé de juntarme con el grupo de adolescentes: una noche estábamos en un ferry de camino a las Islas de Toronto, tratando de dejar atrás otra noche eterna y aburrida, cuando vi las luces de un barco que iba en sentido opuesto y me di cuenta de que preferiría estar en él, y no en el que estaba. Empecé a trabajar en una atracción de carnaval en la Exposición Nacional Canadiense, esa de los peces de plástico imposibles de atrapar. Después de tres semanas aguantando a la muchedumbre y el calor, había amasado la gran suma de 400 dólares. Invertí hasta el último centavo en un telescopio reflector de unos diez centímetros.

Dejé el telescopio en casa de mi padre, y el invierno siguiente pasé todos los fríos fines de semana en un aparcamiento enorme, mirando las estrellas. Mi padre me acompañaba a menudo, tiritando a mi lado, y nuestro vaho formaba una única nube en el frío.

Recuerdo perfectamente la noche en la que encontramos a Júpiter.

Aquí en la Tierra, mi padre decidió embarcarse en una segunda carrera: empezó a ofrecer trasplantes capilares. A pesar de su éxito en la medicina interna, disfrutaba del sentimiento de volver a empezar, de colocar los cimientos de otra lenta construcción. Yo le encontraba un significado agridulce a su nueva actividad. Devolver el cabello a sus pacientes no les salvaba la vida, pero, en cambio, se convertían en sus admiradores más fieles. Habían padecido años de estrés e inseguridades, el dolor de un hecho inevitable e indeseado, y ahora había un hombre que les traía la promesa de arreglar todo lo que habían perdido junto a sus cabelleras.

Las reconstrucciones capilares eran una salvajada. Los desesperados hombres se sometían a que les recortaran cientos de parches de la cabeza o secciones enteras de cuero cabelludo. Aquellas intervenciones podían dejarlos peor y más vulnerables que antes, y en algunos casos la cura era peor que la enfermedad. Uno de los efectos secundarios más comunes era la llamada «cicatriz de escopeta». Mi padre quería algo mejor y se obsesionaba con mejorar su técnica, que se diferenciaba en que hacía miles de injertos de folículos individuales que quedaban más naturales. Experimentaba con cualquier adelanto prometedor que se inventara —fue de los primeros en utilizar láser antes de desecharlo porque abrasaba precisamente lo que debía coser— y jamás parecía satisfecho, ni siquiera con las mejores obras de sus expertas manos. Puede parecer que lograr que la línea del nacimiento del cabello quede razonablemente bien no sea el objetivo más escurridizo del mundo, pero no hay nada que desafíe a la imitación tanto como la naturaleza, y la entrega de mi padre a su trabajo y a sus pacientes dejó huella en mí. Aquella fue su enseñanza más accidental y, al tiempo, la más significativa. Había algo inspirador en su negativa a aceptar el presente como realidad perpetua.

Tras breves estancias en otros colegios, finalmente aterricé en el Jarvis Collegiate Institute, un instituto público cerca del centro de la ciudad con una reputación intachable en matemáticas y ciencias. Era diverso en todos los sentidos: estaba lleno de inmigrantes de todo el mundo y albergaba una pasmosa colección de sibaritas y callejeros, genios y rezagados. Jarvis Collegiate era el lugar perfecto en el que ser un lobo solitario. No había presión por pertenecer a un grupo porque nadie se ponía de acuerdo en qué era guay. No me sentí aliviada por haber conectado con alguien, sino por no tener que preocuparme por establecer conexión alguna.

Un día iba de camino al colegio, sola, como siempre —atajando por el campus dividido de la Universidad de Toronto, la mitad antigua de piedra, la mitad nueva de cristal—, cuando vi un cartel que anunciaba que ese fin de semana se celebraría una jornada de puertas abiertas. El sábado volví, busqué el ascensor del edificio más alto del campus y le di al botón de uno de los pisos de más arriba. Llegué al departamento de astronomía. Había una mesa ocupada por profesores y alumnos que repartían montoncitos de papeles, y en ese instante me di cuenta: la astronomía podía ser más que una pasión, podía ser una carrera. Entonces me comprometí conmigo misma a ponerme en serio con los deberes. Si sacaba buenas notas, podría entrar en la universidad, lo que me permitiría mirar las estrellas durante el resto de mi vida. Magia.

La mayoría de las asignaturas me resultaban fáciles, con la notable excepción, inicialmente, de la física. Me costaba aplicar sus ecuaciones al mundo real; la vida me parecía mucho más arbitraria y caótica. La mía, al menos, lo era. Pero entonces, un día, mi profesor de física nos dio un muelle de espiral a cada uno, y colocó una tabla con un agujero en el otro extremo de la clase. El propósito del ejercicio era que calculáramos la fuerza constante del muelle, y que usáramos la ley de Hooke y las ecuaciones del movimiento para dar con el ángulo perfecto para lanzar el muelle de forma que cruzara el aula y se metiera en el agujero.

Uno a uno, todos lo intentamos. Más o menos un tercio de la clase dio con el punto. (Tengo mis sospechas sobre cuántos habían seguido la ley de Hooke y cuántos se lo debieron al azar.) Hice los cálculos y los comprobé una y otra vez antes de que llegara mi turno. Coloqué el muelle en el ángulo y disparé. Me quedé con la boca abierta al ver cómo el muelle formaba un arco perfecto a través del aula y entraba directamente en el agujero.

Al empezar mi último año de instituto, me sorprendió que me dieran tres sobres junto con el horario. El primero contenía una carta que decía que el año anterior había sacado las mejores notas de todo el curso (había quedado la primera de entre unos trescientos alumnos). En los otros dos sobres había premios de asignaturas. Ni siquiera sabía que mi instituto concediera premios académicos, ya que nunca había recibido uno y siempre me había saltado las asambleas en las que se entregaban. Un par de días después, nos reunimos en el auditorio del colegio. Yo formaba parte de la banda de música del colegio y tocamos antes de la entrega de premios. Cada vez que pronunciaban mi nombre, tenía que dejar la flauta y cruzar el escenario. Me sentía incómoda, puede que incluso avergonzada, ya que un pequeño montón de certificados no tardó en acumularse junto a mi partitura.

Uno de mis antiguos amigos de juergas, con quien ya no me trataba, se me acercó en el auditorio.

«No sabía que fueras tan lista», dijo.

Todavía oigo cómo lo dijo, con una extraña mezcla de rabia y pedantería y confusión. En un momento dado había querido ser mi novio, pero yo no lo veía de esa forma. Quizá esa fue su oportunidad de rechazarme.

«Ni yo», contesté.

Supongo que tendría que haberme alegrado o sentido orgullosa de mis logros, pero lo cierto es que no les di demasiada importancia. Los veía desde un punto de vista lógico: en las asignaturas en las que había sacado las notas más altas, había ganado premios. Eso me cuadraba. Lo que me cuadraba menos era que hubiera sacado las notas más altas la primera vez que me lo había propuesto. No había trabajado de forma incansable ni tampoco había perseverado; sencillamente, había decidido esforzarme más. Algo no encajaba. Ser la mejor tendría que haber sido más difícil.

Mi padre estaba más contento que yo, hasta que le dije, otra vez, que no quería ser médico. Desde mi visita a la universidad, había insistido en que iba a ser astrónoma. La próxima vez que me quedé con él, me dio un buen sermón. Fue uno de los pocos fines de semana juntos que se me hizo largo en lugar de corto.

«Tienes que poder encontrar un empleo y mantenerte —dijo—. Y jamás dependas de un hombre.» La resistencia de mi padre ante mis ambiciones me parecía irónica. Un vidente le había dicho una vez que se haría famoso, y a principios de los noventa se había ganado una fama atípica gracias al camino poco convencional que había elegido: el Centro de Trasplantes Capilares Seager —y las vallas publicitarias que lo anuncian siguen rindiéndole homenaje más de una década después de su muerte—. Él atribuía gran parte del mérito de sus logros a *La magia de creer*, pero cuando se trataba del futuro de su hija, no estaba tan dispuesto a desafiar al Destino.

«Nadie triunfa comerciando con lo abstracto», me dijo durante su regañina. «El mundo quiere evidencias —afirmó, casi gritando—. El mundo quiere pruebas.» Oía lo que decía, pero no lo escuchaba. Júpiter tenía argumentos de mucho más peso.

Hay una obra de teatro muy famosa, *Equus*, que trata sobre un chico atormentado que ama ciegamente a los caballos. El muchacho visita a un psiquiatra llamado Martin Dysart, quien trata de entenderlo y comprender su pasión. Dysart se queda perplejo:

> Un niño nace en un mundo de fenómenos de igual poder esclavizador —dice—. Huele, mama, posa los ojos sobre el incontable rango. De pronto, uno lo agarra. ¿Por qué? Los momentos se encadenan como imanes, formando una cadena de grilletes. ¿Por qué? Puedo trazarlos. Puedo, incluso, con tiempo, volver a separarlos. Pero por qué al principio estuvieron magnetizados —esos momentos particulares de experiencia y no otros—, lo desconozco.

Yo también puedo rastrear mi amor. ¿Por qué las estrellas y no los caballos, o los chicos, o el hockey? No lo sé; no lo sé. Tal vez sea porque las estrellas son la antítesis de la oscuridad, de los padres agresivos y de las hermanas pequeñas en peligro. Las estrellas son luz. Las estrellas son posibilidad. Son los lugares en los que coinciden la ciencia y la magia, ventanas a mundos más grandes que el mío. Las estrellas me dieron la esperanza de que un día quizá diese con las respuestas correctas.

Pero mi amor por ellas es mucho más que eso. Cuando pienso en las estrellas, siento una atracción casi física. No quiero limitarme a mirarlas, quiero conocerlas, de la primera a la última, una estrella por cada grano de arena terrestre. Quiero bañarme en la luz de los cientos de millones de soles que brillan en los billones de ciclos que existen tan solo en nuestra galaxia. Para mí, las estrellas representan más que una posibilidad; son una probabilidad. En la Tierra, las probabilidades parecían jugar en mi contra, pero el lugar en el que estás lo cambia todo. Cada estrella era, y sigue siendo, otra oportunidad de encontrarme en otro lugar. En un lugar nuevo.

CAPÍTULO 2

Un cambio de trayectoria

Nos separaban miles de kilómetros de la cima del mundo, y yo no había visto ni un centímetro. Cada paso que diéramos sería un auténtico descubrimiento. Una corriente me recorrió todo el cuerpo: la excitación eléctrica de lo desconocido. Ahí arriba, no sabía nada.

Según las líneas de nuestro mapa todavía sin arrugar, estábamos en el norte de Saskatchewan. Ahora me parecía que esas líneas no significaban nada, que eran un intento fútil de imponer orden en la ausencia de algo que respondiera a la escala humana. Saskatchewan es un rectángulo gigantesco sobre el papel, pero estábamos en un lugar que desafiaba a la geometría convencional. No había puntos de referencia, ni intersecciones, ninguna de las habituales señales o esquinas definidas que usamos para orientarnos. Solo había rocas, árboles y ríos que se extendían en una maraña que parecía tan infinita como el propio tiempo.

Era junio de 1994 y acababa de graduarme en matemáticas y física por la Universidad de Toronto. Los dos últimos veranos los había pasado haciendo prácticas en el Observatorio David Dunlap a las afueras de la ciudad, y había dividido mi tiempo entre observar y clasificar estrellas variables —estrellas cuyo brillo fluctúa— y leer los libros de astronomía con tapas de cuero que sacaba de estanterías tan altas como una escalera. También me había adentrado más en la naturaleza, y hacía excursiones en canoa bajo el manto de estrellas que había visto por primera vez en Bon Echo. Decidí tomarme un largo descanso antes de zambullirme en mi doctorado en Harvard e invertirlo en hacer un viaje inolvidable: durante dos meses recorrería los lugares más remotos del norte de Canadá en canoa, dejando atrás hasta el último de los árboles.

La concentración y la disciplina universitarias habían acabado con los últimos vestigios de mi adolescencia errante, pero seguía siendo inquieta y propensa a episodios de deambulación mental y física. Jamás me contentaba con el mundo que tenía enfrente. Siempre sentía que tenía que haber más. Y de nuevo fue un libro el que cambió el curso de mi vida, *La isla durmiente*, escrito por un hombre que había abandonado su vida de maestro en Boston un verano para explorar las grandes Tierras Baldías en canoa. Leerlo me hizo soñar con una travesía de dimensiones épicas. Pasé mi último invierno en la universidad en la biblioteca, con la nariz metida en mapas y relatos de expediciones de hacía un siglo escritas a la tenue luz de los faroles. Incluso en sepia, el Ártico era un paisaje de otro mundo, compuesto de casi tanta agua como tierra. En el verano del norte, bajo el resplandor de un sol de media noche, podía parecer que había más lagos que estrellas.

Me apunté a la Asociación de Excursiones en Canoa de Toronto para prepararme para mi propio viaje. Un fin de semana no tenía quien me llevara a una excursión de esquí (organizada mientras esperábamos al deshielo de los ríos), y un miembro del club llamado Mike Wevrick se ofreció a acompañarme. Cuando llegué (tarde) a nuestra cita, lo encontré en su destartalado coche leyendo un libro de bolsillo algo menos maltratado. Entre el libro, la barba y su cabellera pelirroja, casi no le veía la cara. Sus ojos, tan azules como el cielo invernal, eran el único rasgo que lo distinguía.

Pasamos cinco horas juntos en el coche, de camino al Parque Provincial de Killarney cerca de Sudbury, en Ontario, donde esquiamos con un grupo por un bosque en el que los árboles se aferraban a la montaña como cabras en un terreno empinado. Mike dijo que mi dominio del esquí lo había impresionado. A mí no me impresionó el suyo, especialmente cuando decidió parar antes para ir a comerse un dónut en una cafetería cercana. Yo quería esquiar hasta que cayera la noche.

Mike me llamó una y otra vez después de aquel viaje, tratando de convencerme para embarcarme en otra aventura con él. Puede que me llamara dos veces a la semana durante casi un mes. Yo lo rechazaba con la misma frecuencia. Creía entender qué veía en mí —es cierto que esquiaba bastante bien—, y tal vez un poco qué veía en nosotros. Habíamos encontrado muchos temas de conversación en nuestro largo viaje en coche, y a los dos nos encantaba la naturaleza. Y ya está. ¿Justificaba eso que pasáramos más tiempo juntos? Lo cierto es que, en aquel entonces, el nivel más elevado en mi escala de compañía humana era «tolerable», y no incluía a nadie nuevo en mi vida a menos que me diera una muy buena razón.

Con Mike había sentido una chispa diminuta, pero nada que ver con los relámpagos de las películas. ¿Era esa chispa diminuta una razón de peso suficiente para dejar que entrara en mi mundo? No lo creía. Además, me iría de Toronto en cuanto terminara el verano. El Departamento de Astronomía de Harvard me había aceptado en su programa de posgrado el día que habíamos ido a esquiar a Killarney. No tenía sentido iniciar algo que terminaría antes de poder siquiera empezar.

«¿Quieres que volvamos a ir a esquiar?»

«No, gracias.»

«¿Quieres ir de excursión a las Montañas Blancas?»

«No. Pero no lo consideres algo personal. Me voy en septiembre y, de todas formas, desde allí estaré más cerca de las Montañas Blancas.»

Entonces, un día de marzo, Mike me llamó porque había oído que el hielo se había resquebrajado en el río Humber: «¿Quieres ir en canoa?». El Humber atravesaba la ciudad y no era especialmente pintoresco, pero me apasionaba remar. Mike por fin me oyó decir que sí, por mucho que fuera el agua lo que me interesara, y no él.

El fin de semana siguiente nos metimos en unos rápidos artificiales —el derrame de una presa— y ensayamos maniobras de aguas bravas. Nos faltaba práctica y coordinación, y tras unos minutos ya habíamos volcado la canoa de Mike, una maltrecha Old Town Tripper. Yo llevaba puesto un traje de neopreno, pero aun así tenía frío y estaba empapada y no demasiado contenta con Mike. No fue hasta más tarde, cuando fuimos a su casa para entrar en calor, que me di cuenta de que se había afeitado la barba y llevaba un corte de pelo distinto. Tenía mejor aspecto ahora que se había arreglado un poco. También se quitó el traje de neopreno y se quedó en los pantaloncitos que llevaba debajo. Sus músculos dibujaban las mismas ondas que el agua que habíamos remado. «Vaya —pensé—, no está nada mal.» Me pregunté si empezar algo con él no sería tan mala idea después de todo.

Esa primavera, remamos mucho juntos. Empezamos a conectar de formas inexpresables y dimos comienzo a un razonable facsímil de salir juntos. Aunque él era mi versión de un novio, prefería llamarlo compañero de canoas. Estaba muy contenta de haber encontrado a alguien con quien poder compartir un bote. Todas nuestras citas incluían cierto tiempo en el agua, y construimos así una comprensión silenciosa. Nuestras conversaciones serpenteaban entre un rápido y el siguiente como el propio río, y llenábamos los silencios remando. Mike era editor y trabajaba con las palabras igual que yo estudiaba la luz. Ambos pasábamos mucho tiempo en nuestras cabezas, tratando de dar forma a conceptos escurridizos. Descubrimos que podíamos estar solos estando juntos.

Le conté a Mike mis ambiciosos planes para el verano. Como la mayoría de mis planes, no incluían acompañantes, pero sabía que así podría ver lo que yo veía en mis sueños: ríos salvajes, bosques vírgenes, el abandonado Antiguo Camino del Norte perdiéndose en un lienzo que no podía ser más blanco. Mi imaginación se había convertido en un libro de cuentos en el que un lago diferente daba nombre a cada capítulo: Kasba, Ennadai, Angikuni, Nowleye, Casimir, Mallet. Sus nombres nativos americanos e inuit sonaban de lo más exótico a mis oídos. Durante las próximas semanas, Mike dejó caer que quería explorarlos conmigo, y cuanto más pensaba en ello, más consciente era que debía atenerme a la realidad: era un poco descabellado por mi parte pensar que podía hacer frente a ese viaje sola. Mike sería el compañero perfecto, en más de un sentido. Dije que vale. «¿Por qué no me acompañas?»

Una noche, nos tomamos un descanso de los preparativos de nuestra aventura y fuimos a dar un paseo bajo una intensa lluvia. Mike llevaba un paraguas negro que nos cubría a ambos. Inmersos en la negrura de la noche, rodeados por el sonido del agua que se escurría por el techo que sostenía sobre nuestras cabezas, Mike decidió hablar. «Nunca me he sentido tan cómodo con nadie», dijo. No recuerdo si expresé reciprocidad en voz alta, pero por dentro, asentí con la cabeza. Todavía estaba aprendiendo a gestionar mis crecientes emociones, y me asombré ante mí misma durante unos minutos. Estaba rebosante de ilusión, emocionada por todo lo que teníamos por delante, fuera lo que fuera. Jamás me había sentido así. Fue como descubrir que tu corazón es capaz de una función nueva.

Las ganas de ir al norte habían sido mías, pero la canoa era de Mike, su Old Town Tripper. Tras lanzarnos a la calma relativa de un río, nos adentramos, remo en mano, en uno de esos lagos desconocidos, un mar epicontinental llamado Wollaston. Con la vista puesta en su entumecida extensión, me pregunté cómo podía haber pensado que podría hacer el viaje sola.

Tras cruzar Wollaston, pasamos la mayor parte de las dos primeras semanas metidos en algún río. Bajamos por rápidos aterradores y atronadores. A menudo parecía que la decisión de adónde íbamos no era nuestra: los ríos casi siempre tomaban las decisiones por nosotros. Estaban crecidos a causa del deshielo, y nos succionaban hacia unos rápidos en los que mi experiencia se quedaba corta. Hay que ir con cuidado cuando se viaja con un único bote en una región tan solitaria, puesto que ya puedes gritar a pleno pulmón, que no te oirá nadie, y si pierdes la canoa, lo más probable es que tú te pierdas con ella.

Muchos de los rápidos que encontrábamos eran demasiado grandes para nosotros. Me gustaba observar a Mike en esos momentos, examinando el vapor del río que teníamos enfrente. Admiraba la calma con la que tomaba decisiones. Nos acercábamos a la orilla y cargábamos con la canoa y con kilos y kilos de accesorios. Aquello era viajar en el sentido más estricto de la palabra. Nos ganábamos el terreno que recorríamos. El norte de Saskatchewan nos deslumbró con su belleza áspera, con sus eskers cubiertos de píceas blancas y los desvaídos restos de viajeros antiguos: círculos para hogueras y latas de comida, botas viejas y huesos de caribú casi plateados bajo el sol. No nos cruzamos con una sola alma, a menos que creas que las moscas negras tienen alma, en cuyo caso, vimos millones.

Se habían quemado grandes extensiones del suelo, y una neblina y el olor del humo flotaban en el aire. No teníamos forma de saber si los incendios forestales anuales del Ártico bajo estaban arrancando o si ya se estaban ahogando, si estábamos acercándonos o alejándonos del peligro. Sabíamos que los incendios estaban ahí, pero eran invisibles a nuestros ojos. Solo podíamos juzgarlos en función de los misteriosos patrones de humo que desprendían.

Nos acercábamos al final de nuestro viaje río arriba, remando por un tramo angosto de unos treinta metros de ancho, cuando nos adentramos en un humo de una naturaleza distinta. Era casi sólido, opaco como un muro. Nos bajamos de la canoa y subimos a un esker para ganar una perspectiva mejor de lo que había más adelante. Por primera vez vimos los incendios y sus llamas tratando de llegar al cielo, como si fueran fuentes.

«No creo que corramos gran peligro», dijo Mike. Era así de optimista y, en mi opinión, a veces pecaba de ingenuo y su ilusión hacía que ignorara las evidencias más claras y desafortunadas. Yo me guiaba más por los hechos y sus sencillos cálculos. Si yo miraba un cielo muy negro y decía que iba a llover, Mike replicaba que tal vez no. Mi análisis solía ser correcto y, por desgracia, también lo fue entonces. En cuanto terminó de pronunciar su esperanzado pronóstico, una hilera de árboles cercanos empezó a arder. El infierno llegó tan de repente, con un fulgor naranja acompañado de un humo gris aceitoso, que parecía que acabase de estallar una bomba.

Teníamos el incendio tan cerca que podíamos oírlo, rugiendo un ruido blanco como el de los rápidos que deseaba estar bajando en aquel momento para huir de allí. El miedo me paralizó. Las llamas podían saltar al otro lado del angosto río y consumirnos en un instante, y me costó convencer a mis piernas de que me llevaran de vuelta a la canoa. Mike me miraba de una forma que todavía me cuesta describir: con la misma proporción de preocupación y de determinación. Ambos pensábamos que estábamos condenados, y ambos tratábamos de imaginar lo contrario.

Nos retiramos a la cima del esker arenoso, donde los árboles eran relativamente escasos, y nos instalamos allí para pasar la noche más corta, o más larga, de nuestras vidas. Desde el interior de la tienda me asomé al crepúsculo de la corta noche del norte con la esperanza de que el humo se hubiese disipado en la semioscuridad, pero era tan espeso que apenas podía respirar.

Decidí que nos íbamos a ahogar en los sacos de dormir y que nuestros huesos se unirían a los cadáveres de todos esos caribúes caídos. No sé cómo, me quedé dormida y tuve un sueño muy vívido en el que nos despertábamos rodeados de incendios pequeños y lentos desperdigados por el paisaje. Cuando me desperté, los vientos habían cambiado. El humo había perdido consistencia y, en un par de horas, el suelo había absorbido el fuego. Recogimos el campamento más rápido que nunca y empezamos a subir dificultosamente el último tramo angosto. La lentitud del agua era frustrante. Tuvimos que abrirnos paso, arrastrando la canoa por encima de las rocas, a lo largo de unos pasajes que parecían interminables. Por fin desembocamos en las frías y abiertas aguas del lago Kasba. En su enorme envergadura hallamos una insólita seguridad.

La noche que pasamos en el esker me impresionó profundamente. Había estudiado física, una ciencia que se rige por la lógica y las leyes. Sabía entonces, y sé ahora, que el clima obedece a las fuerzas geográficas y atmosféricas, y que ningún poder superior al de un cambio fortuito en el viento había conspirado para salvarnos aquella mañana. Y, aun así, me conmovió presenciar hasta qué punto nuestras vidas pueden llegar a depender de unas fuerzas que escapan tanto a nuestro control.

Nos detuvimos en un remoto hostal de pescadores en el lago Kasba al que habíamos enviado provisiones por adelantado. Era el único refugio permanente que había a cientos de kilómetros. Nos llenamos la barriga de trucha de lago casera y pasamos la noche en una cabaña —agradeciendo la cama, despreciando el techo— y retomamos el camino hacia el norte. Remamos hasta dejar atrás el último bosque boreal, adentrándonos en la tundra de lo que hoy se conoce como Nunavut. Era un mundo nuevo. Empezamos a ver rebaños de caribúes vivos, y no solo esqueletos. Encontramos tumbas inuit. Atrapamos peces enormes y los asamos en playas de piedra. Pasamos semana tras semana abriéndonos paso por tramos de río difíciles y cargando con nuestras pertenencias a través de llanuras pedregosas y soltando la canoa en los lagos en momentos de eufórico alivio.

Mike y yo habíamos encontrado nuestra propia rutina; no teníamos que hacer sitio para nada o nadie que no fuéramos nosotros. Habíamos dejado de llevar reloj: nos guiábamos por el sol. Comíamos cuando teníamos hambre, es decir, casi todo el rato. Dormíamos cuanto estábamos cansados, es decir, el resto del tiempo. El calendario cuya existencia casi habíamos olvidado nos obligó a dar la vuelta y dirigirnos hacia el sur, regresando de lo que podría haber sido la superficie de la luna a los sutiles indicios de humanidad y al extraño refugio de los árboles.

«He decidido que me gustan mucho los árboles», dijo Mike.

«He decidido que a mí también me gustan mucho los árboles», contesté.

Terminamos volviendo al hostal del lago Kasba y mantuvimos las primeras conversaciones con alguien que no fuéramos nosotros que habíamos tenido en semanas. Aquellos rostros desconocidos nos recordaron que el universo no terminaba en nuestra canoa. Durante la travesía habíamos perdido un día, y llegamos justo a tiempo para coger el último vuelo de la temporada. No sentí alivio. Me apenaba enormemente unirme a los gansos en sus migraciones aéreas. Me fastidiaba que no nos hubiéramos visto obligados a pasar allí el invierno, como si aquella vez hubiésemos estado en el lado equivocado de una huida por los pelos. Durante sesenta días, había vivido mi ideal de vida: sola, a excepción de un compañero de ensueño, visitando juntos lugares que nadie había visto, acompañados por la cantidad justa de miedo para sentir un cosquilleo suave y perpetuo.

No me había alcanzado un rayo, pero en más de un sentido, me había enamorado.

CAPÍTULO 3

Dos lunas

Aquel viaje me cambió. Al regresar, no solo era una persona diferente, sino que me sentía como una turista en mi mundo anterior. Había perdido los callos que nos protegen de los golpes y los moratones cotidianos. Lo que antes eran molestias —los atascos, un teléfono sonando, aguantar conversaciones vacías— ahora eran pesadillas. Un poco de contaminación bastaba para que me dolieran los pulmones, y pasar tiempo en lugares cerrados hacía que el resto del cuerpo me doliera todavía más. El campus de Harvard es muy bucólico en otoño, con su impecable colección de ladrillos rojos y árboles mudando sus hojas, y Cambridge tampoco es Los Ángeles en hora punta. Y, sin embargo, me arrastraba bajo un yugo psíquico, como si el cielo fuera un techo demasiado bajo para mí.

Duré unos dos meses en la residencia para estudiantes de posgrado en el campus antes de huir a Shirley, Massachusetts, un antiguo pueblo *shaker** en el condado de Middlesex. Encontré una cochera del siglo XIX que habían reconvertido, sin demasiado éxito, en una residencia. Para mí, era el paraíso. Enfrente tenía un vivero de árbo-

* En referencia a la Sociedad Unida de Creyentes en la Segunda Aparición de Cristo, o *shakers* en inglés, una organización religiosa fundada alrededor de 1747 en Inglaterra y posteriormente organizada en EE. UU. en la década de 1780. Originalmente se describía como una rama de los cuáqueros protestantes y estableció hasta dieciocho comunidades. Hoy es recordada por su legado cultural, especialmente en la música y la ebanistería. *(N. de la T.)*

les de Navidad, y me hice amiga de Beth y Will, sus dueños. Había un estanque en el que nadar o remar tranquilamente. Cuando nevaba, solo tenía que salir de casa para poder esquiar por el monte durante horas. También había un río cerca, el Squannacook, con un fabuloso tramo de rápidos que visitaba cuando había grandes tormentas y el agua crecía lo suficiente.

Mike y yo nos fuimos a vivir juntos antes de que llegara el invierno. Igual que cuando se unió a mi viaje en canoa, aquello tampoco lo planeamos demasiado. Dejamos que el río de las circunstancias nos guiara. Yo había sido la primera en mencionar la posibilidad en el trayecto de vuelta del lago Wollaston. Me acerqué a él y lo agarré del brazo: «Mike, ven a Boston conmigo», dije. Sus ojos se volvieron todavía más azules al llenarse de agua, pero no respondió. Perdía toda esperanza cuando se planteaba cómo podríamos encontrarnos en el mismo sitio durante cierto tiempo.

Cuando me mudé, lo eché de menos, y también experimenté ese nuevo sentimiento: el de querer a alguien conmigo. Le escribía cartas, hablábamos por teléfono. Un día, al mes de haber vuelto de nuestro viaje, me dijo que lo habían despedido de su empleo en Toronto. Su ausencia durante el verano había demostrado lo poco necesario que era en la ecuación. Me dijo que se estaba planteando volver a casa de su madre, en Ottawa; para mí, aquello no tenía ningún sentido. Mike tenía treinta años, ¿por qué no intentábamos vivir juntos? No se le ocurrió ninguna razón, y se mudó a Shirley con su canoa y sus pantaloncitos. No tardó en encontrar un empleo como editor independiente, dedicándose a corregir libros de texto de ciencias y matemáticas bajo la tenue luz de la cochera. Su trabajo consistía en encontrar errores, mientras yo iba a la universidad, donde mi trabajo consistía en arriesgarme a cometerlos.

Los noventa fueron una época de descubrimientos históricos para la astrofísica. Las herramientas empezaban a estar al nivel de nuestras ambiciones: los ordenadores y satélites más potentes que manejábamos nos permitían hacer cálculos y tomar medidas que tan solo una década atrás habrían sido imposibles. Para los astrónomos, siempre había algo nuevo que hacer.

En 1995, durante mi segundo año en Harvard, fui un poco a la deriva, todavía en busca de una trayectoria específica para mis estudios. La NASA estaba construyendo un satélite nuevo que terminaría llamándose Sonda de Anisotropía de Microondas Wilkinson (o WMAP, por sus siglas en inglés). Estaba diseñado para observar el fondo cósmico de microondas, la luz más antigua del universo, la del *big bang*. Mi tutor, un joven astrofísico búlgaro llamado Dimitar Sasselov, me dijo que podría encontrar mi hogar académico en aquel esfuerzo coral. Estaba en lo cierto. Juntos podríamos vislumbrar los orígenes del universo. Vi el primer destello de mi vocación en su luminiscencia primitiva.

Unos 380 000 años después del *big bang*, el universo seguía siendo una niebla ardiente cuyos extremos ondeaban como los confines más lejanos de una explosión. La elevada temperatura impedía la formación de átomos, de forma que los protones y los electrones flotaban en la neblina, libres y rabiosos. El universo se enfrió a medida que seguía expandiéndose. Finalmente se enfrió lo necesario y los protones y los electrones empezaron a combinarse cuando chocaban los unos con los otros, creando así los primeros átomos de hidrógeno. Un hidrógeno que, más adelante, formó los corazones de las estrellas.

El universo se expandía a tal velocidad que algunos electrones no lograron encontrar un protón en medio de aquel caos. El «espacio vacío» del que se habla no está vacío; contiene no solo esos electrones solitarios y desparejados, sino también la energía que antaño propagaron y que nosotros detectamos en forma de radiación. (Los astronautas ven esa misma radiación cuando intentan dormir en órbita; más o menos cada minuto, perciben destellos de luz al otro lado de sus párpados cerrados.) Hoy, aquella energía rezagada es débil, pero en el espacio sigue habiendo pequeñas diferencias de temperatura. Con el WMAP, el nuevo satélite, los astrónomos pronto podrían cartografiar esas diferencias de temperatura y utilizar las variaciones para rastrear los orígenes de las galaxias, igual que un perito de incendios lee los patrones de las zonas quemadas para dar con el origen del incendio. Así, los astrónomos podrían determinar cuándo y cómo se formaron las galaxias. Las semillas esperaban pacientemente a que las encontráramos, congeladas en el tiempo y el espacio.

En la década de 1960, los astrofísicos habían hecho todo lo que estuvo en su mano para calcular los índices probables de enfriamiento y difusión de los electrones, lo que ayudó a datar de forma aproximada el nacimiento de las galaxias. Mi tarea, tres décadas después, consistía en utilizar los ordenadores modernos para verificar su trabajo. Las mediciones de temperatura tomadas por el WMAP solo resultaban útiles si se interpretaban correctamente, y mi misión era mejorar su grado de precisión.

Mediante un código que había escrito desde cero, terminé encontrando una discrepancia diminuta entre las estimaciones de los sesenta y el orden real de las cosas, una diferencia casi imperceptible acerca del momento que se había aceptado como el instante en que todos esos protones y electrones habían terminado de combinarse para formar hidrógeno. En esencia, se trataba de una divergencia microscópica entre la mejor de las suposiciones y la realidad medida, pero cuando se trabaja con unas escalas de tal magnitud, el más pequeño de los errores puede amplificarse hasta provocar errores de cálculo descomunales. Y yo había hecho una enmienda, pequeña pero significativa, en un hito del universo.

Más bien dicho, la ciencia, como es habitual en ella, se había enmendado a sí misma. Esta disciplina está en constante evolución. Mi contribución no me convertía en un prodigio ni en alguien a quien de pronto hubiera que seguir la pista; era una estudiante de Harvard que había hecho un ajuste importante, sí, pero no sorprendente. Mi existencia no cambió en absoluto, a excepción de que ahora entendía un poco mejor cómo llegamos al conocimiento. Avanzamos como Mike y yo habíamos atravesado el duro terreno norteño: gracias a una acumulación prolongada y constante de incrementos.

Los esfuerzos de los noventa no dieron sus frutos plenamente hasta años más tarde, en 2010, cuando el WMAP terminó de escanear el cielo. Todavía me maravillo al pensar lo que sabemos ahora. Lo primero es que el universo experimentó un crecimiento a un ritmo extremadamente rápido en una pequeña fracción de la primera billonésima del primer segundo de su existencia. Es por eso por lo que alguien como yo habla sobre el *big bang* y no sobre la *teoría del big bang*. Y lo segundo es que el universo tiene unos 13 750 millones de años, y aún sigue creciendo. Nacimos en una llama que nunca se ha apagado.

Aunque mudarme a la cochera y vivir con Mike me ayudó, a veces todavía lo pasaba mal en Harvard, atrapada en sus aislamientos particulares. Cada departamento de la universidad tenía sus propios y elaborados sistemas de integración, y yo era consciente de que no participaba en ninguno de ellos. Me había costado encajar con los demás en la carrera, a pesar de que las aulas estaban más llenas y existía un compañerismo forzado, pero al menos era de Toronto. Contaba con el consuelo de mi hogar y de las desgastadas rutinas que hacen que consideres a los conductores de autobús y a los dependientes conocidos por amigos. Pero aquí me costaba más imaginar cómo escapar de mi soledad. Observaba a mis compañeros como los biólogos observarían a una familia de simios. Formaban vínculos entre ellos, pero yo era incapaz de descifrar cómo o cuándo lo hacían.

También me costaba conectar con mi trabajo. Amaba las estrellas como el primer día, pero estudiar astrofísica podía hacer que pareciera que estaban más fuera de mi alcance de lo que ya estaban. Cada día era un ejercicio de abstracción y de tedio en el que la luz quedaba reducida a un algoritmo. Era como si hubiese decidido estudiar arquitectura porque me encantaba el LEGO, y luego me encontrara en una clase tras otra dedicada a los caprichos de la escritura de código. Por muy gratificante que resultara contribuir a nuestra comprensión del universo, mi día a día no era en absoluto como había imaginado.

No era la única que se sentía así. La astrofísica avanza, literalmente, a la velocidad de la luz, y la mayoría de los estudiantes carecíamos de los recursos necesarios para saber qué resultaría ser significativo dentro de tres o cuatro o cinco años. Teníamos que aceptar que nuestro progreso sería gradual, pero nuestros logros eran tan ínfimos dentro del contexto general que me costaba entablar un compromiso duradero con cualquier proyecto. En ese segundo año, pensé seriamente en dejarlo.

Fantaseaba con la idea de pasarme a veterinaria. Salvar a animales enfermos o frágiles se me antojaba mucho más práctico que explorar los límites teóricos del universo: «Ese animal iba a morir, pero ahora, gracias a mi conocimiento y a mis cuidados, vivirá». O podría seguir tratando de determinar qué ocurrió durante la primera billonésima de segundo que siguió al *big bang* y en los 13 750 millones de años que pasaron desde entonces. Llamé a mi padre en busca de consuelo. «Cariño —me dijo—, lo que te sucede es normal entre los doctorandos.» Y jamás dejaba escapar una oportunidad. «Pero —decía, tan disimuladamente como podía— si quieres cambiar de idea y estudiar medicina, yo te lo pago.» Puede que parezca extraño, pero la idea de que mi padre tuviera que volver a invertir en mí y en mi educación me ayudó a decidirme: era demasiado tarde para dar marcha atrás. Había hecho mi elección, y no había otra. Me sentí casi empujada por la física que estudiaba. El momento es una fuerza muy poderosa.

También hubo otra fuerza de una intensidad idéntica a la de aquella llameante noche en el esker: la suerte. Más o menos al mismo tiempo que terminaba mi trabajo sobre la evolución temprana del universo, unos astrónomos suizos encontraron el primer exoplaneta que gozó de un amplio reconocimiento.

El mayor descubrimiento que podríamos hacer los astrónomos es que no estamos solos. La humanidad ha peinado los cielos en busca de un reflejo de ello durante siglos; encontrar algo o alguien que habita otra Tierra, con eso soñamos. Por esa razón, entre otras, el colosal 51 Pegasi b fue un hallazgo mayúsculo. Era el primer nuevo mundo que se encontró orbitando alrededor de una estrella parecida al

Sol desde que se clasificó a Plutón como planeta. Era una diminuta rendija en la puerta más grande imaginable.

Los astrónomos suizos que descubrieron el 51 Pegasi b no llegaron a «ver» su preciado hallazgo. Naturalmente, lo ideal sería que pudiéramos ver con nuestros propios ojos la evidencia de otra vida en el universo, pero las mejores imágenes de los cuerpos celestes lejanos todavía se parecen a los primeros videojuegos. Un puñado de píxeles, congelados y de distintos tonos de blanco, pueden representar un sistema estelar completo.

Esto ocurre porque están muy lejos. Si condujéramos a la velocidad máxima permitida por la ley hasta Alpha Centari, la agrupación de estrellas que nos queda más cerca después de nuestro sol, tardaríamos unos cincuenta millones de años en llegar, mientras que la nave espacial más rápida de la que hoy disponemos se plantaría allí en un relativo santiamén, en unos setenta mil años. Un viaje a través de la Vía Láctea en ese mismo cohete duraría unos 1 700 millones de años. Y la Vía Láctea es solo una entre cientos de miles de millones de galaxias. Más allá de sus acogedoras fronteras se abre paso otra galaxia, y luego otra, y otra. El universo no es infinito, pero es lo más parecido al infinito que podamos imaginar.

Mientras no podamos ver algo con nuestros propios ojos, tendremos que buscarlo en las líneas de código, una de las formas de ver que empleamos en la astronomía. Puede que no podamos posar la mirada sobre un exoplaneta concreto, sobre las luces de ciudades desconocidas que se extienden por su superficie como telas de araña, pero sí podemos suponer que un objeto existe en el espacio a partir de su impacto en nuestras cifras. Sirviéndose de un complejo método matemático apodado «velocidad radial», basado en el efecto Doppler, aquellos pioneros astrónomos suizos observaron el efecto gravitacional del 51 Pegasi b en su estrella y dedujeron que debía encontrarse allí. Era como creer en el Yeti porque has encontrado sus huellas.

Igual que los famosos moldes de yeso de pies gigantes, la velocidad radial dejó mucho margen para que los escépticos desacreditaran las afirmaciones de los suizos, como ocurrió también con la absurda órbita del 51 Pegasi b (su «año» duraba tan solo cuatro días). Hacía mucho tiempo que otras proclamaciones similares habían sido desmentidas. En 1963, un astrónomo holandés llamado Peter van de Kamp, que entonces trabajaba en el Swarthmore College de Pensilvania, anunció que había encontrado un exoplaneta. Como los suizos, había deducido la existencia de su planeta al advertir un supuesto «tirón» en la estrella de Barnard, a 5 978 años luz de la Tierra. Años después, se descubrió que aquel tirón y los cambios de ubicación de la estrella que supuestamente provocaba eran consecuencia de alteraciones en el telescopio y en las placas fotográficas de van de Kamp. El más pequeño de los errores se había amplificado hasta provocar un error de cálculo descomunal.

Ahora habían surgido dos bandos rivales alrededor del 51 Pegasi b. O tres, en realidad. Estaban los que aceptaban el descubrimiento, entre ellos mi tutor, Dimitar. Tenía treinta y pocos años, era nuevo entre el profesorado de Harvard y lo suficientemente joven como para seguir mostrándose propenso a creer. Luego estaba el bando opuesto, liderado por un agresivo astrónomo llamado David Black. Algunos de los miembros de este bando sostenían que los suizos no habían descubierto un efecto de un planeta sobre su estrella anfitriona, sino un nuevo tipo de pulsación estelar; es decir, que no había tirón alguno sobre la estrella, sino que se estaba expandiendo y contrayendo, tal como hacen las estrellas más antiguas que el Sol. O que, según creía Black, los suizos habían presenciado el efecto de una estrella sobre otra. El 51 Pegasi b podía ser una enana marrón o una estrella pequeña, pero no un planeta. El tercer bando era el equivalente a los agnósticos de la comunidad de astrónomos. Quizá habían encontrado un exoplaneta; quizá no. El 51 Pegasi b estaba tan lejos que ni importaba entonces, ni importaría nunca.

Dimitar sugirió que centrara mi atención, y mi capacidad incipiente de encontrar lo que nadie veía, hacia los exoplanetas y los rudimentarios esfuerzos de comprender sus posibilidades. Me gustó la idea. Estaría buscando algo tangible, algo singular y concreto, y convertiría mi compulsión deambulatoria en investigación astrofísica práctica.

No había mayor desconocido que el universo. Y, además, ¿qué podía perder? Recuerdo mirar por la ventana de la cochera y pensar: «¿Por qué no?».

En realidad, había muchas razones por las que no hacerlo. Ahora, un cuarto de siglo después, me cuesta tanto recordar como creer la controversia que despertaban los exoplanetas en aquel entonces. La lógica nos decía que debían existir. El Sol no podía ser la única estrella que había coleccionado planetas. Pero la prueba de su existencia, por no hablar de sus posibles habitantes, estaba tan fuera de nuestro alcance como los propios exoplanetas. Cuando lo pienso, me asombra que Dimitar asignara a una estudiante de doctorado algo tan arriesgado y con tan pocas posibilidades de dar resultados. Ni él ni yo sabíamos lo suficiente como para tener miedo.

Dimitar me dio el embrionario código informático que se había usado para estudiar los efectos de una estrella sobre otra. ¿Cómo calienta una estrella a otra, y qué impacto tiene una estrella en la atmósfera estelar de la otra? Quería que reescribiera el código para que pudiera usarse para estudiar los efectos de una estrella en los exoplanetas de órbitas cercanas. No encontraríamos vida tal como la conocemos en los gigantes e irradiados planetas que orbitaban tan cerca de sus estrellas, pero no por ello dejaba de merecer la pena estudiar los llamados júpiteres calientes. Tuve el presentimiento de que escondían lecciones, especialmente en sus atmósferas. Tal vez sus cielos nos ayudarían, algún día, a saber si nos encontrábamos ante otro Venus o Marte, o ante otra Tierra.

Me iba a dedicar a estudiar algo que un gran porcentaje de la comunidad o bien no creía que existiera o bien no mostraba interés en conocer, y lo haría de una forma que haría que lo imposible pareciera todavía más improbable, como quien intenta demostrar la existencia del Yeti no buscándolo a él o a sus huellas, sino observando su aliento. ¿Cómo podríamos ver el fino envoltorio de atmósferas desconocidas cuando ni siquiera éramos capaces de encontrar los propios mundos? En una conferencia, un estudiante de otra universidad se me acercó y entre susurros me preguntó si quería hablar con su tutor.

Podía explicarme por qué era imposible que la señal suiza fuera un planeta. Un profesor de Harvard, de mi propia facultad, irradiaba un escepticismo similar: jamás seríamos capaces de detectar demasiados exoplanetas, y mucho menos sus atmósferas. Recuerdo que sentí como si estuvieran intentando salvarme de una secta.

Casualmente, los meses que había pasado en la naturaleza me habían inmunizado contra ese tipo de críticas, por muy bienintencionadas que fueran. El poder de concentración se me había desarrollado tanto como los hombros, y el desafío bruto de explorar me llamaba tanto la atención que no me importaba lo que pensaran los demás sobre mis indagaciones. Y a pesar de todas las dudas que me habían asaltado desde que llegué a Harvard, a pesar de todas las veces que me sentí propulsada por las circunstancias, una vez había tomado una decisión, era cualquier cosa menos pasiva. No había visto razón alguna para salir con Mike, pero luego le pedí que trajera su bote a Boston. No había tenido claro estudiar astrofísica, y ahora estaba resuelta a ayudar a entender unos mundos nuevos. En cuanto me comprometía con un destino, no había quien me parara.

Para cuando terminé de reescribir el código informático en 1999, ya se habían descubierto un par de decenas más de exoplanetas, todos por medio del método del «tirón estelar». Todos eran como el 51 Pegasi b, enormes y con órbitas cortas. (Cuanto más grande es el planeta, y cuanto más cerca se encuentre de su estrella, más drásticos y claros son sus efectos gravitacionales.) Todavía quedaban muchos escépticos, pero la evidencia en su contra crecía, y la curiosidad parecía empezar a refrenar a algunos. Rodeada por todas estas corrientes cambiantes, yo me preparaba para defender mi tesis. Mi argumento sería que llegaría el día en que no nos limitaríamos a encontrar exoplanetas, sino que podríamos ver la luz de sus cielos.

Reservé la sala que se usaba para los seminarios de defensa de doctorados en el Auditorio Phillips de Harvard. Había más de cien plazas, repartidas entre el patio de butacas y el palco, y las paredes estaban forradas de librerías. Para mostrar mi trabajo me serviría de un proyector, y repasé con Dimitar una última vez el montón de láminas plastificadas que me ayudarían a ilustrar mis datos. A mitad del ensayo me detuve y manifesté mi preocupación por si las personas de las últimas filas no llegaban a ver los detalles más pequeños de mis gráficas.

Dimitar rio.

«Sara, las últimas filas estarán vacías.»

El día de la presentación, llegué pronto y preparé todo lo necesario. Entraron algunas personas. Y luego algunas más. Y más todavía. Pronto, la sala estaba a rebosar y ya solo se cabía de pie.

Los exoplanetas no eran ninguna broma.

Mientras tanto, Mike y yo seguíamos con nuestra sencilla vida compartida. Yo iba a clase y me perdía en el espacio y los códigos. Volvía a casa y me encontraba con botes y montañas de papeles. Mike me ponía los pies en la tierra, me destensaba. Me regaló algunos de los días más felices de mi vida, largos episodios de paz mental. Jamás nos alzábamos la voz; cuando pienso en aquellos días, recuerdo la calma. Pasábamos las primaveras y los veranos en el silencio casi absoluto de nuestra canoa, embarcándonos en más viajes largos hacia el norte, y en casa convivíamos igual que remábamos: no siempre era fácil, porque seguíamos siendo dos personas hechas para estar solas, pero nos esforzamos por encontrar un ritmo natural. Dedicábamos las semanas a nuestros respectivos trabajos y los fines de semana a nuestra diversión compartida. Nos íbamos de excursión y esquiábamos fuera de pista y remábamos a lo largo de porciones de Massachusetts, Nuevo Hampshire, Vermont. Seguía habiendo algo casi accidental en nuestra conexión, y la creciente seriedad que empezábamos a adquirir a veces nos abrumaba. Pero nuestras pausas jamás fueron rupturas. En cosa de un año, ya habíamos empezado a establecernos de verdad.

Primero adoptamos a una gata gris atigrada a la que llamé Minnie May, en recuerdo de la niña enferma a la que rescata Ana de las Tejas Verdes. (Inconscientemente, heredé de mi madre la afición de bautizar a los animales con nombres literarios.) Mike se había mostrado reacio a tener mascotas —lo aterraba que hubiera algo que dependiera de él, y tan solo pensarlo le había provocado pinchazos en el pecho—, pero luego estuvimos de acuerdo en que Minnie May necesitaba un amigo, y acogimos a otro gatito que resultó convertirse en una gataza llamada Molly. Se convirtió en la gata de Mike, y se acurrucaba a su lado mientras trabajaba. Luego llegó una gata salvaje llamada Cecilia, a quien jamás logré amansar.

La naturaleza espectral de Cecilia me sorprendía. Siempre había sentido una conexión con los animales, y creo que es porque, a diferencia de las personas, me resultan fáciles de interpretar. Sus necesidades son finitas, físicas tanto como emocionales, y sé cómo satisfacerlas. Los animales no sienten desconcierto ni se enfadan cuando digo algo que no toca. Tienen poca memoria. No juzgan las diferencias ni las consideran debilidades. No me absorben la energía ni la concentración, sino que me las regalan. Los animales solo ven el amor; los animales perdonan.

La lógica parecía dictar que el próximo miembro de nuestra especie de familia tenía que ser un perro. Mike y yo no tardamos en volver al refugio y adoptar lo que creíamos que era una mezcla de labrador. La llamamos Kira —más bien, Mike la llamó Kira, en homenaje a una de las enérgicas protagonistas de Ayn Rand— y resultó ser una mezcla de terrier y pitbull. Era fuerte y obstinada, y tenía una enorme rugosidad en la cabeza que parecía el arco arbotante que complementaba sus enormes mandíbulas. Mike tenía ciertas dudas sobre si debíamos quedárnosla, pero yo creía que era una preciosidad y pronto empezó a ver en ella lo mismo que yo. Empezó a llevarse a Kira en la canoa y acabó convirtiéndose en el mejor contrapeso del mundo.

Yo nos veía a Mike y a mí como cuerpos celestes, independientes pero unidos por las fuerzas invisibles del universo. Éramos como las dos lunas de Marte: Fobos y Deimos siguen trayectorias distintas, pero actúan en un concierto extraño y satisfactorio, como los gemelos nacidos de Ares y Afrodita, a quienes deben sus nombres. Estas dos lunas son relativamente pequeñas y por ello permanecieron ocultas a nuestros ojos hasta que Asaph Hall, un astrónomo estadounidense, las encontró en 1877. No creo que Hall albergara los sentimientos más cálidos al ponerles el nombre de las personificaciones del horror y del terror, pero su nomenclatura reflejaba una lógica general, mientras que Mike y yo bautizamos a nuestras mascotas con nombres sacados de Ayn Rand y de *Ana de las Tejas Verdes*.

Al menos, a ambos nos gustaba leer. Mike era un libertario que creía en la supremacía del individuo; yo creía en la supremacía del universo. Mike reflexionaba profundamente sobre filosofía e historia y podía invertir un día entero en leer una biografía de un presidente muerto hacía mucho, mientras que yo apenas lograba leer dos páginas antes de quedarme dormida. Para mí, la filosofía era demasiado abstracta, demasiado carente de rumbo. Mike opinaría lo mismo acerca de mi trabajo. Para él, la física de partículas era brujería, y las matemáticas avanzadas, hechicería. Corregía la gramática y la estructura de mis escritos sin entender el significado de una sola frase.

Y, aun así, los dos teníamos una gran capacidad de concentración. Éramos analizadores y no aceptábamos respuestas sencillas, la única diferencia estaba en las preguntas que planteábamos. Era como si nuestros cerebros fueran la misma máquina, solo que programada para propósitos diferentes.

Mi tiempo en Harvard estaba a punto de tocar a su fin, y debíamos decidir cuál sería el siguiente paso. A mi juicio, la elección era binaria: o nos casábamos o rompíamos. Le di seis meses para decidirse sobre nuestros posibles caminos. Cuando el plazo expiró y Mike no parecía seguro todavía, le recordé cuánto habíamos tardado en encontrarnos el uno al otro. Las probabilidades de encontrar otra combinación como aquella eran infinitas. O una vida conmigo o una vida solo, le dije. Bajo la luz de nuestra cochera, me escogió a mí. Y a mí me dio un vuelco el corazón.

Nos casamos en otoño de 1998 en la Universidad de Toronto. Yo no quería una boda tradicional —jamás pensé que el amor requiriera de auditorio o confesiones públicas para ser real—, pero mi familia opinaba lo contrario. Mike y yo nos pusimos frente a un pequeño grupo en Hart House, un precioso edificio gótico del campus. Nunca olvidaré cómo me miró ese día: con amor, esperanza, orgullo, esa forma en que el novio no ve a nadie más que a la novia. Tras la ceremonia, nos dimos la vuelta para cruzar el pasillo, su mano entrelazada con la mía y mi mano entrelazada con la suya, y me sorprendió ver a todos ponerse en pie y prorrumpir en aplausos. Nuestros amigos y familiares veían que nuestra historia de amor había alcanzado el final perfecto, un final feliz. El pastor unitario que nos casó decidió compararnos con ríos, no con lunas: dos arroyos que habían discurrido en paralelo hasta que, finalmente, inevitablemente, se convirtieron en uno solo. Pero yo sigo viéndonos como satélites gemelos. A ojos de la ley y de nuestros seres queridos, nos habíamos unido formalmente, pero a mi modo de ver y creo que también al suyo, seguíamos siendo dos piezas distintas.

Pero, de algún modo, éramos dos piezas que encajaban.

Cuando me quedaba poco tiempo en Harvard, poco antes de defender mi tesis, me invitaron a dar una conferencia en el Instituto de Estudios Avanzados de Princeton, en Nueva Jersey, conocido especialmente por haber sido el santuario académico de Albert Einstein al acabar la guerra. Cuando llegué, me quedé fascinada. El Instituto parecía el lugar de reunión de un grupo de monjes, que se sentarían en círculos en el césped bajo las ramas de unos enormes árboles. Me alojaron en una elegante habitación en la esquina de una mansión. Las paredes estaban pintadas de blanco y el silencio era casi siniestro. Era un lugar hecho para pensar en el universo.

Me recibió John Bahcall, mi anfitrión y el «jefe» del grupo de astrofísica del Instituto. Era un personaje legendario, pero no se comportaba como tal. Sus gafas suavizaban un rostro que ya era amable por naturaleza. Tenía un cabello gris que se le aferraba a la cabeza con unos rizos apretados. Me recordó a un rabino, y en cierto modo, lo era. En la década de 1960, cuando la mayoría de los estadounidenses tenía la vista puesta en la Luna, John estaba enfrascado en la física solar, resuelto a responder preguntas fundamentales sobre las estrellas. Quería saber «por qué» brilla el sol. Más tarde, fue una de las dos personas cuyo papel fue crucial para la existencia del telescopio espacial Hubble, y el modelo estándar de la Vía Láctea se conoce como el Modelo de la Galaxia de Bahcall-Soneira. Me preguntó cómo había ido el paseo desde la mansión, adoptando un tono paternal desde el primer momento. «Si fueras mi hija —dijo—, querría asegurarme de que no te quedara demasiado lejos.»

Mi trabajo sobre los exoplanetas era, igual que el propio campo, incipiente. Por eso, había decidido hablar sobre mis contribuciones acerca del marco temporal de los acontecimientos que siguieron al *big bang*. Mi conferencia era en la biblioteca, e inhalé el olor de las librerías que se levantaban desde el suelo hasta el techo mientras esperaba a que llegaran los oyentes. Empezaron a llegar estudiantes posdoctorales y alguna que otra celebridad. Me recogí la larga cabellera, una distracción menos. John no tardó en llegar, seguido de Jim Peebles, un titán de la cosmología. Actualmente, Jim es Profesor Emérito de Ciencia en la cátedra de Albert Einstein en Princeton y premio Nobel de Física. Y resultó que también había hecho algunos de los cálculos originales que yo había enmendado.

Empecé a dar la conferencia, apoyándome de nuevo en el proyector para ilustrar mi exposición. No llevaba mucho rato hablando cuando alguien preguntó, con cierta brusquedad: «¿Cuántos niveles energéticos de electrones utilizó en su modelo del átomo de hidrógeno?». La respuesta estaba en mi siguiente lámina.

«Trescientos», respondí.

Se alzó otra mano. «¿Incluyó helio en sus cálculos?»

De nuevo, mi respuesta estaba en la lámina siguiente. La puse. «Sí. Tanto helio como helio ionizado.»

Avanzamos unas cuantas láminas, y surgió otra pregunta: «¿Por qué razón concreta procedió la recombinación de electrones y protones con mayor rapidez de lo predicho?». Terminaría por aprender que así eran las cosas en el Instituto: no se permite que nadie pase de una idea a otra antes de ponerla a prueba. Pero, de nuevo, mi respuesta estaba en la próxima lámina. El público rio, yo reí. Miré a Jim Peebles y asintió con la cabeza, un gesto que interpreté como de aceptación.

Al día siguiente, John me llevó en coche a la estación de tren. Apenas había entrado en el coche y cerrado la puerta cuando se giró hacia mí. «Sara —dijo—, me gustaría ofrecerte un trabajo aquí.»

Miré por la ventana durante menos de una billonésima parte de un segundo, lo miré con la mayor de las sonrisas y le dije: «Estoy encantada de aceptar».

Durante años, John bromeó sobre lo rápido que había sucedido todo, chinchándome especialmente por no haberlo consultado con Mike primero. Debería haberlo hecho, pero sabía que el Instituto era el hogar perfecto para mí. En un campo tan vasto y abrumador como este, los mentores son cruciales. Los mejores no solo te muestran hacia dónde mirar, sino que te enseñan a ver. Estaba convencida de que explorar el universo sería lo más cerca que podría llegar a estar de subirme a hombros de Galileo.

La línea que separa la locura y la realidad científica, solía decirme John, es siempre cambiante. Las imposibilidades de antaño se convierten en certezas aceptadas, lo que significa que a los astrofísicos solo se los puede juzgar desde la distancia. Todavía desconozco cuánta fe tenía John en el futuro del descubrimiento de exoplanetas. Nuestros intereses investigadores no se solapaban demasiado, y jamás me dijo qué creía que entraba en los confines de la posibilidad. La física y las personas lo habían sorprendido tantas veces como para tener la humildad por bandera.

Puede que, como científico joven, tengas una idea que no puede demostrarse a pesar de gozar de una base sólida en la física. Quizá tenga sentido en el plano de la intuición, pero algunas teorías, y especialmente las más revolucionarias, son reacias a la demostración experimental. John nos dijo que no temiéramos, que cuando, casi inevitablemente, apareciesen instrumentos mejores y llegase un científico futuro y los utilizase para retomar tu corazonada y lograse así un avance importante, significaría que mereció la pena llevar a cabo tu trabajo. Lo que hiciste esa semana o ese mes o incluso ese año no importará; lo que importa es el valor acumulado de toda tu vida.

¿Qué podría hacer que nuestra forma de pensar fuera más ambiciosa? ¿Qué podría hacernos más atrevidos? Cada vez más, mi vida parecía ser el producto de las decisiones que tomaba. Sentía una certeza desconocida creciendo en mi interior: la certeza de saber que estaba donde debía estar, haciendo lo que debía hacer, acompañada de las personas de quienes debía rodearme. Había tardado mucho en encontrar mi camino, pero por primera vez en mi vida, no me sentía perdida y sola. Había dejado de ser un electrón. Ahora, era atómica.

CAPÍTULO 4

En tránsito

El oasis que Einstein encontró en el Instituto de Estudios Avanzados en mi caso se parecía más a una plataforma de despegue, y las semillas de mi despegue se escondían en cada brizna de hierba. Pasé el otoño de 1999 sentada bajo aquellos enormes árboles, reflexionando sobre el siguiente paso que daría en mi camino hacia los lindes más alejados de la galaxia.

Poco después de mi llegada, la NASA patrocinó un proyecto para encontrar el primer exoplaneta parecido a la Tierra. Para entonces, se habían encontrado unos cuarenta exoplanetas con el método de la velocidad radial. Los astrónomos seguían encallados, sintiendo la presencia de otros mundos en lugar de verlos, y todos los que se descubrían eran demasiado grandes y abrasadores como para que la vida pudiera proliferar. La agencia subió todavía más el listón: quería encontrar un planeta terrestre de tamaño razonable que orbitara alrededor de una estrella parecida al Sol en lo que se conoce como la «zona Ricitos de Oro», es decir, ni demasiado fría ni demasiado caliente como para albergar vida.

La NASA, además, quería pruebas de la existencia de esa vida.

Lo que pedían era casi un imposible, pero la NASA había financiado incontables proyectos inconclusos para hallar vida extraterrestre a lo largo de los años. Ahora querían borrar la pizarra y empezar de nuevo. El proyecto recibió el nombre de Buscador de planetas terrestres, y seleccionaron a cuatro equipos participantes. Uno de ellos incluía a algunas personas de Princeton y me invitaron a participar. Me sorprendió descubrir que la creencia de que podríamos hallar otra Tierra estaba floreciendo, al menos entre ciertos círculos. La verdad es que estaríamos más que contentos si encontráramos algo «parecido» a la Tierra, pero los ingenieros tienden a la especificidad: quieren saber cuál es el cometido exacto de las máquinas que diseñan. Por eso, nosotros les decíamos a los nuestros que queríamos encontrar otra Tierra; una copia perfecta, una gemela idéntica. El plan era encontrar nuestro reflejo.

Desde las primeras noches que pasé mirando por el telescopio con mi padre al lado, me había preguntado qué —quién— podría haber ahí afuera. Algo en mi interior me decía que no éramos la única luz en el cielo en la que la vida hallaba cobijo. ¿Por qué nosotros? No podíamos ser tan especiales. Ahora, por primera vez en mi incipiente carrera, me pedían que contribuyera a convertir esa sensación en un hecho: teníamos que saber que hay otras Tierras, ser capaces de señalar un punto en el mapa celestial y decir: «Esa, justo ahí». Ese era nuestro objetivo.

La palabra «no» fue desterrada de nuestras reuniones. David Spergel dirigía el comité local de nuestro equipo y nos reuníamos semanalmente en el Auditorio Peyton de Princeton. Una corriente casi visible saltaba como voltaje de un soñador a otro, y cada idea iluminaba la sala con un resplandor nuevo. Durante un breve instante, contamos con el presupuesto y la juventud necesarios para imaginar un futuro fantástico con total seriedad.

Al margen del problema siempre incómodo de la distancia, debíamos conciliar las fragilidades de la luz. En esencia, la astrofísica es el estudio de la luz. «Sabemos» que además del Sol hay estrellas porque las «vemos» brillar. Pero la luz no solo ilumina. También contamina. Ciega. Las luces pequeñas —los exoplanetas— siempre han palidecido a causa de las luces más brillantes de sus estrellas, así como dichas estrellas palidecen a causa de nuestro Sol. Para encontrar otra Tierra, tendríamos que hallar las luces más pequeñas del universo.

Partimos de una pregunta sencilla: si los alienígenas estuvieran observando exoplanetas lejanos con su propia versión del programa del Buscador de planetas terrestres, ¿qué aspecto tendría para ellos la Tierra? Éramos conscientes de que el brillo de la Tierra no sería constante, puesto que los continentes reflejan la luz y los océanos la absorben. Así, si fueras un alienígena que mirara a la Tierra justo cuando América del Norte te quedara enfrente, nuestra luz brillaría más un rato después, cuando el océano Pacífico disminuyera su intensidad. Quizá podríamos usar esa curvatura de la luz para inferir la presencia de océanos en planetas lejanos, y por tanto de agua, y, por tanto, tal vez, de un planeta que podría resultar apto para la vida. Los océanos bien pueden ser las ventanas más grandes del universo.

Teniendo en cuenta el abismo que separa el brillo relativo de las estrellas y de los planetas —un Sol es unos diez mil millones de veces más brillante que una Tierra—, nuestro principal desafío era encontrar una forma nueva de atenuar la luz estelar. El logro más tangible de nuestro comité, cuyo mérito corresponde a David, fue el nuevo diseño de un instrumento cuya misión era precisamente esa.

«Coronógrafo»: me encanta esa palabra. Es un término general que abarca cualquier dispositivo extinguidor de luz construido en el interior de un telescopio. El primer coronógrafo lo inventó un vanguardista astrónomo francés llamado Bernard Lyot en la década de 1920. Se dedicaba a estudiar el Sol, y para ello había colocado dos bloqueadores lumínicos pequeños y circulares en el interior de su telescopio para crear un eclipse artificial. Su sistema era eficiente para observar el Sol, pero, igual que las ondas concéntricas que genera una piedra al caer en el agua, las ondas de luz radiaban alrededor de los dos escudos internos de Lyot. Aquellos halos oscurecerían los exoplanetas mucho más lejanos que pretendíamos ver. David sospechaba, tal como otros miembros de nuestro equipo ayudarían a demostrar, que una forma más parecida al ojo de un gato alejaría aquellas ondas lumínicas de nuestra vista. La oscuridad que proporcionaba nuestro coronógrafo no era total, pero sí era tremendamente oscura.

Sin embargo, construir un coronógrafo nuevo para integrarlo en un telescopio nuevo puede llevar décadas. El proyecto del Buscador de planetas terrestres seguía siendo el producto de nuestra imaginación, no de nuestras manos. Y yo quería resultados más inmediatos. En parte inspirada por el trabajo que llevaba a cabo en el comité, mi mente empezó a deambular hacia los cerca de cuarenta exoplanetas que ya se habían encontrado. Y a pesar de no poder albergar vida, quizá sí podrían revelar algo sobre cómo encontrarla. Es más fácil que se te ocurra una forma nueva de ver cuando ya sabes qué buscas.

Teóricamente, existía una forma alternativa a la velocidad radial de encontrar y estudiar exoplanetas. Si, al menos de momento, los astrónomos no podíamos luchar contra el brillo de las estrellas, quizá podríamos utilizar su poder como aliado. Los cuerpos en tránsito en ocasiones se alinean; no siempre, pero sí de vez en cuando. Con un poco de suerte, era posible que un planeta pasara entre nosotros y su estrella. Era lógico pensar que el efecto sería algo parecido a un eclipse en miniatura. La Luna parece enorme cuando tapa el Sol, y la técnica del tránsito, como vendría a llamarse, aplicaba ese mismo principio a los exoplanetas: los hallaríamos no a partir de la luz que emitían, sino por la luz que bloqueaban. Nada llama más la atención que un punto negro.

A mi juicio, la técnica del tránsito tenía todo el sentido del mundo. Combinada con la velocidad radial, podría darnos más información sobre cualquier planeta que la velocidad radial por sí sola. Es mucho lo que puede aprenderse acerca de un objeto a partir de su sombra. Un grupo de astrónomos pioneros y amantes del riesgo empezaron a monitorizar la más favorable de las varias decenas de estrellas que ya creíamos que actuaban como anfitrionas de al menos un exoplaneta, a la espera de un tránsito. Llamé a mi antiguo tutor en el Observatorio David Dunlap para ver si también podríamos probar. La cámara del telescopio que tenía en mi vieja guarida no era lo suficientemente sensible, pero los júpiteres calientes podían eclipsar cerca del 1 % de la luz de su estrella, y con eso nos bastaba y nos sobraba para tomar medidas con unas herramientas mejores. Calculamos que cada uno de los planetas que sospechábamos que eran de rotación breve tenía una probabilidad entre diez de pasar por delante de su estrella. Las posibilidades no eran óptimas, pero estaban lejos de ser infinitas. Cada mañana me despertaba preguntándome si alguien habría detectado un planeta en tránsito durante la noche. Me invadía la sensación de que el mundo podría cambiar cada vez que recibía un correo electrónico, cada vez que sonaba el teléfono.

Ocurrió tan rápido que casi me lo pierdo. En noviembre de aquel año, decidí tomarme un fin de semana libre. El trabajo había estado amenazando con abrumarme, ya que estaba demasiado enfrascada en el frenesí que genera un posible descubrimiento. Me llevé a Kira a dar un largo paseo por el campus del Instituto. Los árboles habían perdido casi todas las hojas y el tiempo empezaba a cambiar. Traté de respirar más profundamente que en los últimos tiempos. Los músculos de los hombros empezaron a destensarse.

La noche del domingo, consulté el correo electrónico. Tenía un mensaje de Dave Charbonneau, un estudiante al que conocía. Había estudiado en la Universidad de Toronto un año después que yo y ahora estaba trabajando en su doctorado en Harvard. Ya desde el saludo, parecía abatido.

El septiembre pasado, escribió, había recogido datos mientras probaba el pequeño telescopio del tutor de su tesis en Colorado. El objetivo final era poder medir un gran campo de estrellas de una pasada, aumentando así las probabilidades de que el equipo de su tutor hallara un planeta en tránsito. Por alguna razón, no había mirado los datos que había recogido sobre la estrella de la prueba hasta noviembre. Cuando lo hizo, se dio cuenta: había detectado el primer tránsito. Había sido testigo del tránsito de un planeta conocido, el HD 209458b, un Júpiter caliente. Era la mejor de las noticias: había acabado con hasta el último ápice de duda sobre la existencia de los exoplanetas.

Sin embargo, más o menos en el mismo momento, Geoff Marcy y Greg Henry, dos astrónomos mucho más consolidados, habían visto el mismo punto negro en la misma estrella. (Marcy era una especie de celebridad en nuestro campo. Él y su compañero de investigación terminarían adjudicándose setenta de los primeros cien descubrimientos de exoplanetas.) Marcy, Henry y su equipo habían observado la estrella en un momento posterior de la temporada, cuando ya estaba baja, de forma que solo vieron un eclipse parcial. Dave había visto el tránsito completo en todo su esplendor. No tengo claro qué ocurrió entonces, pero el tutor de Dave pudo haber confesado algo sobre su descubrimiento a Marcy. En lugar de esperar a llevar a cabo su propio seguimiento, Marcy pareció usar aquella conversación para confirmar el hallazgo de su equipo. Una semana más tarde, ya habían publicado una nota de prensa: se había hallado el primer planeta en tránsito, y el hallazgo era suyo. Dave Charbonneau había llegado tarde.

Los pioneros pueden ser implacables. Escribí a Dave: «Eres un científico maravilloso y el tiempo lo demostrará». También le dije algo que él ya sabía: que, a pesar de todo, debía publicar sus observaciones, al margen de lo que hicieran sus competidores. Al final, ese artículo importaría más que una nota de prensa. «El tiempo dirá la verdad», escribí.

La certeza más inmediata era que una carrera había terminado y otra acababa de empezar. El paseo que había dado con mi perra por el campus fue el último descanso que me tomé durante semanas. Había estado dándole vueltas a una idea —una idea verdaderamente original— y el uso de la técnica del tránsito acrecentó la urgencia de trabajar en ella. La emoción me henchía el pecho. La ciencia, y especialmente la ciencia de vanguardia, tiene mucho que ver con la intuición. Resulta sorprendente cuántos de los descubrimientos más importantes nacieron de una corazonada, de una sensación. No tenía nada que indicara que mi idea fuera a funcionar, pero no me cabía ninguna duda de que así sería.

Se me había ocurrido que la técnica del tránsito podría ayudar a revelar algo más que la silueta negra de un planeta. Inmediatamente alrededor de ese eclipse diminuto y parcial, la misma luz de la estrella que quedaba bloqueada por un exoplaneta atravesaría su atmósfera. La luz de la estrella nos llegaría, pero no de la misma forma que la luz de una estrella normal, sino filtrada, como agua a través de una pantalla, o el haz de luz de una linterna que se abre paso entre la niebla.

Si se mira un arcoíris desde lejos, sus muchos colores forman una unión perfecta. Pero si se mira de cerca, con un instrumento llamado espectrómetro, se ven huecos en la luz, separaciones minúsculas en cada longitud de onda que recuerdan a dientes caídos. Los gases de la atmósfera solar y el fino envoltorio de la propia Tierra interrumpen la transmisión de la luz solar de la misma forma que los tendidos eléctricos provocan interferencias en una señal de radio. Hay ciertos gases cuya interferencia es indicativa: por ejemplo, un gas puede dar un mordisco al añil, mientras que otro puede mostrar apetito por el amarillo o el azul.

¿Por qué no usar un espectrómetro para observar la luz de las estrellas mientras atraviesa la atmósfera de un exoplaneta en tránsito? De ese modo, podríamos determinar qué tipos de gases rodean a ese exoplaneta. Ya sabíamos que las grandes cantidades de ciertos gases suelen existir solo ante la presencia de vida. A esos gases los llamamos gases biofirma. El oxígeno es uno de ellos, y el metano es otro. Tal vez la mejor manera de encontrar al Yeti era, ciertamente, viendo su aliento. Podríamos empezar por los júpiteres calientes, esos planetas que ya conocíamos, y sus atmósferas, más fáciles de detectar. Como si de la secreción de una mofeta se tratara, sus trazas de sodio y de potasio destacarían entre la presencia de átomos menos potentes.

Me guardé la idea para mí, porque sabía que era brillante —fui la primera en ver el potencial de la técnica del tránsito para estudiar las atmósferas—, y ahora sabía, también, que hay quien roba las grandes ideas. Dimitar Sasselov, mi antiguo tutor de tesis, fue la única persona con quien compartí mi teoría, y se ofreció a ayudarme para llevarla a la práctica. Una vez tuvimos claros los detalles, publiqué un artículo en el que ensalzaba las bondades de lo que Dimitar y yo llamamos «espectros de transmisión de tránsito». Es decir, leer los huecos en los arcoíris.

Mi artículo atrajo una atención considerable. La NASA aceptaba propuestas para usar el telescopio espacial Hubble; unos meses después de la publicación, un equipo citó mi trabajo y obtuvo los derechos para estudiar la luz que pasaba alrededor de los júpiteres calientes en tránsito. Me enfureció que no se me incluyera en aquel equipo y que hubieran elegido a un científico, hombre y mayor que yo, y no a mí.

Dos años después, su trabajo reveló la primera atmósfera de un exoplaneta. No envolvía otra Tierra, pero mi premisa había funcionado. Habíamos visto el primer cielo extraterrestre. El día del anuncio de los resultados, tuve sentimientos contradictorios. Mi trabajo teórico había triunfado, pero seguía sintiéndome como si no me hubieran invitado a una fiesta que yo había ayudado a organizar.

La noticia del descubrimiento no podía difundirse al público general hasta la una del mediodía de un martes. Le dije a John Bahcall que estaría lista para comentarla a la una y un minuto. Cada martes se celebraba una comida formal llamada (en un arrebato de creatividad) «Comida de los martes», y en ella John se sentaba a la cabeza de una mesa en forma de herradura acompañado de las mentes más avispadas de Princeton. Me enorgulleció unirme a ellos. John tenía la costumbre de cortar los discursos aburridos haciendo ruido con el vaso, lo que aterraba a algunos de mis colegas, pero yo no tenía miedo. A John te lo ganabas a base de trabajo minucioso y cuantitativo, y yo había hecho los deberes. Me puse en pie y expliqué lo que otros habían hecho con mi trabajo, el camino que había seguido mi idea desde mi escritorio a la luz de una lámpara y hasta las profundidades del espacio. Tan solo pensarlo me quitaba el aliento. Habíamos viajado años luz, y no habíamos tardado nada en hacerlo.

John sonrió con orgullo y yo sentí la calidez de su admiración. Pero no estaba en absoluto satisfecho: «Y ahora, ¿qué?», preguntó.

Estaba empezando a comprender que yo me haría la misma pregunta cada día durante el resto de mi vida.

La vida no solo necesita ciertos gases para sobrevivir, también necesita ciertos sólidos. Necesita una roca en la que sostenerse. Quizá, pensé, los exoplanetas en tránsito podrían resultar valiosos también en otro sentido. La velocidad radial nos daba la masa de un exoplaneta: al observar ese mismo exoplaneta en tránsito, y medir hasta qué punto eclipsaba a su estrella, los astrónomos tal vez podíamos determinar su tamaño. La física de instituto nos enseña que la masa dividida por volumen es igual a intensidad, y partiendo de la densidad de un exoplaneta, podríamos hacernos una idea bastante acertada de los materiales de los que estaba hecho: si era denso, seguramente habría rocas. Todavía estábamos muy lejos de «ver» esos planetas pequeños y rocosos, pero había una vía que nos permitiría concentrarnos en ellos con mayor rapidez que sirviéndonos de algo como el Buscador de planetas terrestres. Si los astrónomos pudiéramos encontrar un planeta hecho de roca que también delatara la presencia atmosférica de gases biofirma, podríamos encontrarnos ante nuestro reflejo.

Dirigí toda mi atención a las avenidas de descubrimiento cuyas puertas se habían abierto gracias a la técnica del tránsito. No me interesaba demasiado confirmar la existencia de exoplanetas ya descubiertos. Quería ir más allá. Quería encontrar nuevos mundos que pasaran por delante de nuevos soles.

Como cualquier investigación sobre el espacio, la técnica del tránsito tenía sus propias complicaciones. Los cuerpos no se alinean a menudo. Necesitaríamos ver los pasajes más pequeños, una mota diminuta en un horizonte infinito, y tendríamos que ver esos pasajes repetirse con la frecuencia de una órbita. Ello requeriría observar la misma estrella durante largos períodos. Si los alienígenas estaban empleando la misma técnica para encontrarnos a nosotros, tendrían que esperar al menos un año para confirmar que la Tierra es un planeta. (O casi dos si no hubiesen llegado a tiempo de vernos a la primera.) El problema principal, en lo que concernía a mis esperanzas, era que incluso si de algún modo pudiésemos enfocar la mirada de una cámara en un exoplaneta concreto durante su tránsito frente a su estrella, ¿qué veríamos? Lo mismo que vemos de la Luna durante un eclipse:

su silueta, pero nada de su superficie. Veríamos negro. Y yo quería un punto azul en el cielo que me resultara familiar. Quería océanos extraterrestres que al evaporarse formaran nubes extraterrestres.

Afortunadamente, seguir los pasos de Einstein en el Instituto me hacía sentir capaz de obrar milagros, algo que también tuvo que ver con el hecho de que estaba en un lugar donde por fin pude trabar amistad con alguien. Todavía me costaba gestionar las situaciones sociales. Un día, tras arreglarme para un evento profesional, le dije a Mike, con cierta ilusión: «¡Parezco normal!». Sonrió. «Sí, hasta que abres la boca.» A pesar de estar rodeada de tantos colegas con intereses afines a los míos, a veces veía las cosas de una forma demasiado radical. Podía cambiar de opinión sobre algo, pero si lo hacía, pasaba de un extremo al otro. Las zonas grises a menudo se me pasaban por alto.

Gabriela era de todo menos gris. Esta astrónoma mexicana, rubia y de ojos azules, estaba dedicada a su beca posdoctoral y alternaba Princeton con institutos de astronomía de Chile. Gabriela y yo en seguida nos vimos como aliadas. Ambas éramos jóvenes, ambiciosas. Ambas queríamos unirnos a las filas de los descubridores. Gabriela también podía solicitar usar los envidiables telescopios terrestres chilenos, lo que, para mí, fue como descubrir que la persona que te gusta resulta ser de familia adinerada. En aquel momento, los despachos del Instituto estaban en obras por renovación, y Gabriela y yo nos apiñamos en una caravana muy blanca en un rincón del campus. Pasar tiempo con ella era un poco como estar con Mike: había cercanía en la distancia.

Gabriela era brillante en matemáticas. Fluían a través de ella con mayor naturalidad que la música, era algo casi espiritual. Tenía una habilidad sobrenatural para diseñar algoritmos tan sencillos como expansivos, y su acceso a los telescopios le daba la posibilidad de recoger nuevos datos para integrarlos. A mí se me daba bien interpretar aquellos números con mi eficiente código informático. Gabriela era la biblioteca; yo, la lectora.

Nos pusimos el inmodesto objetivo de utilizar la técnica del tránsito para encontrar un exoplaneta que todavía no hubiese sido descubierto. Compartíamos el cosquilleo de la expectación que solo conocen los exploradores, invadidas de la felicidad casi infantil que alimenta toda aventura. Igual que otros astrónomos que trataban de agenciarse ese mismo logro, consideramos que lo mejor sería utilizar un telescopio con una cámara de gran angular que fuera capaz de monitorizar decenas de miles de estrellas a la vez. Queríamos comprar muchos números para el mismo sorteo. También sabíamos que todavía no encontraríamos un planeta del tamaño de la Tierra, y que un júpiter caliente nuevo, enorme y de órbita corta, seguiría siendo un descubrimiento titánico en todos los sentidos.

Empezamos a pasar tiempo juntas también fuera del trabajo. A Mike le caía bien, y a menudo cenábamos los tres. Llegó incluso a ocuparse de nuestra colección de animales cuando nos fuimos a otro de nuestros largos viajes en canoa por el Ártico. Gabriela y yo nos convertimos en un equipo que, con el tiempo, cosechó sus éxitos. Ella viajaba al telescopio de Chile y, diligente, me enviaba cintas repletas de datos astronómicos. Yo los introducía en mis líneas de código nuevas, basadas en sus fantásticos algoritmos. Nos sentíamos al borde de la grandeza.

Hubo un momento en que creímos haber encontrado un planeta. La adrenalina estaba a flor de piel. Los astrónomos de todo el mundo trataban de ser los primeros, y nosotras intentábamos quedar por delante de los demás, pero afirmar algo que resultara no ser cierto destruiría nuestras carreras. Repasamos los datos y tuvimos que admitir que algo no terminaba de cuadrar. Cuando las tres semanas que nos habían asignado para hacer nuestras observaciones terminaron, Gabriela volvió de Chile y nos reunimos en su despacho del Instituto para resolver nuestro dilema. Hacía mucho que había oscurecido. La estridente luz fluorescente se reflejaba en el escritorio color cereza mientras garabateábamos, batiéndonos contra el álgebra. Pronto se alzaron montañas de papeles repletos de ecuaciones a nuestro alrededor, y algunos terminaban en el suelo. Entre aquel caos, confirmamos que estábamos viendo cuerpos en tránsito. De eso no había ninguna duda. Lo que no nos cuadraba era la forma, los números no tenían sentido. Nos miramos, sin saber si reír o llorar.

Llegamos a la misma conclusión al mismo tiempo: no habíamos encontrado un planeta. Habíamos encontrado una extraña maraña de estrellas, lo que en astronomía se conoce como «mezcla». Una estrella había pasado por delante de otra, pero una tercera estrella, también próxima, aportaba la luz suficiente a la ecuación como para reducir el contraste del eclipse, y hacía que la estrella pareciera del tamaño de un planeta. Nuestra única victoria fue haber mantenido nuestra confusión en privado.

Gabriela y yo jamás encontramos lo que buscábamos. Durante nuestra misión compartida, Gabriela fue contestando las preguntas de un astrónomo famoso más mayor. Pensó que simplemente tenía curiosidad, que le interesaban nuestros avances y que tal vez lo impresionaba nuestra estrategia. Bien entrado el verano, descubrimos que era uno de nuestros competidores. No nos robó ningún secreto: Gabriela se los había regalado. Me sentí muy disgustada con ella y con la situación, ya que aquel profesor seguramente habría completado sus estudios con éxito sin necesidad de recurrir a la hipocresía. «El tiempo dirá la verdad.» Gabriela estaba destrozada. Creí que saldría de su agujero y retomaríamos nuestro trabajo con la intensidad de la que solo nosotras éramos capaces, pero jamás recuperó la ilusión por el proyecto, y me dio la sensación de que también perdía interés en mí. Me sentí decepcionada. Abandonada.

En otoño de 2002, el equipo de aquel profesor más mayor sacó una lista de posibles planetas en tránsito, incluido un planeta desconocido hasta la fecha, el OGLE-TR-56 b, en la constelación de Sagitario. Otro equipo se sirvió de la velocidad radial para confirmar el hallazgo y disfrutó de los elogios que uno recibe al ser el primero. Lloré durante dos días seguidos. Mi padre estaba de visita y me llevó a la ciudad de Nueva York a pasar la tarde. Le hablé de mi decepción mientras paseábamos por calles ajetreadas; me compró accesorios para la cámara, como diciendo que todavía quedaban millones de cosas por ver.

Entonces tuve que ir a Seattle a un congreso, y Mike y yo aprovechamos para hacer una larga excursión en la isla de Vancouver. No comprendía por qué quedar primero en un plano tan esotérico importaba. Su incapacidad para entender mi tristeza resultaba exasperante, pero también me ayudó a cambiar de perspectiva. En mi trabajo había altos y bajos, pero Mike siempre estaría ahí. En el mundo real, nada había cambiado. Vi a un águila calva cruzar volando el cañón de un río y pensé: «Todo irá bien».

En el transcurso de aquella carrera para encontrar el primer exoplaneta en transición, la situación casi cataclísmica con Gabriela condujo a una especie de logro. Las ecuaciones que describen la atenuación de la luz estelar escondían otro secreto: podían usarse para calcular la densidad de una estrella anfitriona de un planeta, lo que nos ayudaría a eliminar falsos positivos, como por ejemplo los efectos del travieso trío con el que nos habíamos topado. Una noche nos quedamos hasta tarde y dimos forma a la idea de que nuestro error podría ayudar a otros a asegurarse de que estaban en lo cierto. No me resultó fácil sentarme con Gabriela para redactar un artículo sobre nuestro trabajo, con los ojos puestos en el corazón de una alianza que se estaba disolviendo, pero todavía podíamos salvar una parte de lo que habíamos logrado juntas. Publicamos lo que habíamos aprendido de aquel casi acierto, y se convirtió en uno de mis artículos más citados. Fue el premio de consolación que recibí a cambio del fin de nuestra amistad.

CAPÍTULO 5

Llegadas y salidas

Quería ser madre. Tenía treinta y pocos años, y siempre había imaginado que algún día tendría hijos. Sería casi hipócrita dedicarme a buscar vida en otra Tierra y no traer vida nueva a esta. Pero ahora se había convertido en más que un deseo o un ejercicio de completitud: era una necesidad. Sentía cómo mi cuerpo exigía llevar un bebé dentro.

Mike no compartía aquel sentimiento. Una cosa son las mascotas, decía. Los hijos son otra cosa. (Lo felicité por su capacidad de observación.) Yo no veía demasiado margen para ponernos de acuerdo. Habíamos hablado de tener hijos antes de casarnos, y, en teoría, se había mostrado conforme. La práctica, como siempre, era otra historia. Había llegado el momento de que tomara otra decisión sobre qué quería realmente en esta vida.

A finales de 2002, después de pasar tres años con John en Princeton, me ofrecieron un puesto de investigadora sénior en el Instituto Carnegie en Washington, D. C. Andrew Carnegie había fundado el Instituto en 1902 para proporcionar un lugar seguro en el que los científicos gozan de los recursos necesarios para exprimir sus ambiciones al máximo. Una reconocida astrónoma, Vera Rubin, se acababa de jubilar, y por tanto había una vacante. Le pregunté a John si debía aceptar. Su trabajo era encontrar empleos permanentes en otros lugares para sus alumnos de doctorado. Princeton estaba pensado para ser un lugar de paso, y él lo sabía igual que los padres saben que sus hijos se marcharán algún día, pero eso no lo hace más fácil. No creo que John quisiera perderme, pero tampoco quería decirme que no me fuera.

«Bueno, a Vera le fue bien», dijo.

Esa era su forma de darme una última bendición. Me puse en camino.

Antes de poder empezar a trabajar, necesitaba una tarjeta de residente de Estados Unidos, la famosa tarjeta verde. Mientras la esperaba no podía salir del país, así que ese verano Mike y yo no pudimos hacer nuestro clásico viaje en canoa por el norte. En su lugar, nos fuimos a remar al Gran Cañón. Era una de las extensiones de agua más grandes que había visto jamás. Mi canoa se metió en un canal y no alcanzaba a ver más allá de la cresta del agua que se batía a mi alrededor; el poder absoluto del río me abrumó y me retiré a la seguridad relativa de la balsa de nuestro grupo. Lava Falls supuso un reto incluso para nuestro guía, cuyo kayak terminó del revés. Mike, sin embargo, lo hizo con una canoa abierta. Se le daba tan bien y remaba con tal perfección que los desconocidos le gritaban palabras de admiración desde la orilla.

Poco después de mudarnos a Washington, me quedé embarazada. Estaba eufórica. Empecé a tener sueños recurrentes sobre una hija pelirroja de ojos azules, una copia en miniatura de Mike. No tenía una preferencia consciente por tener un niño o una niña, pero aquellos sueños eran tan vívidos como cuando soñé que sobrevivíamos en aquella noche ya lejana en el esker: estaba convencida de que íbamos a tener una niña. Mike empezó a compartir mi seguridad. Quería que se llamara Kira. Aquel libro debía de apasionarle. Puesto que no podíamos tener una perra y una hija que se llamaran igual, le cambiamos el nombre a nuestra leal compañera de canoa. Le pusimos Tuktu, que en inuit significa 'caribú'. Y a partir de ahí esperamos que una Kira nueva y, con un poco de suerte, de aspecto menos temible, se uniera a nuestra familia en expansión.

Y quien llegó fue Max.

Las treinta horas del parto me dejaron agotada, pero recuerdo perfectamente el momento en que Mike lo tuvo en brazos por primera vez. Max estaba perfecto, totalmente sano. Parecía que un peluquero acababa de cortarle y peinarle la espesa cabellera rubia. Sus ojos eran azules como el cielo, igual que los de Mike —mis sueños habían acertado en eso— y se miraban el uno al otro de una forma idéntica. En ese momento, se parecían muchísimo. Sus rostros compartían una expresión que no era ni de felicidad ni de tristeza ni de miedo; ni siquiera de amor. Ambos estaban muy sorprendidos de ver al otro: compartían un profundo asombro.

Dos años después, llegó Alex. (Su segundo nombre es Orión, la constelación que brilló en el cielo occidental la noche de su nacimiento.) Tuve que admitir que mis dos hijos eran, sin ninguna duda, niños. Quería tener más hijos, quizá la próxima vez sería una niña pelirroja llamada Kira, pero Mike sentía que había cumplido su parte de nuestro acuerdo. Con dos hijos bastaba. Desde el punto de vista racional, entendía su postura —da cierto miedo pensar que tus descendientes te superarán en número, y no hay demasiadas canoas diseñadas para más de cuatro—, pero durante mis embarazos me había sentido extremadamente feliz. Incluso cuando pienso en ello ahora me siento radiante de felicidad: tanta esperanza, tantas posibilidades cobrando vida en mi interior. Traté de no sentirme herida cuando Mike quiso salir corriendo a hacerse la vasectomía posnacimiento más rápida en la historia de la reproducción. Yo estaba disgustada, pero aquella intervención puso punto final al debate.

La NASA, en cambio, era más receptiva a la adhesión de nuevos miembros. En 2003, lanzó otro telescopio espacial, el Spitzer, un pequeño milagro de la ingeniería. A diferencia de la mayoría de los telescopios, incluido el Hubble, el espejo del Spitzer no capturaba la luz visible, sino que detectaba la luz infrarroja. Era un rasgo importante porque las estrellas y los exoplanetas emiten luz infrarroja en forma de radiación térmica. (Algo más de la mitad de la luz que emite nuestro Sol es infrarroja. No la ves, pero la sientes. La luz infrarroja es la razón por la que hace más calor al sol que a la sombra.) Seguíamos sin tener forma de percibir exoplanetas en las longitudes de ondas que son visibles a nuestros ojos, ya que sus estrellas seguían brillando demasiado, pero los exoplanetas, y especialmente los más grandes y calientes, rinden algo mejor cuando hablamos de luz infrarroja. Y es que la mayor parte de su luz se emite en forma de calor.

Empezó otra carrera. Me había tomado algunos meses de descanso tras los nacimientos de Max y Alex, pero siempre acababa sintiéndome ansiosa por volver al trabajo. Contratamos a una niñera que nos ayudara a rellenar huecos, pero seguía estando agotada. Me sentía atrapada entre querer estar en casa y muy, muy lejos al mismo tiempo.

A pesar de mis deseos de obtener resultados a corto plazo, también seguía trabajando bajo los auspicios del Buscador de planetas terrestres y sus objetivos grandiosos y lejanos. Los cuatro equipos originales se habían disuelto, pero se había formado uno nuevo, y me apasionaba la idea de seguir pensando sobre un telescopio espacial con un coronógrafo integrado. En un congreso de astronomía, un ingeniero llamado Charley Noecker me invitó a una conferencia sobre una idea tangencial: un escudo gigantesco que formaría un tándem con un telescopio espacial y actuaría igual que hacemos cuando queremos protegernos los ojos ante una luz brillante con las manos. El escudo bloquearía la estrella y el telescopio podría ver las luces más pequeñas de su entorno. Aquel escudo, un «ocultador externo», estaba cargado de necesidades tecnológicas. Pero dos miembros del equipo que presentaba el proyecto —Jon Arenberg y Ron Polidan, ambos ingenieros de Northrop Grumman— se mostraban tan ilusionados y convencidos de su éxito futuro que no pude evitar compartir su optimismo. Y así fue como me uní a sus primeros intentos de elaborar una argumentación científica a su favor.

Tras dejar Princeton, no abandoné mi trabajo sobre las atmósferas de los exoplanetas, pero sí lo hacía de una forma más dispersa y menos disciplinada. El lanzamiento del telescopio Spitzer hizo que me centrara. Contribuí a la redacción de una propuesta minuciosa y contundente —las atmósferas y las temperaturas están íntimamente relacionadas—, y logramos que concedieran tiempo de uso del telescopio a mi equipo. El ciclo vital del *hardware* espacial es más breve incluso que nuestra capacidad de concentración colectiva, y construir el Spitzer costó cientos de millones. Cada minuto que se te permite hacer uso de una máquina tan cara es un regalo. Me sentí profundamente validada cuando, tras años de planificación y anticipación, el Spitzer apuntó hacia lo que yo había prescrito.

En 2005 escribí junto a otros un estudio que confirmó la existencia de un exoplaneta ya descubierto a partir de su luz infrarroja. Los planetas que transitan por delante de las estrellas también pueden pasar por detrás, generando así un eclipse secundario. Cuando esto ocurre, la luz que la estrella y el planeta emiten conjuntamente desciende mínimamente, porque el planeta queda fuera de la vista. Partiendo de esa reducción del brillo, podíamos medir el calor infrarrojo de un planeta. Nuestros hallazgos atrajeron mucha atención mediática. Era la primera vez que «veíamos» un exoplaneta, aunque fuera a través de una luz invisible. Se trataba de nuestro viejo amigo HD 209458b, el mismo cuyo tránsito completo había sido visto por Dave Charbonneau por primera vez. Ahora ya había sido visto de tres formas, lo que lo convertía en el planeta más estudiado de fuera de nuestro sistema solar. El Spitzer no podía fotografiar el HD 209458b, pero podía detectar su presencia sin ningún género de duda. Lo teníamos rodeado.

Y como lo que observábamos era el calor del HD 209458b, también podíamos estimar su temperatura atmosférica. Ese era mi cometido. Saqué un número bastante elevado, unos agradables 871 ºC. El HD 209458b es una enorme bola de fuego y, evidentemente, un poco demasiado cálido como para albergar vida. La firma más fría de otra Tierra seguiría siendo un hallazgo mucho más esquivo. Pero nuestros avances eran indiscutibles, y me ilusionaba poder ampliar mi trabajo sobre atmósferas y tránsitos con los maravillosos bloqueadores de estrellas del Buscador de planetas terrestres. En cuanto todas estas piezas estuvieran en su sitio, estaba segura de que nos encontraríamos en camino de ver lo invisible.

Entonces, la NASA pospuso de pronto el proyecto del Buscador de planetas terrestres, y finalmente terminó cancelándolo. Había tenido el privilegio de formar parte de la primera generación dedicada a hallar otra Tierra: íbamos a convertirnos en Magallanes interestelares. Pero ahora resultaba que ni siquiera íbamos a molestarnos en buscar. Me quedé destrozada.

No había aprendido a aceptar que, como tantos otros caminos, el desarrollo de una pieza de *hardware* espacial casi nunca sigue una línea recta. Es un camino fangoso y desagradable, y en ocasiones confuso; una larga guerra en la que, con un poco de suerte, son más los avances que los retrocesos, hasta que por fin llega la conquista. Las agencias espaciales nacionales como la NASA, la Roscosmos o la Agencia Espacial Europea tienen unas prioridades y unos planes propios que a su vez son establecidos por Gobiernos que pueden llegar al poder y luego caer por culpa de una disputa presupuestaria o un encuentro ilícito en la habitación de un hotel. Un presidente quiere ir a Marte; el próximo puede que se contente con la Luna. Los departamentos de ingeniería de las grandes corporaciones como SpaceX y Lockheed Martin trabajan sin descanso. Las universidades desarrollan y construyen tecnologías propias para los satélites. Todos los días, en todos los rincones del mundo, miles de personas inteligentes y entregadas trabajan con un objetivo común, pero lo hacen separadas, en sus propias burbujas. Hay decenas o centenares de idiomas que tienen una palabra para decir «telescopio», pero no muchos conocen más que un puñado de ellas.

Aquella fue la primera vez que algo en lo que había estado trabajando cayó en el cenagal que es el desarrollo de la astronomía, y su promesa no llegó a materializarse. ¿Qué aprendí de ello? Que puede que el universo sea infinito, pero nuestras ganas de explorarlo son finitas, como lo son también nuestros recursos. Y el tiempo es el recurso más valioso de todos. La facultad de ciencia planetaria del Instituto Tecnológico de Massachusetts (MIT) me llamó mientras estaba de baja por maternidad con Alex. Me invitaron a acudir a una entrevista para una beca. Me ilusionaba el viaje de vuelta a Cambridge, no muy lejos de mis lugares favoritos de mi tiempo en Harvard. Pero también tenía serias dudas. Antes de aceptar el empleo en Carnegie, había hecho una entrevista en Caltech. Y en Berkeley. Y en Princeton. Y en la Universidad de Columbia Británica. Y, casualmente, en el MIT.

Ninguno de aquellos encuentros había ido bien. El peor había sido el de la Universidad de Columbia Británica. Al principio de mi visita, tuve que ver cómo algunos profesores ya mayores salivaban ante un grupo de universitarias que habían visto en un acto el día anterior. A excepción de mis anfitriones, en la facultad no había nadie ni lo más mínimamente interesado en los exoplanetas. Cuando por fin se dignaron a preguntarme acerca de mi trabajo, se centraron en mis primeras investigaciones sobre la recombinación posterior al *big bang*, algo en lo que no había pensado demasiado desde Harvard. Me avasallaron a preguntas con una hostilidad sorprendente. Me sentí atacada e insegura, y di respuestas insatisfactorias a todas las preguntas. Mi última entrevista fue con un biofísico júnior. Fue la primera persona amable que vi en horas. «Estoy seguro de que esto pone fin a un día muy largo», dijo, y casi rompí a llorar delante de él.

En todas las instituciones, el miedo, palpable entre los presentes, era que investigar sobre exoplanetas fuera un callejón sin salida intelectual. Incluso algunos astrofísicos llegan a creer que no es más que soñar despierto. Unos cuantos compararon la búsqueda de exoplanetas con «coleccionar sellos», una búsqueda eterna y vana de luces nuevas a las que poner un nombre. No fui capaz de convencer a los cínicos de lo contrario. A pesar del creciente número de exoplanetas conocidos —que para entonces ya eran unos ciento cincuenta—, me decían que jamás lograría lo que planteaba. Jamás veríamos los suficientes planetas en tránsito como para extraer conclusiones relevantes sobre ellos. Los obstáculos siempre serían demasiado grandes. Mis avances eran espejismos; mis descubrimientos, golpes de suerte.

Había sido un proceso extenuante. Me decidí por Carnegie y me esforcé todo lo posible por hacerme una coraza de acero contra lo que parecía un ejército de escépticos. Es cierto que había una brecha entre nuestras aspiraciones y nuestras capacidades, pero siempre la había habido y siempre habíamos logrado sortearla. Entonces utilizamos el

Spitzer para ver el HD 209458b. Yo no era consciente de ello, pero el MIT me había seguido la pista, a mí y a mi trabajo, desde la distancia. Para cuando acudí a una segunda entrevista a principios de 2006, la línea de la que hablaba John Bahcall entre la locura y la realidad científica se había movido lo suficiente.

Esta vez, el MIT me ofreció un puesto, pero por alguna razón, no estaba segura de si debía aceptar. Era todo un honor, pero jamás había dado clase. Solo había sido responsable de mi propio futuro, nunca de ningún alumno. La semana tiene una cantidad determinada de horas, y cumplir con mis obligaciones universitarias implicaría menos tiempo para investigar.

También significaría que tendría menos tiempo para mi familia. Hacía poco habíamos perdido a uno de nuestros miembros fundadores: Tuktu había fallecido ese mismo año a causa de un tumor cerebral, y dio sus últimos suspiros en su sofá favorito. Mike había cogido su cuerpo y se la había llevado al crematorio. Una vez hubimos enterrado sus cenizas, lloré todos los días durante semanas. Había sido la más leal de las compañeras.

Hablaba con mi padre más de lo habitual. Siempre habíamos mantenido el contacto, charlábamos a menudo y nos veíamos cuando podíamos. Todavía me preguntaba a veces si había cambiado de opinión respecto de la medicina. Cuando todas nuestras conversaciones pasaron a girar en torno a Tuktu y su muerte, a ambos nos quedó claro que no estaba preparada para un trabajo de tanta carga emocional. Tras la muerte de Tuktu, y durante meses, mi padre y yo siempre acabábamos hablando sobre la mortalidad. «La muerte es parte de la vida —decía—. Empezamos a morir el día en que nacemos.»

Ahora, con la oferta del MIT en la mano, llamé a mi padre de nuevo, esta vez en busca de otro tipo de apoyo. Me dijo que aceptara el empleo. No importaba qué más estaba pasando, qué podría o no ocurrir. «Cuando se abre la puerta de la oportunidad, debes atravesarla», dijo alzando la voz.

Quizá mi padre creía que su camino hacia la muerte empezó el día que nació, pero cuando empezó de veras fue con una serie de dolores de estómago. Todas las incontables veces que hablamos sobre si debía aceptar el trabajo en el MIT, había estado padeciendo dolores de barriga esporádicos. Me encontraba en un congreso en Chicago —sobre «Un punto azul pálido (2)»—, fuera del Planetario Adler, tomando un poco el sol mientras me bebía un café, cuando me llamó para explicarme la causa. Hacía viento y estaba rodeada de gente, pero la verdad terminó abriéndose paso y se cernió sobre mí como el veredicto mortal de un juez: tenía cáncer de páncreas. En el siniestro espectro del cáncer, el de páncreas es uno de los más letales. En la mayoría de los casos, la enfermedad trae la duda consigo, pero aquí no había ningún misterio, ningún rastro de duda. El cáncer de páncreas trae consigo la peor clase de certeza.

Me fui del congreso antes de que terminara y volé a Toronto. Por aquel entonces, mi padre vivía en un piso nuevo, con una mujer llamada Isabella, como pareja de hecho. Jamás le habían faltado novias, pero Isabella se había convertido en un elemento permanente. Se mostraba casi igual de inquieto cuando se trataba de sus casas, pero este piso nuevo estaba en North York, cerca del apartamento junto a la autopista en el que había rasgado en dos aquella manta de poliéster naranja.

Cuando llegué, lo encontré desencajado. Había pasado la mañana convocando a sus amigos y tratando de regalarles sus pertenencias. Quería ver sus preciados Rolex en otras muñecas, pero nadie quería quedarse con los tesoros de un hombre moribundo. Le di un largo abrazo y nos fuimos a pasear por el cementerio que había al otro lado de la calle, al mismo al que habíamos ido a pasear y a montar en bici cuando era pequeña. Cuando empezaba a ponerse el sol, lo habitaba una hermosa colección de sombras. Ahora paseamos de nuevo entre las tumbas, y por una vez fue mi padre quien necesitaba mi ayuda. Estaba escogiendo dónde quería que lo enterraran.

Hacia mediados de su carrera, poco después de empezar a ofrecer trasplantes capilares, había pasado un par de años trabajando en cuidados paliativos. Había creído necesario dedicarle parte de su tiempo a esa tarea. No creo que le resultara extraño convertirse en el tipo de médico que se enfrentaba a problemas que no podía resolver. Siempre había sentido que tenía un poder absoluto sobre el destino, y no solo sobre el suyo, pero cuando dejas de luchar contra la muerte y solo pretendes suavizar su llegada, te cambia la mentalidad. Este tipo de franqueza aporta consuelo, pero también tiene un precio. Mi padre sabía demasiado acerca de lo que estaba a punto de pasarle.

Las semanas siguientes arrasé con los puntos de mi programa de viajeros frecuentes con mis idas y venidas entre Washington y Toronto. Una de las veces llevé conmigo a Max, que todavía no había cumplido los cuatro años, para aliviar la carga de Mike en casa. Una tarde decidí ir a tomar un poco el aire y llevar a Max de paseo. Mi padre en cuanto nos vio salir corrió detrás de nosotros.

«Puede que esta sea mi despedida», dijo.

Se había despertado con el ruido que había hecho al salir, y creo que todavía estaba medio dormido. Le dije que no me iba a Washington, que solo estaba llevando a Max de paseo. Pero él no estaba dispuesto a arriesgarse. Nos miramos durante un rato lo suficientemente largo como para que Max se aburriera de esperar y se tirara al suelo a jugar.

«Sara —dijo por fin—, eres la alegría de mi vida. Eres lo mejor que me ha pasado jamás, y has superado todas las expectativas.»

Me quedé asombrada. Me había hablado de nuestra conexión desde que era pequeña, pero siempre de un modo indirecto. Hablaba del amor de una forma científica, abstracta, como si, igual que la reencarnación, fuera una fuerza a la que estábamos sujetos, como si fuéramos meros actores pasivos. El amor era algo que nos pasaba. Ahora me decía algo distinto. Decía que el amor era activo, un sentimiento que podíamos ordenar y medir, y que me quería con todas sus fuerzas.

Para mí, aquella revelación fue casi catastrófica. Era como si mi vida y su vida hubiesen transcurrido en un instante en mi mente, y solo entonces me di cuenta: nadie me había querido como él. Su amor, el amor de un padre, era incondicional, sin reservas, sin igual. Y era precisamente entonces, en el momento en el que entendía lo grande y lo infrecuente que es ese tipo de amor, cuando me daba cuenta de lo cerca que estaba de perderlo.

Mi padre resistía, y yo resistía agarrándome a él. En otra visita, Isabella y yo lo llevamos al médico. Se lo veía muy enfermo. Su cuerpo empezaba a estar repleto de tumores. Tenía uno formándose encima del ojo, y había perdido tanto peso que le había cambiado la forma de la cara. El médico miró a mi padre y dijo: «Doctor Seager, está usted en lo más bajo. Y cuando uno está en lo más bajo, empieza a mejorar. No le estoy tomando el pelo». No tenía claro si aquel médico era un mentiroso o un incompetente. Y luego no supe cuál de las dos cosas era peor.

Mi padre tampoco creyó lo que le dijo el médico. Volvimos a su piso, porque quería morir en casa, no en un hospital. Al poco tiempo, se le formó un coágulo de sangre en una de las piernas, visible bajo su piel pálida. El cáncer es terrorífico, es un bucle infinito de invasiones. A veces parece que el mismo grupo de ladrones viene una y otra vez para llevarse lo poco que dejó la última vez. A medianoche, Isabella y yo estábamos a los pies de su cama, las dos con la vista puesta en aquella pierna.

«Si este coágulo me llega al cerebro, es lo peor que podría pasarme», gritó, antes de quedarse en silencio. «Si este coágulo me llega al cerebro, es lo mejor que podría pasarme.»

Mi padre sobrevivió a esa noche, y al día siguiente, y al que vino después. Un par de semanas más tarde, tuve que ir a California por trabajo. Cuando aterricé en Washington, tenía un mensaje en el buzón de voz del cuñado de mi padre, mi tío. Decía que había llegado la hora. «No tienes por qué venir —dijo mi tío—. Casi es mejor que no lo veas así.» Salí de la terminal de llegadas, pasé por casa a rehacer la maleta y a reservar un vuelo hacia Toronto, y volví a la terminal de salidas. Tuvieron que pasar años antes de que pudiera ser capaz de cruzar aquella terminal sin llorar.

Cuando llegué al piso de mi padre, mi tío me recibió en la puerta. «Pase lo que pase —dijo— no llores cuando lo veas.» Jamás me han dado unas instrucciones más difíciles de seguir. No era solo que no quisiera despedirme; es que no sabía cómo hacerlo. Quería implorarle que se quedara, y las únicas palabras que tenía en la cabeza eran «no me dejes».

Entré en la habitación de mi padre. El tumor del ojo había crecido y se lo mantenía cerrado. Parecía de otro planeta. Su cuerpo estaba cubierto de bultos. Traté de mantenerme entera, esperando que se despertara, pero no lo logré. Apoyé mi cabeza sobre su pecho. Apenas me salían las palabras.

«Papá, ¿qué voy a hacer sin ti?»

La enfermedad lo había despojado de casi todas las facultades, pero todavía oía, y todavía podía hablar. «Pues qué vas a hacer, lo de siempre», dijo. Y consiguió incluso reír suavemente.

«Papá, nadie me querrá como tú me has querido», dije en voz alta. Aquello, en cierto sentido, era una barbaridad, pero en aquel momento, lo creía. Lo «sabía».

Esta vez, no dijo nada. Esta vez, lo dijo todo. «Así es siempre.»

Cada vez que lo visitaba, había una sucesión de visitas. Médicos y pacientes; familiares y amigos. Algunos hombres fornidos con cabelleras de un aspecto de lo más natural. A muchos los vencía la emoción. Algunos lloraban. La mayoría decía algo del estilo de «Te recordaré». Nadie te dice eso hasta el último momento. Morir es lo contrario de nacer. Todas las primeras veces pasan a ser las últimas. Hay algunas primeras veces nuevas, pero también son últimas.

Pero mi padre seguía aguantando. Estábamos a primeros de diciembre, y afuera todo era gris y hostil. Había resistido unas diez semanas, lo normal en los pacientes de cáncer de páncreas. Tras pasar algunos días más con él, finalmente decidí que debía volver a casa para ver a Mike y a los niños, ya que había pasado mucho tiempo fuera. Volví a Washington y me quedé profundamente dormida a última hora de la tarde. Me desperté con Mike cogiéndome del brazo y no me hizo falta preguntar. Isabella estaba al teléfono. Volé de vuelta a Toronto una última vez.

Mi padre le había dicho a su mejor amigo: «Nos vemos en el otro lado». No pude evitar desear que, después de todo, tuviera razón sobre la vida después de la muerte.

Hoy en día no tengo apenas relación ni con mi madre ni con la mayor parte de mi familia. Creo que los malos recuerdos están demasiado cerca de la superficie, y todos hemos cometido errores mientras aprendíamos a vivir con ellos. Solo me veo con mi hermana, Julia. Pero quizá... quizá mi padre renació en otro lugar. Me preguntaba si algún día conocería a su próxima reencarnación. Todavía me lo pregunto. Pero lo que sabía, sin ningún asomo de duda, era que jamás volvería a ver a la versión de él que fue la mía. El hombre a quien conocí como mi padre había desaparecido. Había estado ahí durante toda mi vida y, de pronto, se fue.

Pasadas dos semanas, Mike, los niños, los gatos y yo nos mudamos al norte para llegar al inicio del semestre de invierno en el MIT. Me hacía ilusión volver a los helados ríos y a los buenos recuerdos de Nueva Inglaterra, al vivero de árboles de Navidad de Beth y Will y a los placeres de nuestra juventud relativa. Esta vez, pudimos permitirnos algo mejor que la cochera. Encontramos una preciosa casa amarilla de estilo victoriano en Concord, a treinta kilómetros y un mundo de distancia de Boston.

A pesar del más desfavorable de los inicios, Mike y yo habíamos terminado de construir nuestro propio sistema solar con sus dos discretos centros de gravedad: dos niños y tres gatos que vivían en una bonita casa amarilla. Él seguía trabajando desde casa, rodeado de libros llenos de anotaciones. También se encargaba de casi todas las obligaciones prácticas que implica llevar una familia. A mí nunca se me habían dado demasiado bien ese tipo de cosas, y tampoco mejoré con la práctica. Seguía costándome ponerle gasolina al coche, y las tareas domésticas más básicas me desconcertaban. Mike accedió, sobre la marcha y sin ningún acuerdo prematrimonial de por medio, a encargarse de lo ordinario para que yo pudiera centrarme en lo extraordinario. Un orden nuevo e inexpugnable se instaló en mi vida en forma de una simplicidad productiva. Mi lugar y mis objetivos estaban claros. Todas las mañanas me subía al tren y veía a los árboles convertirse en hormigón; por la noche, el hormigón se convertía de nuevo en árboles. Lo único que me quedaba por hacer era encontrar otra Tierra.

En Concord es donde se encuentra el lago Walden, el mismo que Henry David Thoreau surcaba con la vista desde su cabaña mientras reflexionaba acerca del valor de una vida bien vivida. Un día, Mike y yo nos paramos en la orilla de aquella misma masa de agua, alrededor de cuyos bordes se adivinaban los primeros hielos. Los árboles, desnudos, estaban cubiertos de un fino polvo de nieve. La muerte de mi padre y el inicio de mi carrera académica habían coincidido tan estrechamente que no pude evitar sentir que, a partir de ese momento, existiría nuestra vida de antes por un lado y, por el otro, nuestra vida de después. Lo que se abría ante mí era un precipicio.

CAPÍTULO 6

La ley de la gravedad

El mayor miedo de un científico es pasar por alto algo evidente. No es cometer errores, porque en la ciencia, los avances más importantes a veces surgen a base de probar y equivocarse. El peligro reside en no reconocer la oportunidad que tienes delante. En 2007, el Consejo Nacional de Investigación de Estados Unidos publicó un informe titulado *Los límites de la vida orgánica en los sistemas planetarios*, que contenía una línea que me ha perseguido desde el momento en que la leí: «Nada sería más trágico para la exploración espacial estadounidense que encontrar vida extraterrestre y no reconocerla».

Cuando imaginamos la vida en otros planetas, tendemos a imaginarla tal como la conocemos. Vemos árboles y aves y lluvias que forman ríos. Imaginamos que debemos encontrar un planeta en cuya atmósfera haya oxígeno porque para nosotros es la esencia de la vida. Pero durante la primera mitad de la existencia de la Tierra no hubo oxígeno detectable en la atmósfera. Durante mucho tiempo no hubo producción de oxígeno, y entonces el mundo absorbió el oxígeno que iban emitiendo las bacterias hasta que, muchas decenas de millones después, molécula a molécula, hubo una pequeña acumulación de oxígeno. En nuestro propio planeta, la vida ha adoptado, y sigue adoptando, una enorme variedad de formas. Los gérmenes son vida. Las aves son vida. Los elefantes son vida. Imagina que existe un planeta en algún lugar en el que los dinosaurios todavía vagan por la tierra, pero que se nos pasan por alto porque estamos demasiado concentrados buscando humanoides verdes. Incluso pensar en dinosaurios es un enfoque demasiado geocéntrico. Puede que exista un planeta que sea todo océano, y que ese océano esté poblado de bancos de peces extraterrestres. Puede que exista una forma de vida de inteligencia suprema capaz de vivir millones de años. Tal vez se haya convertido en una especie de inteligencia posbiológica con discos duros integrados para proporcionar una memoria mejor y con órganos que se reproducen con total autonomía.

Puede que todo lo anterior suene descabellado, a ciencia ficción, pero el espacio nos proporciona un abanico de posibilidades casi infinitas. No podemos obsesionarnos con encontrar una versión de nosotros mismos, o al menos, no solo eso, porque puede que pasemos por alto algo diferente. Puesto que todavía no hemos llegado a ver un planeta parecido a la Tierra que orbite alrededor de una estrella comparable al Sol, algunos miembros de la comunidad de astrónomos creen que deberíamos tratar de encontrar cualquier planeta en cuya superficie pueda haber agua. En Venus no hay vida porque hace demasiado calor y sus océanos se han evaporado; en Marte no hay vida porque hace demasiado frío y la única agua que contiene se ha congelado y convertido en hielo. El calor relativo que un planeta recibe de su estrella condiciona enormemente su capacidad de albergar vida. Pero ¿y si ampliáramos la búsqueda e incluyéramos a las supertierras —exoplanetas cuya masa es mayor que la de la Tierra pero sustancialmente menor que la de los gigantes de hielo— que orbitan cerca de estrellas enanas rojas o de estrellas más pequeñas y frías que el Sol? Serían mucho más fáciles de ver casi en todos los sentidos: son más grandes que la Tierra y están más cerca de unas estrellas que brillan menos. ¿Podría algo así albergar vida?

Durante mis primeros días en el MIT, paseé por el campus y sentí que estaba en el interior de una colmena. Si encontraba un rincón tranquilo, me quedaba muy quieta y cerraba los ojos, casi podía sentir su energía colectiva atravesándome. En alguno de esos edificios, alguien podía estar aprendiendo a empalmar genes humanos; en ese de ahí, un nuevo tipo de robot daba sus primeros e inciertos pasos. Unos construían ordenadores nuevos, otros diseñaban materiales nuevos. Tras cada puerta se extendía otro patio de juegos. Era una fábrica en la que la inventiva daba lugar a inventivas mayores. Si no existieran las nubes, en el MIT habría alguien inventándolas.

Sentía que una ciudad entera había sido diseñada específicamente para alguien como yo. No eran solo los sueños que flotaban en el ambiente lo que me provocaba esa sensación, sino la calidad de los soñadores. No diría que existe un «tipo» concreto de personas en el MIT, porque allí cada uno tiene sus propias pasiones, pero había pasado toda mi vida adulta entre académicos y científicos en lugares en los que se extraía lo mejor de sus talentos y, aun así, jamás me había visto rodeada de tantas personas afines a mí, de obsesos en el mejor sentido de la palabra. Las materias objeto de su consideración no podían ser más variopintas, pero la intensidad de su pasión ardía con el mismo fervor inmensurable. No hay forma de medir algo así —de haberla, alguien en el MIT ya la habría descubierto—, pero me atrevería a decir que en ningún lugar de la Tierra existe una mayor concentración de personas que apenas parpadean. He paseado por el río Charles muchas veces para tomar el aire y he visto a decenas de personas sentadas en los bancos de la orilla mirando al agua con la misma mirada perdida, viendo cómo un sueño extravagante cobra vida sobre la estela de los veleros. Algún día, los demás veremos cómo sus sueños se hacen realidad. En el MIT, la gente construye cosas y convierte la abstracción en una magia práctica. Eso fue lo que más me llamó la atención cuando llegué: era un lugar en el que podría hacer algo, algo milagroso que podría sujetar con mis manos.

Me instalé en el Edificio Verde, de veintiún pisos y punto de referencia en Cambridge. Mi despacho está en el decimoséptimo piso, y actualmente mi escritorio está lleno de montañas de revistas y montones de estudios. Los estantes están repletos de libros: *Óptica* y *Asteroides III* y *Cómo construir un planeta habitable*. En una de las paredes hay una pizarra que suele estar llena de garabatos. A veces mi despacho parece sacado de una escena de *Una mente maravillosa*. Aunque prefiero la tiza al carboncillo, a veces logro que la fina línea entre las matemáticas avanzadas y el arte abstracto sea casi irreconocible.

Aquella primera mañana, mi despacho estaba vacío a excepción de la luz que entraba por el ventanal. Observé las amplias vistas del centro de Boston y los ángulos siempre cambiantes de sus sombras, y recordé una de las últimas conversaciones que tuve con mi padre, cuando le conté que por fin había decidido aceptar el empleo en el MIT. «A mi edad, es lo mejor que puedo hacer», le había dicho. Seguramente fue lo mejor que podría hacer jamás, y punto. Iba a empezar a dar clase en el MIT como profesora titular a los treinta y seis y, a los cuarenta, ya habría acumulado recorrido en una carrera académica estable. Sería un progreso incremental.

Me fulminó con la mirada. Puede que se alegrara de que fuera a aceptar el empleo, pero no le gustó cómo lo estaba enfocando. «No quiero volver a oírte decir que algo es lo mejor que puedes hacer —dijo con una pasión que me cogió desprevenida—. No quiero que jamás dejes que tus propias expectativas te limiten.» Aquella fue su última lección.

Sentada en mi despacho nuevo, decidí pensar a lo grande, tratar de hacer que mi cerebro fuera como el universo, en constante expansión. Después de todo, lo bueno de ser profesora titular era que tendría seguridad para perseguir posibilidades remotas. Me reafirmé en mi propósito, en la misión que llevaba toda la vida persiguiendo: primero quería encontrar otra Tierra, y luego quería encontrar indicios de vida en ella. Aquella búsqueda había alcanzado su momento más trascendente durante la misión del Buscador de planetas terrestres, el cual ahora estaba suspendido trágica e indefinidamente. Sin él, necesitaba otra forma de ver.

Años antes, un astrónomo había sugerido que tal vez podríamos usar un nuevo equipo, el telescopio espacial James Webb, todavía en desarrollo, para interpretar la atmósfera ligeramente más grande que la Tierra de un exoplaneta en tránsito que orbitara alrededor de una estrella ligeramente más pequeña que el sol. Un planeta de aquellas características sería rocoso, parecido al nuestro.

Cuando llegué a Cambridge, otro equipo espacial nuevo y fantástico estaba en pleno desarrollo: un telescopio llamado Kepler, un Hubble nuevo, un Spitzer nuevo. Se trataba de la singular creación de Bill Borucki, un físico que se había embarcado en la misión casi espiritual de construir un telescopio espacial diseñado para buscar exoplanetas en tránsito. Debía su nombre a Johannes Kepler, el matemático y astrónomo alemán que quedó fascinado por el espacio cuando, de pequeño, vio el Gran Cometa de 1577. Bill quería que tuviéramos los tiernos ojos de aquel niño que vieron por primera vez unas luces nuevas en el cielo. Yo no contribuí a la construcción del Kepler, pero sí redacté una propuesta para obtener acceso anticipado a los datos que recogiera. La NASA había aprobado mi solicitud y yo contaba los días que faltaban para el lanzamiento en marzo de 2009, para lo cual faltaba algo más de dos años.

En el MIT, algo llamado Satélite de Sondeo de Exoplanetas en Tránsito, o TESS, por sus siglas en inglés, también estaba siendo soñado. Un tercer instrumento prometedor en cuyo desarrollo fui invitada a participar. Como el Kepler, el TESS se dedicaría a buscar exoplanetas en tránsito, pero se fijaría unos objetivos distintos. El desarrollo de formas nuevas de ejecutar la técnica del tránsito no se detenía jamás.

El colosal Kepler se dedicaría a buscar planetas de tamaños parecidos al de la Tierra en órbitas similares a la terrestre y alrededor de estrellas semejantes al Sol, a miles de años de distancia. Por desgracia, sus descubrimientos nos quedarían demasiado lejos como para poder hacer un seguimiento significativo, para poder descubrir si aquellos planetas de tamaños parecidos a los de la Tierra también presentaban atributos similares a los de la Tierra. En cambio, el TESS, más pequeño, buscaría en las proximidades de estrellas más cercanas y daría prioridad a las estrellas enanas rojas que «solo» están a decenas o cientos de años luz de distancia. Dado que estos planetas nos quedarían más cerca que cualquier cosa que el Kepler pudiera encontrar, y puesto que las estrellas enanas rojas son más pequeñas que el Sol, tal vez podríamos seguir observándolos con la siguiente generación de telescopios para estudiar las atmósferas de los planetas en busca de cualquier indicio de vida. En otras palabras: el Kepler podría proporcionarnos miles de mundos pequeños, lo que nos ayudaría a determinar hasta qué punto es común que existan dobles nuestros, si es que los hay. Si el TESS llegaba a ser una misión real, su botín de exoplanetas nos traería menos planetas de tamaños comparables al de la Tierra, algunas decenas a lo sumo, pero tendríamos más probabilidades de reconocer a un primo rocoso con el potencial de tener agua en la superficie, así como a quienquiera que lo habite.

Cerré los ojos y traté de imaginar cómo sería vivir en un mundo tan distinto. Para que un exoplaneta que orbita una estrella enana roja reciba el calor suficiente como para propiciar la existencia de vida, tendría que estar tan cerca que no podría rotar sobre su eje ni por asomo tan rápido como la Tierra. Estaría «acoplada a la marea» como la Luna, con una de sus caras obligada a mirar siempre a su estrella, bañada por una luz perpetua, mientras la otra viviría siempre en la oscuridad. Con una estrella de semejante tamaño en el cielo, tal vez el mejor lugar para vivir no fuera donde siempre es de día. La cercanía del planeta a su estrella implicaría un intenso bombardeo de radiación ultravioleta y erupciones estelares potentes y frecuentes. Quizá, para los astrónomos extraterrestres, el mejor lugar para vivir fuera donde siempre es de noche. O quizá sería en algún punto a lo largo de la línea entre la luz y la oscuridad, en un amanecer o en un ocaso eterno.

Ninguna de las opciones me parecía acogedora, al menos dentro de la limitada definición de «hogar» que tiene nuestra especie. Entendía por qué la comunidad de astrónomos estaba apostando por encontrar planetas habitables alrededor de enanas rojas, pero me preguntaba si mis compañeros se estaban centrando en esos planetas solo porque era más sencillo, y no porque pudieran llegar a encontrar algo, como quien busca las llaves que ha perdido bajo una farola porque es el único lugar en el que ve. En el fondo, no quería encontrar algo que se aproximara a la Tierra. Quería encontrar un igual, algo que fuera mejor que la mejor.

Incluso con el James Webb y el Kepler en el horizonte y el TESS en nuestros sueños, no lograba librarme de la sensación de que algo se nos iba a pasar por alto. Con el eco de las palabras de mi padre en la cabeza, me encontré pensando constantemente sobre los indicios de la existencia de vida. Siempre había recurrido a las atmósferas, a los gases, al aire que nosotros, y otros individuos o seres, podríamos respirar. Me recordé que el aire extraterrestre no tendría por qué tener un aspecto, gusto u olor que se pareciera en lo más mínimo al nuestro. Para encontrarlo, quizá deberíamos desarrollar nuevos sentidos.

Mi trabajo me tenía absorbida casi por completo. Sentía la presión interna constante de dar la talla, de ser la primera, de ser la mejor. Recibía elogios por mis esfuerzos. La Sociedad Astronómica Estadounidense me concedió el premio Helen B. Warner para astrónomos jóvenes notables poco después de llegar al MIT. (Fui la primera mujer en más de cincuenta años en recibirlo, a pesar de que el premio le debe el nombre a una.)

Mike recibía un reconocimiento mucho menor por su papel secundario. Nadie te da premios por llevar a tus hijos al colegio a tiempo o por asegurarte de que siempre haya pañales. Cuando me concedía un momento para mirar hacia abajo en lugar de hacia arriba, mi concentración dividida daba con Max y Alex. Todavía no tenían edad para unirse a nuestras aventuras, y todavía eran demasiado pequeños para pasar largos períodos con alguien que no fuéramos nosotros. En el trabajo, era una estrella. En casa, tan solo a un susurro de distancia de la idílica apariencia de las cosas, Mike y yo habíamos empezado a distanciarnos poco a poco, como si Marte hubiese liberado de su magnetismo a sus dos lunas. Ambos lo sabíamos. Ese tipo de distancia puede avanzar sigilosamente, pero en cuanto llega, es difícil negar su existencia.

Mike me culpaba sobre todo a mí. Decía que él era el mismo de siempre. Seguía gustándole poner una canoa sobre el techo del coche y encontrar un caudaloso río de primavera que recorrer. Yo era la que había cambiado. Lo único que Mike quería era recuperar a su compañera de canoa, a la persona con quien había pasado los inviernos planeando la próxima aventura y los veranos en un bote. Ahora, lo más habitual era que él soñara y explorara solo.

Mi reacción inmediata fue contratar a alguien que nos ayudara. Poco después de instalarnos en Concord, repasé los portales de anuncios en internet y vi uno cuya dulzura me llamó la atención. «Hola, me llamo Jessica y tengo diecisiete años. Voy al instituto en Waltham. Me encantan los niños y...» Buscaba un trabajo para después de las clases. Los niños no tardaron ni un segundo en enamorarse de Jessica. Se le daban muy bien, era todo energía y calidez, y creí que Mike agradecería la descarga de trabajo. Y estoy segura de que así fue, pero Mike no solo quería tener más tiempo. Quería más tiempo conmigo.

No le veía solución. No parecía haber horas suficientes en el día, y tampoco nos sobraba el dinero. Años antes, le había echado el ojo a una canoa para aguas bravas nueva, una preciosa Dagger Rival. Para entonces ya teníamos otras, y no solo la Old Town Tripper de Mike, pero aquella Dagger Rival me había cautivado. Busqué un modelo de segunda mano, pero no hubo suerte, así que me di el capricho y me compré una nueva, de color verde azulado y sin el menor rasguño en el casco.

Mike me dijo que era una tontería haber comprado aquel bote, que era demasiado grande y plano para nosotros. «Está pensado para novatos», dijo, no para expertos en descenso de aguas bravas. Pero en aquel momento, solo uno de los dos seguía siendo un experto. Él remaba casi todos los fines de semana, y yo lo acompañaba cada vez menos, hasta que finalmente era raro el día que iba con él. Se me habían pasado las ganas de pasar frío y de estar mojada todo el rato, y alguien tenía que cuidar de los niños. Había primaveras en las que Mike y yo apenas nos veíamos. Yo trabajaba hasta tarde durante la semana, atrapada en el frenesí del final del semestre, y él se iba los fines de semana en busca del deshielo, a menudo con mi Dagger Rival. Cada uno tenía sus pasiones. Por desgracia, como ocurre en demasiados matrimonios, la persona con quien habíamos prometido compartir nuestra vida había dejado de ser un pilar esencial. Sentía que estábamos haciendo un mal uso de nuestro amor.

Hay una fase en la vida en la que todo lo construyes con un objetivo en mente, en la que toda tu existencia parece una casa en obras, una lista de tareas que tardarás años en completar. Niños, una carrera en ascenso. El universo es enorme. Pero, un día, los dos terminaríamos nuestras respectivas búsquedas y podríamos volver a encontrarnos. «Algún día tendremos tiempo —le dije—. Algún día tendremos dinero. Algún día tendremos tiempo y dinero.»

Y lo creía de veras. Lo dije con la intención de una promesa. Mike y yo nos instalamos en una paz incómoda, fingiendo que bastaba con una promesa.

El Kepler estuvo listo para el lanzamiento en marzo de 2009. Mike y yo fuimos a Cocoa Beach, en Florida, al sur de Cabo Cañaveral. Llevamos también a Max y a Alex. Tenía que asistir a algunas reuniones, pero el resto del tiempo, estuvimos de vacaciones. Nos hospedamos en un hotel frente al océano con otras familias espaciales. Mientras los niños jugaban en el agua, yo miraba hacia lo más alto de la costa y creía ver el cohete Delta II del Kepler en la plataforma, brillando como un rascacielos lejano. Me costaba creer que fuera real.

El lanzamiento estaba planeado para la madrugada. Encontré a una niñera para los niños. Vino a nuestro hotel y me observó mientras les lavaba los dientes después de haberlos metido en la cama, usando solo un poquito de pasta de dientes para que no tuvieran que escupir. Le pareció un buen truco y yo sonreí ante su visible admiración. Estaba a punto de ir a ver cómo un cohete lanzaba un telescopio al espacio sideral con el que podríamos descubrir miles de planetas nuevos, pero tuve que darle la razón: lavarles los dientes en la cama también era una especie de milagro.

Mike y yo pusimos rumbo hacia el Centro Espacial Kennedy, donde esperamos en el jardín de cohetes con otros cientos de personas, casi todos científicos e ingenieros, algunos de ellos acompañados de familiares orgullosos y excitados. El cielo estaba despejado, pero hacía un poco de viento y las ráfagas soplaban en la dirección equivocada.

En lugar de poder presenciar el lanzamiento desde las gradas que habían colocado a unos cinco kilómetros de la plataforma de despegue, nos metieron en un autobús y nos llevaron a otro punto de observación, a ocho kilómetros de distancia. Vi a Bill Boruci con sus hijos y nietos, tan cerca del final de un viaje y del inicio del siguiente. Una multitud de focos apuntaban al cohete, y era lo único que veíamos. Incluso desde donde nos encontrábamos, parecía hecho de roca pulida. A mis ojos, parecía una escultura, un monumento a todo lo que es bueno.

Oímos a los controladores de la misión de la NASA por los altavoces mientras llevaban a cabo las últimas comprobaciones del sistema. Oímos la palabra «nominal» una y otra vez. En la NASA, esa es la palabra que siempre quieres oír, porque significa «adelante». El cohete estaba listo para el despegue.

Bill y sus colegas habían invertido décadas de energía y trabajo, sin mencionar cientos de millones de dólares, en el Kepler. Ahora se arriesgaban a que los consumieran los nervios y ese inoportuno viento. Hacía poco que otra misión de la NASA había sufrido un fallo catastrófico y un satélite nuevo había caído en picado en el océano Índico. Los cohetes no se andan con medias tintas. Cada lanzamiento es una cuestión de o todo o nada: o el cohete entra en el espacio o explota en el intento.

Los motores del cohete cobraron vida. La luz viaja a una velocidad ocho kilómetros superior a la del sonido, y por eso, durante uno o dos segundos de nervios, lo único que hubo fue un estallido brillante y silencioso. Entonces, un rugido grave atravesó las marismas y nos entró por los pies. Los oídos se nos llenaron del ruido del fuego. El cohete se separó de la plataforma, lentamente al principio, ganando velocidad a medida que subía más y más, dejando atrás el zarposo agarre de la gravedad. Los aceleradores sólidos del cohete se soltaron en el momento planeado y los vimos volverse de un rojo intenso a medida que emprendían su larga caída de vuelta a la Tierra.

El cohete transportó al Kepler hacia las profundidades de la noche. En cuestión de un minuto, su última estela de luz había desaparecido. El Kepler estaba en el espacio.

A los astrofísicos a veces nos cuesta percibir la escala de las cosas. Sabemos que existen cientos de miles de millones de galaxias y que cada una de ellas puede contener cientos de miles de millones de estrellas, y eso puede hacer que nuestras vidas y las personas que nos rodean parezcan insignificantes. Paradójicamente, nuestro trabajo también puede inflar la percepción que tenemos de nosotros mismos. Creer que puedes hallar la respuesta a la pregunta de si estamos solos requiere un ego considerable. Los astrofísicos alternamos continuamente los sentimientos de grandeza y de pequeñez, de soberbia y de humildad, en función de si estamos mirando hacia fuera o hacia dentro.

En diciembre de 2009, me invitaron a dar la conferencia John Bahcall en el Instituto de Ciencias del Telescopio Espacial de Baltimore. John había fallecido en 2005 de un trastorno sanguíneo. Cuando abrí el correo me encontraba de viaje, y el corazón se me paró en seco en cuanto vi el asunto: «John Bahcall». Ni siquiera sabía que estaba enfermo. Y así, de pronto, perdí mi apoyo más robusto. Para mí, John fue mucho más que un mentor; era más como un padre en la ciencia. De hecho, se parecía mucho a mi padre: gentil pero exigente, motivador pero crítico. Él también me aceptaba tal como era mi concentrada intensidad, mi carencia de habilidades sociales—, sin reservas ni explicaciones. Se me hizo muy extraño pensar que un hombre capaz de pensar tan a lo grande, cuyo cerebro abarcaba la arquitectura de galaxias enteras y la mecánica de las estrellas, podía terminar apagándose por un defecto microscópico en la sangre.

Aunque estaba resuelta a dar aquella conferencia y luego otra, abierta al público, en el Museo Nacional del Aire y del Espacio, avisé a mis anfitriones de que no podría acudir si alguien de mi familia enfermaba. Mi preocupación no era infundada. Por fuera, Mike seguía siendo el fortachón de siempre, la viva imagen de la salud, pero igual que mi padre, había estado padeciendo una serie de dolores estomacales leves pero extraños. El médico le recetó Metamucil, por si se trataba de estreñimiento. Yo tenía serias dudas acerca del diagnóstico y el tratamiento, y por eso me mostré firme en mi advertencia a los organizadores, a pesar de lo mucho que significaba para mí rendirle homenaje a John.

Afortunadamente, Mike se encontraba bien cuando llegó la hora de irme. Mientras esperaba en el camerino antes de dar la conferencia en el museo, me reencontré con mi anfitrión, un científico llamado Bob Williams, cuya labor más conocida tal vez sea la que llevó a cabo al recoger la colección de imágenes llamada «Campo profundo del Hubble». Lo había conocido aquel mismo día, y entonces tuvimos la oportunidad de hablar un poco más. Casi me sorprendió sentir un sentimiento de amistad incipiente con él, con un profesional tan consumado, tan cargado de determinación.

A mediados de los noventa, Bob era el director del Instituto de Ciencias del Telescopio Espacial y tuvo ciertos derechos sobre el Hubble. Al margen de las acaloradas objeciones de muchos de sus compañeros astrofísicos —pues cada minuto que el Hubble estuviera en el espacio representaba una enorme ventana de posibilidades—, Bob quería dedicar diez de sus preciadísimos días de libre disposición apuntando el nuevo telescopio hacia una diminuta parcela de la Osa Mayor, del tamaño de un centavo cuando lo alejas con el brazo. La creencia general era que aquella parcela era un espacio muerto, vacío, carente de cuerpos celestiales, y que sería casi una tragedia perder el tiempo mirando a la definición de la nada durante más de una semana. Incluso John Bahcall estuvo totalmente en contra del plan de Bob, pero Bob se mantuvo firme y el Hubble tomó cientos de imágenes de aquella parcela durante diez consecutivos y controvertidos días. El «Campo profundo del Hubble» reveló tres mil puntos de luz jamás vistos antes. Y no me refiero a tres mil estrellas, sino a tres mil galaxias nuevas. Sin contar con la ayuda de casi nadie, Bob Williams descubrió trillones de mundos posibles.

«No perdamos el contacto, Sara», me dijo al terminar la conferencia.

En cuanto llegué a casa, Mike me dijo que volvía a encontrarse mal. Esta vez, el dolor de estómago era diferente. Se le había hinchado el cuerpo y se había pasado todo un día en la cama sin poder moverse. Por un momento me pregunté, vistos mis miedos sobre no poder acudir a las conferencias, si había visto venir aquel empeoramiento. Lo que más me preocupaba era qué le pasaba a Mike, porque raramente se ponía enfermo. Estábamos en plena época de gripe, y los niños son fábricas de gérmenes, pero ni Max, ni Alex ni yo estábamos enfermos. Solo Mike. Aquello no era una gripe.

Durante unos días estuvo mejor, pero una semana después, el sábado, volvió a pasarle. El dolor era tan intenso que se le formaban gotitas de sudor en la frente, se le hinchó el estómago y sentía espasmos, hasta que volvió a darle tregua. Pero después de casi una semana justa, el sábado siguiente, de nuevo fue incapaz de levantarse de la cama. Llamé a su médico. Me dijo que lo llevara a urgencias. Yo protesté: «Pero ¿qué le pasa?».

La voz del doctor se agravó en una octava. «Sara, es grave.»

Desperté a Mike. Estaba tan letárgico que costaba moverlo. Lo metí en el coche junto a los niños. Llevé a Mike a urgencias del hospital de Concord y me puse a pensar qué podía hacer con Max y Alex. No tenía a nadie a quien acudir. Nuestra canguro de siempre, la dulce y exuberante Jessica, se había marchado a la universidad. No tenía ningún amigo en la ciudad. Mis compañeros del MIT eran personas a quienes recurriría para poner un satélite en órbita, no para cuidar de mis hijos, y la muerte de mi padre me había alejado más que nunca del resto de mi familia, tanto en lo espiritual como en lo geográfico. Desesperada, llamé a la madre de uno de los mejores amigos de Max y Alex. «Claro, yo me ocupo», dijo. Los llevé con ella y volví volando al hospital.

Cuando volví, Mike parecía otro. Ya no tenía dolor e incluso tenía un amago de sonrisa en el rostro cuando entré en la habitación. Yo también quería una dosis de eso que le habían dado.

Los médicos le hicieron una placa de estómago que reveló una masa. Había muchas incógnitas sobre qué tipo de masa era, y en las cavidades que la rodeaban solo había oscuridad. Parecía como si el cuerpo de Mike estuviera lleno de tinta.

Tendríamos que esperar hasta tener unos resultados más claros. Es muy extraño esperar noticias de ese tipo. Llamé a otra canguro,

Diana, una chica muy calmada que no se andaba con tonterías. Ya habíamos trabajado con ella, pero otra familia le había dado un empleo de jornada completa. Cuando la llamé el día después de que le encontraran aquella masa a Mike, me sorprendió que volviera a estar disponible. Le ofrecí que se viniera con nosotros. Con los niños al cuidado de alguien, pasé la gran parte de los dos días siguientes acompañando a Mike. El resto del mundo desapareció.

Mike estaba tumbado, arropado con unas sábanas blanquísimas, y yo me sentaba entre una familia de máquinas que no paraban de emitir pitidos. No tenía claro qué quería que nos dijeran los médicos. Por un lado, quería que encontraran algo específico para que pudiéramos hacer algo para curarlo. Aquel misterio era insoportable. Quería encontrar incógnitas y despejarlas: si esa parcela del espacio es verdaderamente oscura, si estamos solos en el universo. Pero, por el otro, me aterraba la posibilidad de hallar una respuesta, porque me asustaba lo que podría significar.

Un par de días después, el especialista gastrointestinal entró en la habitación. Nos dijo que Mike tenía una oclusión casi total del intestino delgado. «Es una masa grande —dijo el médico—. Puede que sea cancerosa, o puede que no.»

Mike estaba recostado en la cama, callado y tranquilo. Si tenía miedo, no lo demostró. Inmediatamente, mi mente se aferró a las peores posibilidades. Ahí estaba mi marido, con quien había compartido el lago Wollaston y todo lo que vino después, un hombre tan fuerte y resiliente y optimista, y ahora solo era capaz de imaginar que una masa en sus intestinos me lo iba a arrebatar para siempre. No podía perderlo. Ahora no. Todavía no. Le había hecho una promesa y quería cumplirla. Me puse a llorar con tanta intensidad que me quedé sin aliento.

«Deje de llorar», dijo el médico. Su tono era comedido, pero lo dijo de una forma que parecía que estuviera regañando a un niño que da una pataleta en una tienda.

No dejé de llorar. Lloré todavía más fuerte.

«Deje de llorar —insistió—. Podría no ser nada. Puede que ni siquiera necesite quimioterapia.»

Salió de la habitación como las tormentas se alejan en el mar. Mike y yo nos miramos. Sus ojos seguían secos. Los míos seguían mojados. En ese momento, teníamos lo mismo delante y veíamos dos significados completamente distintos. Mike solo veía la posibilidad de mejorar; yo veía a otro hombre al que amaba y que me amaba sufriendo otro dolor de estómago. No veía salida.

Le dieron el alta del hospital de Concord un viernes porque la cirugía para extraer aquella masa se consideraba voluntaria, no de urgencia. Tendría que seguir una dieta especial para que sus intestinos se mantuvieran tranquilos —mucho pan blanco y nada de brócoli, lo contrario de lo que comen las personas sanas— y podríamos dedicar algo de tiempo a buscar al cirujano adecuado. Pero ni siquiera hubo tiempo de empezar la búsqueda, porque en seguida tuvimos que volver a urgencias en Concord. Tenía un dolor de espalda horroroso. Había avisado a los médicos de que había tenido una hernia de disco parcial y que pasar demasiado tiempo en cama no le sentaría bien. Lo ignoraron por completo, y se había pasado cinco días inmovilizado durante su primer ingreso. Ahora, sus rabiosos nervios eran como cables que le bajaban por la pierna izquierda y se le enroscaban alrededor del tobillo, donde perdían toda conductividad. El tobillo dejó de funcionarle. Los médicos de urgencias lo mandaron a casa con unos analgésicos muy fuertes. Me pregunté si ya no podría volver a pasar sin medicamentos.

Nos recomendaron que consultáramos a un cirujano del Hospital General de Massachusetts. Su actitud me sorprendió. Era elegante e iba muy bien arreglado, e insistió en lo rutinaria y sencilla que le resultaba la intervención de Mike. «Todo el mundo se opera de lo mismo», dijo, golpeando el escritorio con las manos al final de la frase. Operaba a más de mil pacientes cada año. Debíamos esperar que el tratamiento más común fuera el mejor. El cirujano nos dijo que podíamos firmar los contratos cuando estuviéramos listos, y se marchó, seguramente a abrir en canal al marido de otra con el desapego de un carnicero que despieza un cerdo.

Mike y yo nos miramos. Queríamos tener a profesionales con buen temple como aliados en nuestra lucha, pero también queríamos a alguien que al mismo tiempo nos viera, tanto a Mike como a mí, como seres humanos.

Me quejé de aquella experiencia con una de mis compañeras del MIT. Su hermana era cirujana en el cercano Hospital de Mujeres de Birgham, y tras un par de llamadas concertamos una cita con ella para el día siguiente. La doctora Elizabeth Breen parecía el contrario filosófico del otro cirujano. Era una cirujana rectal y del colon de renombre, pero no había perdido ni un ápice de humanidad. Nos contó que estudiaba cada caso minuciosamente y que en el quirófano siempre iba con pies de plomo. Hacía que la cirugía sonara más cercana al arte que a un oficio. Nos quedamos con ella.

Mike acudió a su cita preoperatoria solo, ya que debía ser breve y rutinaria. Cuando ya estaba en el tren de vuelta a Concord tras un largo día de trabajo, me llamó para decirme que no volvería a casa. Apenas entendía lo que me decía entre el ruido del tren.

«¿Qué? Pero ¿por qué?»

Habían programado su operación de espalda para la mañana siguiente. Ahora tenía el tobillo rígido como un bloque de hielo, y la doctora Breen quería que se lo arreglaran antes de llevar a cabo su propia operación en una o dos semanas, ya que Mike tendría que poder caminar para recuperarse. Parecíamos estar llegando a un punto de inflexión.

Le dije a Mike que iba para allá, que le pediría a Diana que se ocupara de Max y de Alex, pero me dijo que no me preocupara, que era hora punta. «Vete a casa con los niños —dijo—, ya vendrás mañana.»

Tras recuperarme de aquel mazazo, recordé que debía ir a Toronto al día siguiente para dar una charla a un grupo de alumnos de mi antigua universidad. Naturalmente, tenía que cancelarlo. Odiaba tener que hacerlo, ya que durante toda mi vida adulta había respetado todos mis compromisos. Detestaba que pareciera que no era cumplidora, pero la enfermedad no atiende a calendarios, por mucho que tu yo del pasado se haya esforzado en mantenerlos impecables. Para aliviar mi sentimiento de culpa, llamé a un profesor de Toronto a quien conocía desde la carrera. Era un orador experto y le pedí si podía ir en mi lugar. Me preguntó si pagaban.

Le dije que no, que había accedido a hacerlo sin cobrar.

«No —respondió—. Yo solo hablo por dinero.»

Aquel profesor ya estaba en el campus. Podía levantarse en plena cena y dar un discurso de lo más inspirador. Una hora de su tiempo me habría ahorrado mucha ansiedad en un momento en el que ya me sentía lo suficientemente nerviosa. Necesitaba que alguien a quien consideraba un aliado me hiciera un favor sencillo.

«¿En serio?»

En las semanas y meses siguientes, me sorprendería lo mucho que Mike y yo recibiríamos de un puñado de corazones cálidos. Beth y Will, nuestros vecinos de antaño, nos acogieron como a su propia familia en su vivero de árboles de Navidad siempre que necesitábamos de su amable sabiduría y tranquilizador paisaje. Pero me daba la sensación de que lo más frecuente era que la gente me decepcionara con su aspereza. Aquel profesor no cambió de opinión, y yo me tomé su rechazo como algo personal. Llamé y cancelé la charla, y sentí como si los hubiese defraudado. Yo también me sentía defraudada. Igual que una persona o incluso todo el planeta pueden parecer insignificantes en cuanto cambias de perspectiva, lo que había considerado mi comunidad de pronto se había convertido en algo frío y distante.

Mike estaba en el hospital, yo estaba en casa. Ya no estábamos juntos; estábamos solos y separados, y aquello no era más que la primera ronda de nuestra lucha. Ninguno de los dos lo sabía entonces, pero Mike y yo habíamos entrado en ciclos paralelos, ambos viciosos: cada posible cura traía consigo una preocupación nueva; cada vendaje, una herida nueva; cada gesto amable, un corte.

CAPÍTULO
7

Problemas estadísticos

En la búsqueda de exoplanetas, una de las mayores trabas es el tiempo que se tarda en encontrarlos. Las estrellas comparables al Sol más cercanas y brillantes están repartidas por todo el cielo, lo que significa que ningún telescopio es capaz de observar más que un puñado a la vez. Pero usar algo como el Hubble o el Spitzer para observar un único sistema estelar esperando y deseando ver las sombras de unos planetas cuya existencia era incierta sería una necedad, además de tener un precio prohibitivo. Cartografiar un sistema solar por completo puede llevar años. Bob Williams solo había necesitado diez días para desenterrar el «Campo profundo del Hubble» y, aun así, la primera reacción de muchos miembros de nuestra comunidad fue de protesta.

Yo había intentado elaborar un plan a largo plazo para hallar otra Tierra. Quería entregarme a algo. La misión del Buscador de planetas terrestres quedó aparcada, y el telescopio espacial James Webb ya estaba en el horno, así que la respuesta no podía ser otra máquina gigante y majestuosa. Entonces, descubrí lo que en mi campo se había empezado a llamar CubeSats, unos satélites diminutos diseñados según un patrón estándar que, supuestamente, hacía que fueran más baratos de construir y de lanzar al espacio.

¿Y si creaba una constelación de CubeSats y le asignaba una estrella a cada uno? Soñaba con telescopios espaciales del tamaño de una hogaza de pan, pero no uno, sino una legión de ellos, dispersándose de camino a sus órbitas como una avanzadilla. Cada uno se instalaría en su sitio y observaría la estrella que se le asignara durante el tiempo que me fuera necesario; podría hacer que cada uno se dedicara a descubrir todo lo posible sobre una única luz. El Hubble, el Spitzer, el Kepler... todos veían a escalas enormes. Tal vez ahora necesitábamos decenas o centenares de observadores más finos que emplearan la técnica del tránsito como método principal. Puede que el brillo de la Tierra sea diez mil millones de veces menor que el del Sol, pero su superficie solo es diez mil veces más pequeña. Los CubeSats no verían lo que los telescopios más grandes alcanzaban a ver, pero tampoco les haría falta pestañear.

Hablé con David Miller, un compañero y profesor de ingeniería responsable de lo que se convertiría una de mis clases favoritas: una clase de diseño y construcción para alumnos de cuarto de carrera. Aquella asignatura era revolucionaria porque estaba muy centrada en proyectos concretos; tras unas cuantas clases introductorias, los alumnos se adentraban de lleno en los desafíos de construir un satélite real. Le pregunté a David si podría utilizar su clase como incubadora para mi idea sobre los CubeSats.

Se mostró entusiasmado desde el primer momento. Sin duda, una de las mejores cosas del MIT es que por muy alocada que parezca tu idea, nadie te dice que no funcionará hasta que se demuestra que es inviable. Y embutir un telescopio espacial en algo tan pequeño como un CubeSat es una idea bastante extravagante. El desafío principal sería construir algo pequeño que aun así fuera lo suficientemente estable como para recoger datos claros. Aquello suponía todo un reto porque es más fácil que los satélites pequeños, igual que cualquier cosa que sea pequeña, reciba más empujones por el espacio que los objetos más grandes. Para medir con precisión el brillo de una estrella, tendríamos que ser capaces de mantener su baricentro fijado en la misma diminuta fracción de un píxel, un punto mucho más delgado que el grueso de un cabello humano. Tendríamos que construir algo que fuera cien veces mejor que lo que existía hasta ese momento en la categoría de masa de los CubeSats. Imagina construir un motor de coche cien veces superior que el mejor motor de coche que existe hoy en día.

«A por ello», dijo David.

Mi vida se convirtió en una paleta de contrastes: la luz y la oscuridad, la esperanza y la desesperación. Pasaba los días en el MIT con mis alumnos tratando de ver y las noches en casa con Mike fingiendo ser ciega. Su operación de espalda se consideró un éxito, pero jamás llegó a recuperar del todo la movilidad del tobillo. A veces pienso en los médicos del hospital de Concord, en cómo lo ignoraron y en cómo él aceptó ser ignorado, y cómo todo ello acabó con un tobillo destrozado. Entiendo que a veces los astrofísicos pensamos en los términos más prolongados posibles y que somos de los pocos que contamos los años en miles de millones, pero sigo preguntándome por qué elegimos con tanta frecuencia sufrir consecuencias de por vida a cambio de eficiencia a corto plazo. ¿Por qué íbamos a querer cambiar un malestar temporal por otro permanente? Para mí, ese es el cálculo más indescifrable de todos.

Mike volvió a casa para guardar reposo antes de su segunda operación en cuestión de semanas. Por fin llegó el día y volvimos al hospital. Se puso la ridícula bata que le dieron y esperamos tras una cortina que fingíamos que nos confería cierta privacidad. Si hubiésemos tenido paredes de verdad cerca, me habría subido por ellas, pero Mike, al menos por fuera, se mantenía estoico.

La doctora Breen apareció ataviada para operar. Parecía preparada y segura. «Es complejo», dijo sobre el caso de Mike; a partir de ahí, me costó entender todo lo que dijo a continuación. Recuerdo que pensé que sus palabras no casaban con la valentía que le veía en el rostro. Parecía querer rebajar nuestras expectativas, prepararnos para lo peor. Iba a extirpar el segmento afectado del intestino delgado y el grupo de ganglios linfáticos más cercano. Si Mike tenía cáncer, aquellos ganglios nos dirían si ya había empezado a extenderse. Sabríamos si eran una puerta de entrada o un cortafuegos.

Se llevaron a Mike. Encontré una silla libre en la enorme sala de espera, en cuyo centro había un mostrador enorme y curvado ocupado por personas que parecían entrenadas para actuar como si jamás hubiesen formado parte de la especie humana. Estaban rodeadas de familias preocupadas, y la diferencia en las expresiones faciales entre los trabajadores y las personas que esperaban no podría haber sido más acusada. Los que estaban detrás del mostrador parecían llevar máscaras; los del otro lado parecían despojados de todo, excepto de sus emociones.

Abrí el portátil y traté de perderme en una nube de CubeSats. Primero los bautizamos con el nombre de ExoplanetSat, pero el nombre definitivo terminaría siendo ASTERIA. Los CubeSats, una subespecie de satélite, son mucho más baratos que los satélites ordinarios porque son más pequeños y fáciles de lanzar; ocupan mucho menos espacio en el maletero de un cohete, y mandar cerca de medio kilo de lo que sea al espacio cuesta diez mil dólares. Por desgracia, el abaratamiento de la producción también los hace propensos a salir defectuosos. Muchos no llegan a funcionar jamás. Hablamos de ellos con el mismo fatídico término que usan los médicos para hablar de los pacientes a quienes nunca tuvieron oportunidad de salvar: «Muertos por el camino».

Uno de los obstáculos a los que nos enfrentábamos, pues, era de naturaleza estadística. (Todos los problemas son de naturaleza estadística.) Debíamos saber cuántos satélites necesitaríamos para tener una oportunidad razonable de encontrar otro planeta de un tamaño comparable al de la Tierra. Había miles de estrellas brillantes y comparables al Sol que merecía la pena observar, pero no podríamos construir y gestionar miles de satélites. También sabíamos que, dado el carácter efímero de los tránsitos, las probabilidades de que un planeta de tamaño similar al de la Tierra estuviera en tránsito alrededor de una estrella parecida al Sol se estimaban en una entre doscientas. Además, sabíamos que algunos de nuestros satélites fallarían o se perderían. Si solo lanzábamos unos cuantos, tendríamos que ser o bien muy estratégicos o bien muy afortunados para encontrar lo que buscábamos. Había un número óptimo de satélites que, combinados con una hábil lista de estrellas objetivo, mantendría el presupuesto dentro de lo razonable al tiempo que nos proporcionaría buenas probabilidades de éxito. Cuando lo pienso, me doy cuenta de que elegí un momento extraño para calcular probabilidades.

Al cabo de unas horas —yo sentía que habían pasado días y noches—, oí mi nombre por el altavoz. La doctora Breen vino a verme. Parecía cansada. La cirugía había resultado ser todavía más compleja de lo que se había temido; las entrañas de Mike eran una maraña caótica. Sus dolores de estómago aparecían cuando la comida se quedaba atascada detrás de la masa y se acumulaba como un desagüe obstruido. La doctora Breen había llevado a cabo una biopsia rápida del tumor en el propio quirófano y no había encontrado indicios claros de cáncer, pero no podríamos estar seguros hasta que el laboratorio hiciera más análisis. De momento, sin embargo, todo iba bien.

Dan, el hermano de Mike, vino a visitarlo y nos turnamos para acompañarlo en el hospital durante la siguiente semana. Yo no estaba allí cuando la doctora Breen trajo su veredicto. Mike me llamó igual que mi padre me llamó aquel día en Chicago: tenía la enfermedad de Crohn, una dolorosa inflamación del sistema digestivo. Su plaga de úlceras había conducido a que se formara aquella masa. Y esa masa era cáncer. Un cáncer que se había extendido a los ganglios linfáticos cercanos. Un cáncer que no era terminal, pero que sí se encontraba en el Estadio III, a solo un grado de separación del desahucio.

Fui corriendo al hospital. Cuando entré como un torbellino en su habitación, lo encontré casi radiante, cargado de su optimismo habitual, como si estuviera esperando su turno para lanzarse a bajar unos rápidos. No estaba preocupado. Podría haber sido peor, dijo. El Estadio III es mejor que el Estadio IV. Al menos, tenía una oportunidad.

«Solo tengo que mejorar», dijo, como si estuviera hablando de una de sus tareas habituales.

Solo tengo que limpiar las hojas del jardín.
Solo tengo que lavar los platos.
Solo tengo que mejorar.

Sentada junto a su cama, lo miré, maravillada. ¿Qué probabilidades había tras ese optimismo?

En febrero, Mike ya estaba en casa, recuperándose de la operación para poder empezar con la quimioterapia. Dormía mucho. Diana se había entregado a nuestra familia y su presencia era permanente por las tardes, pero seguía necesitando ayuda a primera hora de la mañana para mantener cierto orden en la casa. Publiqué un anuncio en internet y encontré a Christine, una amable mujer de unos cincuenta años que profesaba un amor por la limpieza que yo era incapaz de comprender. Le dije que necesitaría su ayuda durante unas seis semanas, que es lo que Mike tardaría en recuperarse.

Mike no siempre veía a Christine como yo, es decir, como una salvadora necesaria. La veía como a una sustituta, y a veces se ponía un poco desagradable. Solo él sabía mantener la cocina organizada como es debido, hacer la compra como es debido, o limpiar la nieve de los escalones del porche de atrás como es debido. Yo todavía estaba dándome cuenta de todo lo que él hacía; no era consciente de que algo debía hacerse hasta que me daba cuenta de que no estaba hecho. Pero el misterio no estaba solo en todo lo que hacía, sino también en cómo lo hacía. Tenía una forma concreta de prepararnos el café por la mañana. Yo no tenía ni idea de qué pieza iba en cada sitio, o cuánta agua poner. Y tampoco tenía ni idea de cómo funcionaban otros electrodomésticos más grandes, como el horno, por ejemplo.

Un día encontré a Molly, la gataza de Mike, en la bañera. Parecía confundida, como si no supiera cómo había llegado hasta ahí. Conocía bien aquel sentimiento. La cogí en brazos y la saqué de aquella cárcel autoimpuesta, pero seguí observándola. Estaba rara. La llevé al veterinario: le fallaba el hígado. Le recetaron unas pastillas amarillas enormes que tenía que meterle en la garganta, y ahora Mike y Molly, además de hacerse compañía, compartían enfermedad. Fue quedando claro que, Molly al menos, no se recuperaría. Tan solo un mes después de encontrarla en la bañera, estaba muy delgada, cercana a la muerte.

Les dije a los niños que Molly no estaría con nosotros mucho más. Lloré mientras se lo decía, y pensé que sería importante cómo gestionáramos su marcha. Me pregunté si, tal como había hecho mi padre conmigo, podría servirles de ejemplo. Quería enseñarles que había una forma adecuada de despedirse, y les dije que debíamos ser generosos y pacientes con ella, darle todo lo que quisiera y, sobre todo, mucho cariño. Sacamos muchas fotografías. Les dije que los recuerdos son muy importantes. Todo vive hasta que es olvidado.

Una mañana temprano, Molly estaba tan quieta y callada que supe que se acercaba el momento. Les pedí a los niños que subieran a verla. Seguían en pijama cuando entraron en la habitación y nos sentamos con ella. Cuando dio su último suspiro, estuvo en nuestras manos.

Mike dormía y no quise despertarlo. Que Molly se había ido fue una de las primeras cosas que los niños supieron antes que él. No recordaban la muerte de Tuktu, eran demasiado pequeños. Y seguían siéndolo, pero, de pronto, ahora parecían más mayores.

Mike solía ocuparse de los pasos siguientes. Se me ocurrió que deberíamos enterrar a Molly, pero era invierno y el suelo estaba cubierto de nieve y demasiado helado como para poder romperlo. No sabía qué hacer, así que la envolví en una manta y la metí en el congelador del sótano. Como en una morgue. No fue la forma de proceder más delicada, pero gané algo de tiempo para pensar. Llevé a los niños a Dunkin' Donuts a desayunar, para darles un capricho y que se distrajeran. Y para distraerme yo también. Luego los dejé en el colegio y volví a casa a esperar a que Mike se despertara. Unas horas después llamé al colegio, preocupada por si Max y Alex estaban afligidos.

«No, están bien —me dijo el director—. Me acaban de contar que han ido a desayunar a Dunkin' Donuts.» No se acordaron de estar tristes hasta que llegaron a casa.

Mike estaba listo para empezar con la quimioterapia. Fuimos al hospital de Concord para una visita con el doctor D., su oncólogo. Desde el instante en que tuvimos el diagnóstico, hice lo que hacía siempre que me topaba con algo desconocido: investigar. Me había embarcado en mi propia especialización en cánceres raros del intestino delgado. Leía artículos de literatura médica y de ahí pasaba a los artículos que aparecían citados, y de ahí a otros especialistas. Le envié un correo electrónico al especialista más reconocido del país del Centro Oncológico MD Anderson en la Universidad de Texas, sirviéndome de mis credenciales del MIT para llamar su atención. Los académicos construyen enormes e intrincadas redes de conocimiento igual que las hormigas forjan sus cavernas. El cáncer de Mike era tan raro que dicha construcción apenas había empezado, pero yo metí la nariz en todos y cada uno de los túneles. Me metí de cabeza hasta el último callejón sin salida.

El doctor D. no había puesto en práctica el mismo rigor. Parecía tan desinformado, tan desinteresado, que me llenó de una mezcla de rabia y terror. Quería abrir un agujero en la pared con el puño. Quería lanzar una silla por la ventana. Él ni siquiera sabía que no sabía nada.

Yo lo sabía. No se lo dije a Mike, pero «lo sabía». La muestra de personas que habían sufrido el mismo cáncer que Mike era reducida, y las muestras pequeñas pueden inducir a error. Pero, de momento, las observaciones eran claras. El período medio de supervivencia era de dieciocho meses; el índice de cinco años de supervivencia era cero. Le planteé algunas preguntas incisivas al doctor D. Pareció alarmarse y me preguntó si era bióloga y me dedicaba a la investigación, como si se hubiese dado cuenta de que había estado hablando en términos poco apropiados con alguien que sabía del tema. Percibí el miedo del oncólogo, su incomodidad resultaba evidente incluso a mis ojos. Sabía que yo sabía más que él. No dejé de presionarlo. Era una científica en busca de hechos.

«Tendremos que esperar y ver —dijo el doctor D.—. Haremos todo lo que esté en nuestras manos.»

Siguió hablando como si necesitáramos que nos protegiera de la verdad. Sentada frente a él, mirando su cara implacable, me acordé del médico de mi padre, el que había examinado el único ojo que le quedaba abierto y le dijo que iba a mejorar y que no le estaba tomando el pelo. ¿Desde cuándo los médicos se comportan como curanderos?

No debería haberme sorprendido que a Mike le cayera muy bien el oncólogo. Solo quería oír palabras positivas y de todas las fuentes posibles. Empezó a asistir a terapia de grupo, algo que jamás se le habría ocurrido antes de enfermar. No me contó qué ocurría en aquellas sesiones y yo no le pregunté. Estaba cultivando una distancia entre los dos, y nunca tuve claro a quién trataba de proteger.

Ese verano, intenté encontrar mi propia versión de la positividad, pero no creyendo que Mike iba a superar el cáncer, algo que sabía que no podía controlar, sino buscando maneras de vivir cada día al máximo. Me obsesioné con la famosa «lista de cosas que hacer antes de morir». Le dije a Mike que debía hacer una, y yo pensé en la mía. Enfoqué el tema como si fuera un experimento. Le preguntaba a todo el mundo: «Si te quedara un año de vida, ¿qué cosas querrías hacer que todavía no hayas hecho?». La mayoría respondía cosas similares: pasar más tiempo con la familia, entregarme a un trabajo que tenga más de pasión que de empleo.

Sabía que yo solo había logrado una de las dos.

Me fijaba en Mike para aprender de él. Asolado por el cáncer, con las entrañas dadas la vuelta, seguía siendo muy fuerte. No todo el mundo es capaz de terminar los ciclos de quimioterapia agresiva: Mike iba en bici a recibir tratamiento. Ese verano, en plena quimioterapia, quiso hacer un viaje en canoa. El médico le movió una de las citas para que tuviera un descanso de tres semanas. Mike voló a Idaho con un grupo de viajeros y bajó por ríos de aguas bravas durante días. Cuando terminó, fui a recogerlo al aeropuerto; estaba moreno y tenía una pinta algo ruda, con una barba de días y una gorra de béisbol gastada. Tenía buen aspecto. Ya llevábamos juntos más de quince años, y habíamos vivido muchas cosas. Pero ese día en el aeropuerto, estaba igual que cuando éramos jóvenes.

En agosto le pedí que nos llevara a los niños y a mí a un viaje en canoa en familia. En mi fuero interno, pensaba que podría ser nuestra última oportunidad. Quería que Max y Alex conocieran a Mike tal como me había enamorado de él, orgulloso sobre el agua. Mike se negó. Me dijo que estaba agotado y que los niños no lo disfrutarían. «La última vez no pararon de quejarse, ¿recuerdas?» Entre lágrimas, le dije lo importante que era para mí. Él negó con la cabeza.

Hicimos algo que jamás habríamos hecho en otras circunstancias: alquilamos una casita en un resort de esquí en Nuevo Hampshire. Era finales de verano, así que estaba tranquilo. Subimos en coche al monte Washington y el trayecto nos resultó desalentador. Hay quien sube a pie por un lado de la montaña y hay quien sube en coche por el otro. A nosotros siempre nos habían atraído las aventuras en lugares salvajes, ese era nuestro lado, pero ahora subíamos a la cima por una carretera de asfalto.

El viento en el ajetreado aparcamiento de la cumbre soplaba con fuerza. Me sentía alicaída, pero entonces Alex hizo una declaración. Estaba agarrado al poste de una señal para que no se lo llevara el viento, y los pantalones de pijama rojo que no se quitaba nunca amenazaban con convertirse en velas. «Algún día subiré el monte Washington —dijo—. Pienso batir el récord mundial.» Quise reírme a carcajadas, pero lo que sentí fue una sobrecogedora sensación de gratitud hacia él. Seguía teniendo tantas esperanzas... No sabía lo suficiente como para perderlas. Algún día subiría el monte Washington; algún día, quizá batiría un récord mundial.

Ese otoño, Mike y yo construimos un camino cauteloso y reflexivo de vuelta hacia lo que habíamos sido. Teníamos en común un sentido del humor muy negro, de una oscuridad insuperable. Mike cavó un hoyo para Molly en cuanto el hielo del jardín se derritió. Para protegerlo de la cercanía a la muerte, saqué el rígido cadáver de su morgue temporal antes de tratar de enterrarla. Por alguna razón, no quedó suficiente tierra como para llenar el hoyo, y tuve que echar una piedra enorme en su tumba para compensar la diferencia. «¿Adónde ha ido a parar toda la tierra?», preguntó Mike, entre risas.

Ahora era Minnie May quien empezaba a decaer. Mike cavó otro hoyo. Podría durar hasta el invierno, y no quería que otro gato acabara en el congelador. Quería estar preparado. También tuvo el detalle de dejar un montón de tierra suelta al lado del hoyo, lista para cubrir el agujero. Se preguntó en voz alta si seguiría aquí para taparlo o si tendría que encontrar otra piedra enorme para echarla sobre otra de nuestras gatas. Sonrió, y yo le sonreí, y uno de los dos se puso a reír, y entonces rio el otro. Hacía tanto tiempo que no nos reíamos así, que se me olvidó que la gracia estaba en a quién acabaría enterrando primero, mi marido enfermo o mi gata enferma.

En octubre, le hicieron otro TAC para ver si la quimioterapia había funcionado. Pero no. Tenía tumores nuevos alrededor del intestino delgado, alojados en la cavidad abdominal. El cáncer se había extendido. El cáncer que se extiende durante la radiación es un cáncer que mata. Mike estaba terminal.

Era viernes y yo debía volar a Italia el domingo para asistir a un congreso. «Lo cancelo todo», le dije. Mike se negó y dijo que debía ir. No se iba a morir mañana. «Te quedan años, no meses», le había dicho el doctor D.

«Años, no meses», me repitió Mike.

El doctor D. era o mentiroso o ignorante. Miré a Mike e hice una de las cosas más difíciles de mi vida: asentí.

Volví de Italia, y al día siguiente ocurrió un milagro: el doctor D. llamó para decir que se había equivocado, que el cáncer de Mike no era terminal y que podría curarse. Había tumores nuevos, pero no eran cancerosos. No tenían relación alguna con la masa en sus intestinos. El doctor D. iba a mandar las tomografías para llevar a cabo más análisis, pero todo iba a salir bien. Podíamos seguir contando con cumplir cualquier plan que tuviéramos en mente.

No habíamos tenido esa sensación de huida, ese sentimiento de alivio, desde aquella mañana en el esker. Nos cambió igual que el susto del incendio. Ya no hablábamos de un futuro lejano y mejor, ni sobre que un día tacharíamos otra cosa de nuestras respectivas listas de cosas por hacer antes de morir. Ya estaba bien de esperar días mejores. Hablábamos en presente, sobre cómo corregiríamos cada problema y nos liberaríamos de toda maldición. Habíamos estado muy ceca de perder muchísimo por culpa de nuestra falta de atención, y luego el cáncer nos había amenazado con arrebatarnos los fragmentos de nuestras vidas que todavía conservábamos. Ahora teníamos una segunda oportunidad; no solo Mike, yo también. «Nosotros» teníamos una segunda oportunidad. Hicimos una nueva promesa, esta vez mutua: íbamos a ponerlo todo en orden. Íbamos a replantearnos qué importaba y qué no, y los dos, juntos, nos esforzaríamos por arreglarlo todo.

Tras diez maravillosos días, el doctor D. llamó a Mike a su consulta.

Tenía malas noticias.

El primer diagnóstico había sido correcto.

En noviembre, Mike se preparaba para recibir más quimioterapia. Conservaba su optimismo y parecía creer de veras que, si su cáncer resultaba ser mortal, todavía le quedaba algo de tiempo. Yo me guardaba lo que sabía. La víspera de la primera cita de la segunda ronda de tratamiento, se preguntó si de verdad necesitaba ir, pero no porque fuera a morir de todos modos, sino porque su cáncer no era para tanto.

Su negación me resultaba tan frustrante como desgarradora. Tenía ante mí al demonio del engaño, y especialmente del autoengaño. «La verdad duele», decimos como si nada, y un segundo después afirmamos que las mentiras son «piadosas», pero todo eso no son más que patrañas. La esperanza de Mike ahora me parecía siniestra. Tenía que pensar en cómo quería pasar el tiempo que le quedaba y dejar de contar con un tiempo que jamás tendría. Sabía qué le diría el médico al día siguiente; ni siquiera él podría seguir mintiendo.

«Mike —dije—, ¿prefieres que sea yo quien te diga la verdad ahora o tu médico mañana?»

«Tú —respondió—, supongo.»

«Tu enfermedad es terminal. No sabemos cuánto te queda, pero no será mucho.»

Suspiró lenta y profundamente. Fue arriba y abrió la puerta de la habitación de los niños. Miró a Max y Alex, dormidos. En la oscuridad y el silencio, los ojos se le pusieron vidriosos. «Lo que más sentiré es no verlos crecer», dijo.

Cuando te ocurre una tragedia, a ti o a alguien a quien quieres, tu mente hace algo muy curioso. Pasas mucho tiempo recordando el «antes», y tu vida pasada se reproduce en tu cabeza como una película. Recuerdas cuando tus preocupaciones eran de otra magnitud y pasas diapositivas de escenas felices, pero cada fotograma se ha vuelto difuso y melancólico por lo que ha venido «después». Antes de que ocurra una catástrofe, miras al futuro para dar sentido al presente; cuando la catástrofe ya ha ocurrido, miras al pasado. Mike ya no miraba hacia delante. Recordaba. Recordaba la primera vez que clavó la mirada en los ojos azules de Max. Recordaba viajes en canoa y lanzamientos de cohetes. Ahora sabía lo mismo que yo. Miró a sus hijos dormidos y, por fin, lloró.

A pesar de todo, siguió con la quimioterapia. Lo dejaba agotado. Una noche, bajó a cenar conmigo y con Max y Alex. Apartó el plato y apoyó la cabeza sobre la mesa. Se quedó dormido unos diez minutos, y cuando se despertó, estaba confundido. «Me duele la cabeza», dijo. Volvió arriba y se metió en la cama, sin tomar un solo bocado.

Miré a los niños. Quería intentar ver a su padre tal como lo hacían ellos.

«Chicos —dije—, ¿papá está enfermo o está como siempre?»

Se miraron, tratando de confirmar que sabían la respuesta correcta antes de decirla. No se dijeron nada, solo se miraron.

«Como siempre», dijeron al unísono. Ahora ya solo recordaban a su padre estando enfermo.

Poco después de Navidad, el médico de Mike nos dio noticias. La segunda ronda de quimioterapia no había ayudado demasiado. Los tumores nuevos no crecían, pero tampoco se estaban reduciendo. El cáncer no pararía hasta llevarse a Mike consigo.

En Nochevieja, metí a los niños en la cama y me senté a la mesa de la cocina con Mike. Cada uno estaba cansado a su manera, y habíamos empezado a pasar bastante tiempo así: sin hablar, solo mirándonos. Supongo que no era un hábito nuevo. La mayoría de las luces estaban apagadas, y el resto de la casa estaba en silencio. Ese invierno había nevado mucho y había dejado mantos de nieve reflectantes. En plena noche, el jardín parecía más iluminado que la cocina.

«Uf —dije—, ha sido el peor año de todos.»

Mike me miró del mismo modo que me había mirado durante el incendio en el esker, sin disimular sus miedos.

«El que viene será peor.»

CAPÍTULO 8

La muerte de una estrella

Todos morimos en un instante; solo es el proceso de morir lo que ocurre, o bien rápido, o bien durante un período prolongado. Mike pasó mucho tiempo muriendo: dieciocho meses separaron el diagnóstico de su muerte. Cumplió con las estadísticas al pie de la letra; siguió el calendario previsto con una exactitud casi perfecta. Eso significó también que encajó con todos los tropos y estereotipos que se utilizan para describir la batalla perdida de un enfermo de cáncer. Si hubiera un libro que clasificara las causas de muerte, la de Mike se archivaría en la categoría de «una larga lucha», y no en la de «en el acto». Por alguna razón, solo hablamos de morir «en el acto» cuando se trata de alguien que ha muerto, generalmente, en un accidente. A veces, la idea de esa instantaneidad se usa para subrayar la tragedia de una situación: «No sabía que hoy sería el último día de su vida. Se ha ido demasiado pronto. No hemos podido despedirnos». Otras, se usa como consuelo: «Al menos no ha sufrido. Murió haciendo lo que más le gustaba. Ni siquiera fue consciente de lo que estaba ocurriendo».

Desde el punto de vista intelectual, entiendo la necesidad de tal distinción. Un accidente de tráfico y el cáncer son dos cepas distintas de la muerte. Es la diferencia entre la muerte en sí, de golpe, y morirse a base de ir perdiendo piezas. Es la diferencia entre un edificio que se derrumba de golpe y un edificio que va quedándose en ruinas. En ambos casos, el edificio acaba desapareciendo, pero la forma de hacerlo no es la misma y necesitamos que una palabra aclare la diferencia del proceso.

A mí seguía pareciéndome que Mike había muerto en el acto. Sí, sabíamos que su muerte se acercaba. Podíamos poner sus «asuntos en orden» y tener el consuelo vacío que supuestamente ello trae consigo, como si no hubiese cosa más importante al morir que dejar el escritorio ordenado antes de irte. Al menos podíamos mostrar cierta consideración por todos esos abogados y contables que vendrían después.

Aunque reconozco que su fortaleza fue un regalo, también fue una agonía lo mucho que le costó morirse, especialmente para él. Para mí, nunca ha sido o una cosa o la otra, sino ambas: tuvimos la mala suerte de perderlo y la buena suerte de tenerlo con nosotros todo el tiempo que estuvo vivo. Llevaba una gran losa encima, la promesa que no fui capaz de cumplir —la de pasar más tiempo juntos—, pero al menos no tuve que lamentar los detalles que a veces atormentan a la familia de alguien que muere de repente. No pudimos hacer todo lo que queríamos hacer, pero sí pudimos decirnos todo lo que queríamos decir. Detesto que así fuera. Doy las gracias por ello.

El camino hacia la muerte que compartimos no hizo que su marcha fuera menos terrible, y tampoco hizo que sintiera su pérdida como menos súbita. Mike tomó aire una vez, y ya no hubo otra. Estaba vivo, y después ya no lo estuvo. En un momento dado era su esposa. Al siguiente era su viuda.

Un día de enero, Mike se me acercó. «Sara —dijo, esperando a que lo mirara a la cara—. El médico me ha dicho que no debería morir en casa porque tenemos niños pequeños.» Habíamos prometido ser francos en nuestras conversaciones sobre la muerte, y habíamos hablado sobre dónde debería estar Mike cuando muriera. No eran conversaciones fáciles, y yo solía terminar llorando, pero había aprendido mucho sobre la forma que eligió mi padre de morir. Había adquirido cierta experiencia, y ahora veía la muerte como veía los nacimientos.

A nadie le da vergüenza hablar sobre cómo quiere traer a su hijo al mundo, y no creo que nadie tenga que avergonzarse de hablar sobre cómo quiere dejarlo. Hacía ya tiempo que Mike y yo habíamos acordado que, como mi padre, moriría en casa, en nuestra bonita casita victoriana, con los niños y conmigo, pero ahora su médico trataba de plantar en él la semilla de la duda. Era como si estuviéramos a punto de empezar nuestras conversaciones sobre la muerte desde el principio.

«¿Qué? —Sentía una intensa furia que estaba a punto de salir a la superficie—. ¿Qué les estaríamos enseñando a nuestros hijos? ¿Que dejamos a los enfermos en el hospital para que se mueran? Es absurdo. Ese médico tuyo debería ser más sensato.»

Mike no decía nada. Sabía que estaba de acuerdo conmigo. Rompí a llorar; todo aquello era aterrador. Yo solo quería que Mike estuviera en casa con nosotros. Quería intentar hacerle la cena y que se sentara con los niños y que pasara sus últimos días de vida alejado del zumbido de los fluorescentes y de los parloteos de las enfermeras. «Les vamos a enseñar a Max y a Alex que te queremos y que te cuidaremos hasta el día que mueras», le dije. Esa fue la última vez que hablamos sobre el dónde. Lo único que nos faltaba por saber era el cuándo.

Mike empezó la tercera ronda de quimioterapia. Le dije que no debería hacerla, pero quería aprovechar hasta la última oportunidad de sobrevivir. No había una sola fibra de él que quisiera morirse. La quimioterapia no tenía ningún historial de éxito, y la tercera ronda consistiría en un tratamiento agresivo y experimental que lo mataría para darle un par de semanas más de vida. ¿Cómo se atrevía el doctor D. a hacerle eso? Protesté, desesperada por evitarlo. Incluso si funcionara, ¿qué tipo de vida llevaría Mike? Si iba a morir, quería que tuviera una última oportunidad de sentirse fuerte, no derrotado. Quería que pasáramos tiempo al aire libre, como siempre habíamos hecho, o al menos como hicimos al principio de nuestra vida juntos. Aquel invierno no paró de nevar, había palmos de nieve, y yo quería ir a esquiar por el monte con mi marido del tamaño de un oso, con el sonido de los palos creando el mismo sonido familiar que un día creamos con los remos. Quería que nuestras últimas horas juntos fueran como las primeras. La quimioterapia haría que todo aquello resultara imposible. Pero Mike quería intentarlo; Mike siempre quería intentarlo todo.

Aquella tercera ronda de quimioterapia casi acabó con él. Tuvo que dejar el tratamiento. El doctor D. había comparado la fuerza y la determinación de Mike con la de los marines y los veteranos de guerra, pero el dolor era demasiado insoportable incluso para él, y acabó prácticamente con la voluntad que le quedaba. Estaba furiosa. Había noches en las que pensaba en su sufrimiento y temía que me cegara la rabia.

Seguía nevando, y enero dio paso a febrero, y febrero a marzo. Si Mike quería hacer algo que implicara el más mínimo tipo de actividad, sabía que luego tendría que pasarse algunas horas reposando. Administraba su energía como si fuera un presupuesto y decidía si algo «merecía la pena». Siempre había querido ir a las islas Galápagos, y ese era el último ítem de su lista de cosas por hacer antes de morir que estaba dentro de nuestro alcance. Ahorró energía y luego se fue dos semanas de viaje con la ayuda de su mejor amigo, Pete. Poco después de su vuelta, celebramos el sexto cumpleaños de Alex en un centro de gimnasia. Tengo una foto de los dos jugando. Se estuvieron lanzando bloques de espuma el uno al otro durante cinco o diez minutos. Mike tuvo que guardar cama durante las próximas veinticuatro horas. Mereció la pena.

Cuando por fin llegó la primavera, parecía que llovía cada día. Lo que había resultado ser una nevada histórica se había derretido, pero el suelo seguía congelado, y el agua del deshielo y la lluvia no tenían adónde ir. La gente de Concord lo llamó «la inundación de los cien días»: los ríos se desbordaban y condenaban calles enteras y convertían las zonas más bajas de la ciudad en lagos. Costaba no hacer una lectura metafórica de aquellas aguas que subían constantemente: no podíamos hacer nada por impedir lo que se avecinaba. Mike se había liberado de la última parte de su negación. La primera semana de mayo, viajó por última vez con su club de canoa a Nuevo Hampshire, pero cuando volvió a casa estaba muy agitado. No debería haber conducido, le costaba mucho concentrarse. Siempre había tenido mucha concentración, pero una niebla baja y espesa empezaba a hacer presa de él.

Nuestro humor negro seguía haciendo apariciones estelares. Seguíamos preguntándonos si llegaría a enterrar a Minnie May en el hoyo que había cavado en el jardín, o si sería ella quien lo enterraría a él. Estaban empatados en una carrera morbosa. En broma, le dije que, con él muerto, al menos podría tener más hijos. «Sara —dijo—, necesitas un bebé tanto como un tiro en la cabeza.» Me reí a carcajadas, ya que mi deseo de tener más hijos jamás desapareció del todo, pero el caos de nuestras circunstancias hizo que la observación de Mike fuera difícil de negar. En un momento de sinceridad, le dije a Mike que, cuando muriera, ya solo vestiría de negro, igual que la reina Victoria tras perder a Albert. Contestó que eso no contaba como promesa porque ya iba siempre de negro.

Me inventé una ley nueva: «La ley de la conservación de la felicidad». En física, las leyes de conservación son fundamentales. La conservación de la masa. La conservación de la energía. La conservación del momento angular. Es poco frecuente que algo desaparezca del todo. Puede que no sepamos adónde ha ido, pero sigue en alguna parte, de una forma nueva y oculta. Cuando alguien me preguntaba por Mike, me alejaba del trauma. «Es muy importante saborear cada minuto —decía—. La vida es corta.» A veces lo decía frente al espejo.

Seguía trabajando sin parar, principalmente en el ASTERIA y la biofirma de los gases. Estaba constantemente partida por la mitad, siempre distraída de alguna forma. Hablaba con Mike para saber cómo estaba varias veces al día —algo que casi nunca había hecho antes de que cayera enfermo— y volvía a casa pronto siempre que podía. Tuve la suerte de tener un fantástico grupo de estudiantes de doctorado y posdoctorales, y me apoyaba en ellos y en sus vidas menos complicadas. A uno le encargué trabajar en la óptica del ASTERIA; a otro, en el enfoque de precisión; a un tercero, en las comunicaciones. Otros seguían trabajando sobre las atmósferas de los exoplanetas. Les dije que no podría estar tan presente como de costumbre. Un día de frío, le conté a un estudiante de ingeniería que mi marido se estaba muriendo. Me dijo lo que solían decirme todos: «Si te puedo ayudar en algo, cuenta conmigo», pero ahora lo interpreté de una forma distinta. Me lo tomé como una oferta auténtica.

Decidí tender puentes nuevos. Christine estaba en casa por las mañanas, Diana venía por las tardes y yo intentaba tratarlas como si fueran invitadas más que ayudantes. Jessica también venía a ver a Max y a Alex los fines de semana, y a veces se los llevaba a su casa. Siempre volvían contentos por las aventuras que habían vivido en una casa sin sombras. Me pregunté si se vendría de viaje con los niños y conmigo. Me sentí rara al preguntárselo —había una gran diferencia entre pasar un rato con ellos en casa y subirse a un avión con nosotros para un viaje en familia—, pero dijo que sí. Y así, cuando Pete vino a visitar a Mike, el resto —Jessica, Max, Alex y yo— nos fuimos a Bermudas a pasar unos días de sol y arena. Parecía el inicio de la construcción de algo nuevo, el primer destello de cómo serían nuestras vidas cuando todo hubiera pasado.

Ese verano iba a cumplir cuarenta años. Con la ley de la conservación de la felicidad en mente, decidí celebrar un simposio de un solo día en mayo: «Los próximos cuarenta años de los exoplanetas». Muchos científicos organizaban reuniones de este tipo al final de su carrera, pero ¿por qué esperar? Puede que pareciera un gesto egocéntrico, pero necesitaba razones que me dieran esperanza. Necesitaba pensar en el futuro y sentir algo que no fuera terror. Como presentación, escribí: «Queremos enseñarles a nuestros hijos e hijas, nietos y nietas, sobrinos y sobrinas, el cielo negro, señalar una estrella visible al ojo desnudo y decirles que esa estrella tiene un planeta como la Tierra. Y en los próximos cuarenta años, lo haremos posible». Yo no era el tipo de persona que organiza fiestas, pero que tuviera que ver con el futuro de la exploración espacial y no conmigo personalmente hizo que me resultara menos incómodo. Además, pensé que así a la gente le apetecería más venir.

Envié invitaciones a un selecto grupo de compañeros. Uno a uno, todos aceptaron. Cada confirmación era una explosión de alegría. Estaban Natalie Batalha, del Kepler; Matt Mountain, el entonces director del Hubble; Lisa Kaltenegger, hoy directora del Instituto Carl Sagan en Cornell; Dimitar Sasselov, mi antiguo tutor en Harvard; Kohn Grunsfeld, astronauta jubilado, y Drake Demin de la NASA.

Geoff Marcy —uno de los dos descubridores de setenta de los primeros cien exoplanetas— era uno de los invitados estrella. Pedí a los conferenciantes que fueran provocativos y él se tomó mis instrucciones muy en serio. (Me quedé de piedra cuando más tarde fue acusado de acosar sexualmente a alumnas y dimitió de su cargo en la Universidad de Columbia en Berkeley.) En el simposio, se subió al escenario y despotricó sobre la falta de inversión en nuestra imaginación. «Estoy decepcionado con los últimos diez años y con los próximos diez años», dijo. A pesar del éxito del Kepler en sus primeros tiempos —en aquel momento ya llevaba más de mil posibles planetas descubiertos que esperaban confirmación—, la cancelación de la misión del Buscador de planetas terrestres, cuando yo todavía estaba en el Carnegie, nos había desmoralizado a todos los que esperábamos encontrar un gemelo interplanetario. Se quejó de la falta de cohesión en nuestra comunidad y de las peleas internas entre astrofísicos que tan a menudo habían obstaculizado los avances. No era fácil seguir adelante cuando no nos poníamos de acuerdo en cómo seguir adelante.

Algunos miembros del público se pusieron en pie y empezaron a contestarle. Al principio, los observé alarmada: lo último que necesitaba oír era otra verdad desagradable. Pero a lo largo del día, a medida que un conferenciante tras otro oraba con la misma pasión, anhelando descubrimientos igual que los escaladores hablan sobre conquistar montañas, sentí un optimismo que había olvidado hacía tanto tiempo que casi me parecía nuevo.

Más tarde, nos reunimos en la azotea del Edificio Verde del MIT para un brindis con champán. Era una bonita tarde de principios de verano, y las luces del espectacular horizonte de Boston empezaban a brillar en el ocaso. El cielo y el río Charles eran del mismo color azul. Durante un instante y por primera vez en lo que me parecía una eternidad, sentí como si tuviese mucho tiempo por delante.

Casi me había perdido mi propia fiesta, porque no hacía mucho Mike había tenido que ir a urgencias. Estaba en las últimas etapas del cáncer. Sufría un dolor demoledor y yo no sabía cómo ayudarlo. Nos ofrecieron la posibilidad de que recibiera cuidados en casa, y nos asignaron a Jerry, un enfermero ya mayor que era un auténtico santo. Nos trajeron una cama de hospital, y entre Jerry y yo acomodamos a Mike en la habitación de invitados del piso de arriba.

Fui totalmente sincera con los niños sobre su padre. Tenían que saberlo, pero no hacía falta decírselo hasta que llegara la hora. Había sentido cada día despreocupado que les había regalado como un pequeño triunfo, pero ya había llegado el momento de hablar con ellos. Íbamos en el tren de camino a pasar el día en el zoo de Rhode Island. Estábamos solos en un compartimento pequeño, donde únicamente nos separaba una mesa. El corazón me latía con fuerza, pero traté de parecer tranquila. Controlé mi respiración. Llevaba meses ensayando aquel discurso.

«Max, Alex —dije—. Tengo que deciros una cosa.»

Hice una pausa. Me escuchaban.

«No son buenas noticias. Alguien de nuestra familia está muy enfermo. Las medicinas no están funcionando.»

Otra pausa. Tenía ante mí los dos pares de ojos más abiertos del mundo.

«Siento tener que deciros esto.»

Otra pausa, la más larga de todas.

«Vuestro padre no se va a poner bien. Se va a morir.»

Alex casi gritó: «¿QUÉ? —dijo—. ¡Pensaba que hablabas de Minnie May!»

Me levanté y les di un gran abrazo a cada uno y les cogí las manos.

«Yo ya lo sabía», dijo Max.

Nos quedamos en silencio un rato largo. Nadie lloró, pero parecía que estábamos en una procesión fúnebre. El vagón iba casi vacío. El aire veraniego era denso. Nos mecíamos y nos sacudíamos con cada bache de la vía, de camino al zoo, ensayando cómo ser una familia de tres.

Aquellas últimas semanas, Mike se fue desorientando cada vez más. A veces razonaba; a veces no. Había encabezado el comité de las meriendas del colegio de los niños, y ahora intentaba trabajar en la hoja de cálculo que utilizaban para asignar tareas a cada padre o madre. Había olvidado que ya le había traspasado el puesto a otra persona y que el curso había terminado. Otra noche, se levantó y fue abajo. Lo seguí a la cocina. Cogió unos cuantos cuchillos por la hoja, como si fuera a ordenar el cajón, y luego intentó cortar algo con el mango de uno de los cuchillos. Metió cerveza en la cafetera. Me asusté mucho y le supliqué que parara, y finalmente se quedó quieto y dijo: «No tengo ni idea de cómo volver arriba». Jerry me había hablado de algo llamado «delirio terminal». El cerebro empieza a seguir al cuerpo en el camino hacia la decadencia. Jerry lo había visto infinitas veces, y me contó que pronto empezaría a quejarse sobre cosas extrañas, como de tener los pies fríos. Parecería estar totalmente perdido hasta el instante previo a que la muerte lo sobreviniera. Entonces estaría perfectamente lúcido. No quería que los niños lo vieran así. «¿Recordáis lo que hicimos por Molly?», les pregunté cuando el final ya estaba cerca. «¿Recordáis que la cuidamos mucho y luego nos despedimos? Ha llegado el momento de despedirse.» Alex se tapaba las orejas con las manos y salía corriendo de la habitación cuando intentaba hablar con él sobre Mike, pero Max estaba listo.

Entramos con sigilo a la habitación de Mike y, haciendo acopio de sus últimas fuerzas, se recostó. Le dio el mayor de los abrazos a Max. «¿Qué tal ha ido en el cole?», preguntó. Había vuelto a olvidar que era verano. Puede que ni siquiera lo supiera. Max miró a Mike, y Mike miró a Max. La imagen era tan primitiva que me recordó al día en que nació Max, cuando padre e hijo se miraron por primera vez con los mismos ojos azules. Ahora se miraban de nuevo, sonriéndose. Se abrazaron otra vez. No hubo lágrimas. No estoy segura de que fueran conscientes de que aquella despedida era definitiva.

Mike y yo nos despedimos muchas veces. Una de ellas, me estaba yendo al piso de abajo cuando de pronto me agarró el brazo: «Eres lo mejor que me ha pasado jamás». El peso de aquella confesión me vació los pulmones. Otra, antes de quedar confinado a la cama, me pidió que me sentara. Tenía que decirme algo importante. Le costó un poco encontrar las palabras. Yo estaba en silencio, esperando a que reuniera el coraje. «Sara —dijo finalmente—. Sara, sé que volverás a casarte.» Parecía querer decir más, pero no fue capaz de pronunciar otra frase. Igual que se nota un cambio en el viento, sentí que quería darme permiso para seguir adelante. Me quedé de piedra, y no solo porque un nuevo amor era lo último que se me pasaba por la cabeza. Le dije entonces que incluso si de algún modo hubiese sabido cómo serían nuestras vidas juntos, «querría vivir estos años otra vez». Volvería a recorrer el río Humber en canoa con él, y volvería a ir a su casa a entrar en calor.

Jerry creía que a Mike le quedaban días. Los días se convirtieron en semanas, y las semanas se convirtieron en más de un mes. Una tarde de julio, Jerry me llevó aparte y me dijo entre susurros: «Nunca he visto a nadie resistir como Mike», dijo. Quería seguir viviendo con todas sus fuerzas. Su forma física de antes de enfermar era un factor, y su fortaleza mental era otro. Pero Jerry creía que Mike se negaba a morir porque le preocupaba que yo no supiera arreglármelas sola. «Tienes que dejar de preguntarle cómo hacer las cosas de la casa», dijo. Lo había estado acribillando a preguntas sobre cómo hacer sus tareas. Ahora procuraba no hacerlo, pero entonces me di cuenta de que no sabía cómo quitar la baca en la que transportaba la canoa. Le pregunté, sabiendo que ni siquiera a él le resultaba fácil, y quizá tuviera una llave inglesa especial en alguna parte que...

«Es demasiado complicado de explicar» dijo, antes de volver a dormirse.

Igual que había hecho mi padre, Mike se aferró a la vida. Estaba postrado en la cama y casi nunca estaba despierto, pero el corazón le seguía latiendo. Yo lo observaba en busca de indicios de dolor y le ponía morfina líquida en la boca varias veces al día. Me preocupaba constantemente que sufriera. No dejaríamos que un animal agonizara de esa forma.

Se acercaba mi cumpleaños. Mike y yo no solíamos prestar atención a nuestros cumpleaños, pero me pareció que era una buena oportunidad. Fui a verlo. Dormía. Me tumbé junto a él, esperando a que se despertara. Finalmente se movió.

«Pronto cumpliré cuarenta años —dije—. El cuatro y el cero.»

«Ya sabes que no se me da bien recordar esas cosas», respondió. Hablaba con mucha dulzura.

Negué con la cabeza. Estaba intentando no llorar con todas mis fuerzas. No iba a estar bien cuando muriera, pero quería que creyera que así sería.

«Mike, eres el mejor amigo que he tenido jamás. Hemos tenido mucha suerte de vivir una vida tan maravillosa juntos. Pero estaré bien. Los niños estarán bien.»

Mike no dijo nada.

«Mike —le susurré—. Para mi cumpleaños, como último regalo de tu parte, quiero que te dejes llevar.»

Cumplí cuarenta años. A los dos días, Mike murió en su cama de hospital en nuestra casa, conmigo a su lado. No hubo tubos que retirar. Fue la primera vez que había ayudado a construir algo dejando mis herramientas a un lado, y creo que jamás me he sentido más orgullosa. Mike dejó este mundo igual que había llegado a él. Ese fue el regalo que le hice.

Su último aliento fue solo suyo.

CAPÍTULO 9

Un mes de viuda

Ha habido lecciones que he decidido no enseñar. No toda la sabiduría es poder; no todo merece ser sabido. Max y Alex no vieron el cuerpo de Mike. No lo vieron salir de casa.

Era ya tarde cuando Mike murió. Max y Alex llevaban algunas semanas sin verlo, pero sabían que seguía arriba, en su cama. Quería protegerlos del momento de su muerte porque no quería que recordaran a su padre como un cadáver. La madre y el hermano de Mike, Dan, estuvieron en Concord mientras la vida de Mike tocaba su fin, y ahora le pedí a Dan que llevara a los niños al parque. Nunca habían ido al parque en la oscuridad. No había nadie más, y creo que se sintieron algo más mayores, como si formaran parte de algo secreto.

Yo guardaba mis propios secretos. Llamé a los directores funerarios, quienes vinieron en su coche fúnebre y vestidos de traje y corbata. Resultó que los había llamado demasiado pronto. Antes de poder llevárselo, teníamos que esperar a que una enfermera de cuidados paliativos viniera a certificar la muerte de Mike. Una vez lo hubo hecho, los directores funerarios metieron a Mike en una bolsa especial para cadáveres diseñada para deslizarse por las escaleras. Lo sacaron de casa, cruzaron el porche delantero, bajaron por las escaleras y lo metieron en el coche fúnebre. Se movían lentamente, con cuidado. No se disculparon, pero arrancaron el coche como pidiéndole al motor que hiciera menos ruido.

Ya había comprado la caja que contendría las cenizas de Mike. Dave, uno de los directores funerarios, me había enseñado algunas muestras, y se había dado cuenta de que no me gustaba ninguna. Algunas eran demasiado sencillas, como si las hubiesen hecho en cinco minutos. Otras eran demasiado ostentosas, composiciones elaboradas de caoba tallada. Dave me pidió que le hablara más acerca de Mike. «Es de gustos sencillos —dije—. Y yo también, pero no tan sencillos.» Lo cierto es que no sabía por dónde empezar, nunca había pensado demasiado en la caja que contendría a mi marido. Sabía que existía la caja adecuada, la caja perfecta, pero no encontraba las palabras para describirla. Ni demasiado barata, ni demasiado dramática. Elegante, pero no escultural.

«Déjalo en mis manos», dijo Dave.

Ahora me encontraba en mi casa vacía y me preguntaba qué habría construido Dave. ¿Qué caja estaría esperando en la funeraria, esperando a lo que quedaría de Mike?

Los niños seguían jugando en el parque. Dan no tenía móvil, o sea que no tenía forma de informarle de que ya había acabado todo. Tuvo que quedarse allí hasta que pensó que ya debía de haber pasado el tiempo suficiente. Cuando por fin volvió, los niños parecían luciérnagas. Los acosté y vi su luz a través de las sábanas. Decidí esperar hasta la mañana siguiente para decirles que Mike se había ido, dejarlos dormir tranquilos antes de recibir la noticia que les cambiaría la vida. Aquella noche podían seguir creyendo que el tío Dan había decidido que era un momento perfecto para ir al parque, y que su padre seguía arriba, profundamente dormido, y no de camino a una caja que yo no era capaz de imaginar.

Los vecinos supieron que Mike había muerto porque la acera de enfrente de nuestra casa se quedó tranquila. La madre y el hermano de Mike se marcharon, y Jerry ya no tenía que venir. Y tampoco la ayudante que había contratado para el enfermero, ni el asistente que se ocupaba de bañar a Mike. La empresa de los equipos médicos vino a recoger la cama de hospital. Me deshice de las últimas pastillas que quedaban y los demás útiles que habíamos empleado en nuestra guerra contra el cáncer. La casa estaba invadida de una sensación de vacío, como imagino que debe de quedar un campo de batalla una vez se acaban los tiros. Por un lado, no podía creer lo que estaba pasando. Casi no podía concebir la magnitud de la pérdida. Por el otro, sentía el alivio del fin de la lucha. Ya se había acabado, y yo seguía aquí.

Jessica se llevó a los niños a casa de sus padres. Quería que estuvieran con ellos y con sus hermanas —en una casa llena de gente, cálida— un par de días. Cuando volvieron, no se separaban de mí. El vocabulario de la muerte los confundía: «¿Por qué la gente no para de decir que lo hemos perdido? No se ha perdido. Se ha muerto. ¿Por qué no paran de decir que lo sienten? No es culpa suya». Necesitaban respuestas a preguntas difíciles. Me seguían incluso al baño del tercer piso cuando tenía que hacer mis necesidades. «Esto... chicos, tengo que ir al baño.» Pero yo también necesitaba tenerlos cerca. En su habitación había literas y una cama individual. Max dormía en la cama individual, Alex en la litera de abajo, y yo me instalé en la de arriba. Había cinco habitaciones vacías, pero los tres dormíamos juntos, como si estuviéramos acampando a cubierto.

No siempre había pasado el suficiente tiempo con mis hijos. Quería muchísimo a Max y Alex, pero los mismos estira y afloja que pudieron distanciarme de Mike me distanciaban también de ellos. Perder a Mike hizo que quisiera acabar con cualquier distancia que existiese entre nosotros. Me gustaba no pensar en casi nada más cuando estaba con ellos. Los niños, especialmente los más pequeños, pueden parecer egoístas o que, al menos, solo piensan en sí mismos. Sus preocupaciones no van mucho más allá de lo inmediato, y ello casi te obliga a pensar de la misma forma, ya que exigen que siempre los tengas a la vista. Max era considerado, sereno, con un sentido del humor mordaz. Alex llamaba más la atención, y a menudo estaba a punto de hacer o decir algo extravagante. Cada uno a su manera, los dos siempre habían tenido mucha personalidad.

Cuando los niños volvieron del campamento una tarde de verano radiante, le pregunté a Max si le apetecía jugar a tenis, nuestra principal afición compartida. Alex podía quedarse con Diana. Ya no teníamos que estar en casa, y esperaba que Max quisiera lo mismo que yo: salir y gozar de nuestra libertad después de todo lo vivido con la enfermedad. Me emocioné cuando accedió a darle unos toques a la pelota. Cogimos las cosas y nos pusimos en marcha hacia las pistas. Charlamos —Max no solía hablar tanto— de nada en concreto, pero comunicándonos, y estuvo bien. Max se quedó callado un rato. Hacía un día radiante. Ni demasiado calor, ni demasiado frío. La zona Ricitos de Oro.

«¿Sabes qué, mamá? —dijo Max—. Es mejor tener un padre muerto que un padre enfermo.»

Oír a tu hijo de ocho años decir algo así te frena en seco. Es como oírle decir su primer taco: sientes una conmoción que te hace consciente de que ha estado absorbiendo más del mundo de lo que pensabas. Quería preguntarle por qué se sentía así, pero antes de hacerlo, me di cuenta de que ya sabía la respuesta. Entendí lo que intentaba decir. Según su perspectiva de niño, había perdido a Mike hacía mucho. También me había perdido a mí, especialmente hacia el final. Ahora Mike no estaba, pero yo había vuelto. Para Max, el intercambio parecía justo. Uno era mejor que ninguno.

Me sentí casi culpable por compartir su sensación, por saborear el extraño alivio que traía consigo el fin de la ansiedad, de la incerteza. Mis pensamientos siempre han sido claros y centrados, pero jamás he pensado de una forma tan clara y centrada como en las semanas y meses posteriores a la muerte de Mike. No sé por qué. El dolor lograba cristalizarlo todo, apartar todo pensamiento estúpido acerca de lo que no importaba. Aquel verano, cuando iba al despacho, el resto del mundo desaparecía incluso más que habitualmente. Solo estábamos el trabajo y yo y un hilo ininterrumpido de revelaciones.

Uno de mis alumnos estudiaba los minineptunos, los planetas que son más pequeños que Neptuno, pero más grandes que la Tierra. En nuestro sistema solar no tienen homólogo, pero el Kepler estaba descubriendo que eran el tipo de planeta más común de la galaxia. Aquello hizo que nos diéramos cuenta de que debíamos pensar más allá de nuestra propia experiencia en la búsqueda de otras formas de vida. Otro alumno se centraba en determinar cómo podríamos calcular no solo la composición de las atmósferas de los exoplanetas gigantes, sino cómo usar los datos del Hubble o del Spitzer para medir en qué cantidades están presentes los gases. ¿Cuánto sodio hay? ¿Cuánto vapor de agua? No era fácil, pero juntos encontramos la manera, usando las atmósferas de nuestro sistema solar como trampolines y formando la base de lo que se llamaría «recuperación atmosférica de exoplanetas». Fue un período de pensamiento extrañamente maravilloso. De algún modo, la muerte de Mike había hecho que las estrellas brillaran más.

Pero, por otro lado... «Pasar más tiempo con la familia.» Esa fue la respuesta que todo el mundo me había dado cuando les pregunté qué harían si les quedara un año de vida. Mi trabajo era mi pasión, pero jamás había encontrado el espacio necesario entre mis responsabilidades para compensar el otro lado de la ecuación. No había podido cumplir la promesa que le había hecho a Mike, pero sí la cumpliría con mis hijos.

Envié correos a mis amigos y compañeros. El asunto rezaba «El fin de un largo viaje». A algunos los invité al funeral de Mike. A otros les envié mi elegía o mensajes más personales. A unos pocos les pedí una cosa. Envié uno de estos mensajes especiales a Riccardo, un exalumno del MIT con quien me había sentido unida tras la muerte de mi padre. Cada vez más me sentía atraída por mentores que me hablaban igual que lo hacía mi padre, como lo había hecho también John Bahcall, sin más motivación que la de querer lo mejor para mí, que mi vida fuera bien; es decir, como si fuera su hija. «Estoy empezando a centrar mi atención en nuevos comienzos, y espero de verdad que formes parte de ellos.» Las repuestas no se hicieron esperar, y no me veía capaz de leer muchas de ellas, pero me aseguré de leer la de Riccardo. «Tus amigos y yo seguiremos estando a tu lado —escribió— durante el resto de tu vida.»

Quería enseñar a mis hijos que la vida no solo sigue, sino que aún puede ser una aventura. Quedaban tantos sitios desconocidos a los que ir, tantas cosas por ver. Quería que fuésemos a Egipto y visitáramos las pirámides. Por desgracia, la nueva realidad de mi condición como madre soltera trabajadora, junto a los tumultos de la Primavera Árabe, hicieron que Egipto no fuera una opción. Lo único que podíamos permitirnos era un par de días en Nuevo Hampshire.

Nos alojamos en el Indian Head Resort, cuyo nombre se debe al rostro del nativo americano que la gente asegura ver en el contorno de una montaña cercana. A los niños les encantó. Había piscinas, sala de videojuegos e infinitos caminos serpenteantes para hacer excursiones a través de los bosques. Aquellas vacaciones me aliviaron de la tristeza que sentía en casa. Pero tenía mal aspecto, como de desquiciada, y atraía las miradas de otros huéspedes.

No ayudó que perdiera los nervios en el restaurante del hotel. Había ido a hacer una reserva, y me acerqué a una mujer joven que tenía delante un libro con lo que presupuse que eran nombres y horas. «Me gustaría reservar mesa para las seis.» Negó con la cabeza y me dijo que no hacían reservas; se servía por turno de llegada. Los niños habían ido a la sala de videojuegos y estaba ansiosa por reunirme con ellos. «Eso no tiene ningún sentido», dije. Nos imaginé llegando, cansados y hambrientos, y teniendo que esperar. «¿Por qué no hacen reservas?» Mi deseo de volver a tener una vida con horarios chocaba con mi incapacidad de ajustarme a las formas sociales en aquel momento. Había perdido el poco talento que tenía para fingir que encajaba en esas situaciones y perdí el control. Aquella pobre mujer me miraba aterrada. Llamó al encargado, quien terminó poniendo casi la misma cara de terror.

Aquello no dejaba de ser una escapada, e intenté no sentirme culpable por disfrutar de aquella extraña sensación de liberación. Los niños también parecían más livianos. Las excursiones que hicimos le recordaron a Alex la promesa de escalar el monte Washington. Aquella primavera habíamos hecho unas excursiones nada fáciles en las Montañas Blancas, animados y acompañados por Brice, un posdoctorado suizo de mi equipo en el MIT que había cargado con Alex en los tramos de bajada más difíciles del camino. Ahora, Alex y yo empezamos a dedicar días a entrenar, e íbamos al monte Monadnock y a la sierra Wapack, que nos quedaban cerca, a correr para practicar y ponernos en forma. En agosto, casi un año después de subir en coche por un lado del monte Washington con Mike, estábamos listos para subir a pie por el otro, los dos solos.

El día antes de nuestra excursión condujimos tres horas hasta el monte y nos registramos en un hotel cercano. La piscina estaba repleta de familias perfectas salpicando en el agua: padres, madres e hijos, jugando juntos con una despreocupación que mis hijos y yo ya nunca tendríamos. Sentí que me sobrevenía otro ataque de nervios, pero no quería que Alex lo viera; no allí, no en ese momento. Luché por evitar que mi ira se desbordase. «Os odio», recuerdo que pensé de aquellas chapuceantes familias. «Os odio a vosotros y a vuestra felicidad.» Las salpicaduras no cesaron.

Por suerte, Alex y yo teníamos una cima por conquistar. Al día siguiente, madrugamos y engullimos montañas de tortitas antes de dirigirnos al pie de la montaña. El cielo estaba nítido. El sol estaba alto. Nos bañamos en luz infrarroja.

Decidimos subir por el camino más corto e inclinado, de unos seis kilómetros y medio con una pendiente de unos 1 200 metros hasta la cumbre. Discurría paralelo a un arroyo. Alex corrió prácticamente desde el principio, ya que tampoco había olvidado su promesa de batir un récord mundial. Me costaba seguirle el ritmo. Dejamos atrás a un excursionista tras otro, corriendo como un rayo hacia arriba. Alex actuaba como si fuera la mayor aventura de su vida, porque lo era. Tras un par de horas, llegamos a un refugio en el que los excursionistas podían pasar la noche si necesitaban dividir el camino en dos. Nos quedamos una hora, más o menos, para recuperar el aliento y tomarnos un buen chocolate caliente. Alex todavía tenía seis años, y debían de arderle las piernecitas. Pero seguimos avanzando y todavía seguimos una hora más después de cruzar la última línea de árboles, por los lomos rocosos de la montaña. Las vistas eran magníficas. Veíamos a más de cien kilómetros, y la cima pronto estuvo a nuestro alcance. Alex se detuvo cuando quedaba poco por llegar y observó el terreno que había conquistado.

«Vive tus sueños, afronta tus miedos y presta atención a tu entorno», dijo.

Sigo sin saber de dónde sacó aquella frase, y él tampoco sabe lo que significó para mí que la dijera. La muerte de Mike me trajo muchas cosas terribles, pero de una forma de lo más inesperada, verlo marchar me había hecho querer vivir la vida más plena y mejor que me fuera posible. Eso era precisamente lo que le había dicho a Mike antes de morir: dije que su muerte me inspiraría, que en su nombre y en el del dolor de su muerte, jamás malgastaría un solo día. Lucharía por hacer cosas maravillosas. Mi empeño por encontrar otra Tierra crecería todavía más, mi esperanza se parecería más a una misión, y ayudaría a que mis hijos encontraran el mismo sentido del propósito.

Y ahora allí estábamos, Alex y yo, cerca de la cumbre de una montaña. Prácticamente corrimos el resto del camino. No batió ningún récord, pero yo me sentí orgullosa de él y orgullosa de mí. Quizá ya no éramos una familia perfecta, pero seguíamos siendo una familia y todavía podíamos crear recuerdos felices. Cogimos un tren que nos bajó de la montaña y volvimos en coche a Concord. Esa noche dormí en la litera de arriba en la habitación de los niños más profundamente de lo que había dormido en años.

Jessica se había cambiado a una universidad más cerca de casa y accedió a mudarse con nosotros. Necesitaba su ayuda con la casa y los niños, pero también necesitaba llenar el espacio del tamaño de un adulto que Mike había dejado. No pagaría alquiler; quería que sintiera que nuestro hogar era también el suyo. Me dispuse a arreglarle una *suite* en el segundo piso. Decidió que quería las paredes de color lavanda y contraté a unos constructores para que convirtieran el lavadero en un baño para ella sola. Un nuevo comienzo.

Los constructores trajeron un contenedor y lo colocaron en la entrada del coche durante la demolición. Por alguna razón, verlo desencadenó en mí otro ataque de nervios. Estos episodios eran de lo más extraño, aparecían casi sin avisar. A veces estaba sola cuando mis emociones me superaban; otras, tenía un público de caras horrorizadas a mi alrededor. Lo único que era una constante era mi total impotencia para detenerlos. Empezaba a subir la voz hasta gritar; eran unos alaridos que salían de mi interior como vapor hasta que el pelo se me pegaba a la cara, humedecida por las lágrimas.

Esta vez, estaba enfadada con Mike. Poco antes de que muriera, habíamos hablado sobre quién de los dos había salido peor parado en aquella terrible situación. ¿El que enferma y se enfrenta a una muerte temprana? ¿O el que pasa por el trauma de ver a alguien a quien ama sufrir y morir y luego debe recoger los desperfectos? No tenía la respuesta, pero de pronto me sentí como si Mike nos hubiera abandonado a los niños y a mí, como si hubiese decidido que la muerte era preferible a vivir el resto de su vida con nosotros. No estaba siendo ni racional ni razonable. Mike no había decidido marcharse, había luchado con todas sus fuerzas por quedarse, pero ahora ya no estaba, y mi dolor salió a la luz en forma de rabia.

A Mike le gustaba acumular trastos, y yo también podía ser sentimental con los objetos. Teníamos quince canoas y kayaks. También teníamos trozos de botes que habían quedado partidos en dos en unos rápidos, o fragmentos de botes destrozados que ni siquiera eran nuestros. Mike tenía armarios llenos de ropa vieja que nunca se ponía, y el garaje estaba lleno de herramientas oxidadas. Había montones de manuscritos viejos, libros de texto que hacía mucho que se habían quedado obsoletos. Ahora miraba los muebles de nuestra habitación y no podía soportarlo más. Los gatos habían raído el marco de piel sintética que sostenía un canapé maltratado. Las mesillas de noche y la cómoda estaban llenas de golpes y desgastadas.

Me puse a tirar las cosas de Mike en el contenedor frenéticamente. Ya no lo tenía a él; no necesitaba sus cosas para nada. En un contenedor caben muchas cosas, y lo llené bastante. A los constructores les preocupaba que no les dejara suficiente espacio para sus desperdicios, pero no se atrevieron a detenerme. Tiré todos los muebles de nuestra habitación. Me sentía como si me estuviera liberando de un peso insoportable en un proceso que tenía parte de desahucio y parte de exorcismo. No tenía intención alguna de vivir en el pasado, y no había ni una sola fibra de mi cuerpo que necesitara recordatorios. Tenía un apetito insaciable de espacio.

Aquel noviembre, fui a la calle Newbury de Boston a cortarme el pelo. Es curioso pensar en las cosas que llegan a parecernos un lujo. Quería sentarme en un sillón y dejar la mente en blanco durante un rato, y cortarme el pelo me pareció un buen pretexto.

En aquella calle, habían convertido hileras enteras de casas de piedra rojiza en tiendas, y había una en cada piso. Las entradas y las escaleras siempre me confunden, y en lugar de entrar en la peluquería, subí por las escaleras que no eran. Me encontré en una sala caótica, llena de montones de papeles y carpetas amarillas. Una mujer rubia con gafas se me acercó y me preguntó si podía ayudarme en algo.

«Estaba intentando entrar en la peluquería», dije.

Estaba a punto de darme indicaciones cuando me di cuenta de que estaba en un despacho de abogados. No me había ocupado de los asuntos jurídicos que hay que resolver tras la muerte de tu marido porque me parecían insalvables y, francamente, no demasiado urgentes. La muerte tiene la capacidad de hacer que todo parezca urgente e irrelevante al mismo tiempo.

«¿Sabe usted algo sobre testamentos y esas cosas?», le pregunté a aquella mujer.

Se llamaba Freya. Me miró fijamente y asintió. Me condujo a una sala contigua, pequeña, ordenada e íntima. Me contó que ella se ocupaba de todos los aspectos relacionados con el derecho de familia, porque sus clientes, en su mayoría empresarios, se divorciaban sin parar. De algún modo, percibió que yo no me iba a divorciar. Me dejó helada cuando me contó que se había quedado viuda diez años antes. Había pasado por el proceso como abogada y como cliente, y naturalmente estaría encantada de ayudarme. Llegado ese punto, casi había dejado de prestar atención, pues me había quedado encallada tratando de descubrir cómo sabía que era viuda. Me pregunté si me enseñaría el código secreto.

«¿Cómo lo llevas?», me preguntó.

«Pues lo cierto es que estupendamente», respondí. Le conté que las cosas no siempre eran fáciles, pero que me había sentido empoderada. Incluso mi mal carácter parecía tener algo de justicia, a su manera. Aunque añoraba mucho a Mike, no echaba de menos los últimos dieciocho meses de su vida. «Me siento casi liberada», confesé.

Freya sonrió. Me dijo que la euforia que sentía no era infrecuente. Enfocaba la vida desde un punto de vista casi maníaco. Era una burbuja de autoprotección, empezó a explicar. Una respuesta psicológica rutinaria ante un acontecimiento traumático. «Oh, no —pensé—. No quiero oír nada de esto.» Empecé a recular, literalmente, como cuando te alejas de una persona desequilibrada que quiere rezar por ti en el metro. Pero Freya no desistió y empezó a contarme su experiencia. Hacía diez años, se había sentido muy poderosa durante unos meses, pero poco después su sentimiento de alivio fue sustituido por una falta de rumbo fulminante. Me dijo que también me pasaría a mí. Llegaría un momento, tan inevitable como la propia muerte, en el que no solo me sentiría sola, sino también perdida. Quería que estuviera preparada para ello. Tendría más probabilidades de sobrevivir si sabía lo que estaba por llegar.

No sabía qué decir. Sé cómo me sentía: como si hubiese ciertas cosas que no se cuentan, en parte por educación, y en parte porque no te creerán jamás. La viudedad, el nacimiento de un bebé o la propia muerte son cosas que cada uno debe experimentar por sí mismo, a su particular manera. Ahora entendía mejor cómo debió de sentirse Mike cuando yo necesitaba de él que aceptara su realidad, cuando necesité que dejara de enfrentarse a sus probabilidades. Mi experiencia no encajaba en ningún modelo; ¿por qué iban todas las viudas a ser iguales? ¿Por qué iban nuestros caminos a ser universales?

No éramos iguales antes de que murieran nuestros maridos, y nuestras historias seguro que eran tan variadas como nosotras mismas. Puede que Freya hubiese caído en una oscuridad insoportable —así la llamó ella, «una oscuridad insoportable»—, pero eso no significaba que a mí me fuera a pasar lo mismo. ¿Por qué no iba a irme bien a mí? Yo quería estar bien.

Le di las gracias entre tartamudeos y le dije que me pondría en contacto con ella. Me sonrió, con cierta tristeza, y me estrechó la mano.

«Entonces, me voy», dije. Iba a ir a cortarme el pelo. Iba a sentarme en el sillón y dejar la mente en blanco un rato. Salí de la oficina y sentí cómo las piernas me fallaban. Con un zumbido, sentí como si hubiese salido a la calle y una tormenta me hubiese elevado en sus brazos. Supe al instante que no iba a ser uno de esos bebés milagrosos que un tornado deposita en las ramas de un árbol acogedor. No iba a caer con delicadeza. Si algún día la tormenta me devolvía al suelo, primero me iba a llevar muy lejos del nuevo mundo que había estado intentando construirme, muy lejos de mi espejismo de felicidad.

O quizá ya me había cogido hacía meses, en el momento en que murió Mike. Quizá había tenido que ser Freya quien señalara que no había estado desafiando a la gravedad, sino que era su víctima. Quizá había sabido que era viuda en cuanto entré por la puerta porque había confundido abajo con arriba, suelos con techos. Había confundido la caída con el vuelo. Rodeada de una oscuridad insoportable, ¿cómo podría haber visto la diferencia por mí misma?

CAPÍTULO 10

Una oscuridad insoportable

La astronomía te obliga a mirar al universo con unos ojos distintos. Normalmente encontramos las cosas porque las buscamos. Cuando perdemos algo, abrimos mucho los ojos y desandamos lo andado y buscamos hasta que lo encontramos. Pero esa manera de proceder no siempre funciona en el espacio, porque hay demasiada oscuridad y muchísimos lugares en los que no hemos estado nunca.

En ocasiones, identificamos cosas a partir de la ausencia de algo, igual que las piezas que faltan en los arcoíris delatan la existencia de ciertos gases. Otras, encontramos algo a partir de sus efectos sobre otras cosas, como el revelador tambaleo gravitacional que un exoplaneta en órbita puede provocar en su estrella. No hay nada más que sea lo suficientemente grande como para hacer que una estrella se mueva, lo que significa que tiene que haber un planeta cerca.

Y a veces encontramos cosas mediante el estudio de lo que no puede existir por sí solo. Eso que buscas tiene que estar en algún sitio, porque sin ello no existiría lo otro. Si encontramos una mesa con cuatro sillas alrededor, podemos deducir que habrá cuatro personas que a veces se sientan a la mesa, porque, si no, ¿por qué habría cuatro sillas? La astronomía está plagada de presencias que no podemos ver. En ese sentido, la astronomía es como la pérdida. Como el amor.

Durante la enfermedad de Mike, mi trabajo a veces se vio afectado. Incluso en mi fiesta de cumpleaños mi mente estaba en dos sitios a la vez. En una ocasión se me pasó el plazo —que ni siquiera sabía que se acercaba— para ampliar mi acceso al Kepler, y perdí el derecho a los primeros datos que tanto esfuerzo me había costado conseguir. Llamé a mi amigo Riccardo. «Sara —dijo—. Dejarás de llorar. Seguirás adelante.» El Kepler estaba encontrando posibles exoplanetas a un ritmo de uno al día; en el tiempo que habían tardado los primeros conquistadores en hacerse con unos cuantos kilómetros de un Oeste en expansión, los astrónomos veían mundos nuevos enteros. Y ahora yo vería ese progreso avanzar desde la barrera, sintiéndome todavía más sola.

Pero tras la muerte de Mike, en esa extraña ventana de clarividencia perfecta —con la mentalidad oportuna y en la tarde lluviosa adecuada— podía escaparme de nuevo a las dos enormes extensiones del espacio interestelar y de mis sueños. Mi propuesta para estudiar las atmósferas de los exoplanetas a partir de los espectros de transmisión de tránsito ya se había convertido prácticamente en el método estándar. Decenas de júpiteres calientes y sus corrientes extraterrestres se habían observado con el Hubble y otros telescopios. Era gratificante poder reivindicar una aportación tan tangible como aquella a mi campo de estudio. A veces todavía parecían resonar en mis oídos los comentarios de aprobación de John Bahcall, pero, aun así, cada vez me sentía más limitada. Siempre me había motivado lo nuevo, lo inexplorado, meter mi canoa en un lago nuevo, y ese sentimiento no había hecho más que crecer con cada descubrimiento, con cada primera vez. Un júpiter caliente no nos iba a sorprender. No íbamos a encontrar una forma de vida capaz de sobrevivir entre las llamas. Si lo que quería era explorar un planeta sin vida tras otro, podía quedarme en casa y pasar todo el tiempo del mundo en sus habitaciones vacías.

Unos años antes, había asistido a una conferencia de astrobiología en California de un científico británico llamado William Bains. Me había intrigado desde el primer momento. Su cabellera y su barba pelirrojas no eran lo que hacía que destacara en la sala, sino su conocimiento enciclopédico sobre biología y química y los espacios en los que interactúan. Me encantó su forma de pensar sobre la vida en el universo.

Cada primavera, William venía de Inglaterra con sus alumnos de biotecnología a visitar Boston. En 2009, había pasado por el MIT y nos había hablado a mí y a mis alumnos sobre sus investigaciones, que en aquel momento estaban centradas en encontrar fluidos (que no fueran agua) que pudieran contener vida. Ello dio paso a dilatadas conversaciones sobre las distintas formas que esa vida podría adoptar. ¿Podría la vida sobrevivir entre chorros de sulfuro? ¿Podría su base ser de silicio, y no de carbono? Aquella visita fue tan bien que lo invité a que se quedara en Cambridge un par de meses para explorar los límites de la astrobiología conmigo. No soy bioquímica de formación, pero no tenía la más mínima intención de quedarme dentro de los arbitrarios confines de mi campo. El mundo físico desafía todas las fronteras que dibujamos en él. Si veía algo que merecía la pena explorar, y especialmente si podía ayudarme a encontrar otras formas de vida en el universo, quería ahondar en ello.

Nos embarcamos en un proyecto de laboratorio breve que fracasó estrepitosamente. Queríamos intentar cultivar una forma de vida en la Tierra —optamos por la bacteria *E. coli*, la cual encuentra un hábitat de lo más cómodo en el tracto digestivo— en temperaturas cada vez más elevadas. La profesora de biología que nos acogió en su laboratorio nos advirtió de que nuestro experimento era fútil: no, la *E. coli* no sobreviviría en un planeta como Mercurio. Resultó que tenía razón, pero no por eso fue menos divertido cocinar bacterias con William y jugar a ser científicos locos durante un tiempo.

William se convirtió en mi amigo y, tras la muerte de Mike, me preguntó qué podía hacer para ayudarme en mi dolor. «Ven al MIT para trabajar en las biofirmas conmigo», propuse. Retomamos nuestros esfuerzos uniendo nuestras imaginaciones. Hablamos sobre los distintos gases que podrían ser generados por distintas formas de vida. Nos preguntamos qué temperaturas hacían que fuera totalmente imposible la existencia de vida, y qué temperaturas solo exigían que pensáramos de una forma distinta sobre cómo nace y sobrevive la vida. Sabíamos que la ciencia todavía tenía una comprensión elemental sobre la increíble diversidad de los exoplanetas: los hay de todos los tamaños y colores, orbitan alrededor de estrellas gigantes y de estrellas enanas y de estrellas binarias, están hechos de combinaciones de sólidos, líquidos y gases. William y yo nos creamos imágenes mentales de todos los mundos imaginables.

Yo seguía especialmente concentrada en la composición de las atmósferas extraterrestres. Todavía creía que el aliento delataría al Yeti. Cuando no estaba pensando en telescopios espaciales nuevos que nos ayudaran a explorar, pensaba sobre qué deberíamos buscar con ellos. William y yo estudiamos más de cerca la química planetaria, las diferentes combinaciones de rocas, la temperatura de la superficie y la masa atmosférica, y cómo todas ellas podrían combinarse para alterar los cielos extraterrestres. El vulcanismo de un planeta también podía tener un impacto drástico en su atmósfera. La montaña más alta de Marte, el monte Olimpo, es un volcán tres veces más alto que el Everest. Es posible que otros planetas tengan volcanes todavía más grandes que ese, o más abundantes o activos que los nuestros. William y yo no parábamos de recordarnos mutuamente que todo es posible.

Nuestro objetivo era deshacernos de nuestros sesgos terrestres, o de nuestro «tierracentrismo», como lo llamábamos; esa peculiar ceguera que surge de nuestra condición de humanos. La mayoría de los científicos cuyo trabajo también se centraba en los gases de biofirma se servían de la Tierra como modelo para otros mundos que pudieran albergar vida. Es una respuesta razonable, dado que vivimos en un planeta precioso, del tamaño justo y a la distancia justa de su estrella. Si queremos predecir cuánto metano puede generar la vida en un año, los científicos partirían, naturalmente, de cuánto metano produce la vida «en la Tierra» en un año.

Pero William y yo enfocamos los cálculos desde otro punto de vista. Sabíamos que un torrente de agentes químicos atmosféricos suele destruir los gases que delatan la existencia de vida, algo que también ocurre en la Tierra. Los rayos ultravioletas hacen añicos otras moléculas y las convierten en componentes altamente reactivos, llamados radicales, que a su vez se unen a todo tipo de sustancias químicas. William y yo calculamos qué cantidad de un gas concreto debía estar presente en una atmósfera extraterrestre para que lo detectáramos con un telescopio espacial futuro. Luego determinamos cuánta biomasa tendría que estar presente para generar esa cantidad de gas, teniendo en cuenta los poderes destructivos de esos mismos rayos ultravioletas. Si un planeta necesitaba árboles de más de diez kilómetros de altura para acumular el oxígeno suficiente como para que nosotros lo viéramos, quedaría eliminado de la lista de lugares en los que buscar vida. Bueno, quedaría «probablemente» eliminado, porque puede que exista un planeta con árboles de más de diez kilómetros de altura. Tal vez existe un planeta en el que los árboles caminan. Quizá existe un planeta en el que los árboles son reyes y reinas.

Luego nos hacíamos otra pregunta: ¿puede una atmósfera rica en hidrógeno delatar también la presencia de indicios de vida? Era importante saberlo, porque el hidrógeno es un gas ligero. Eso significa que los planetas que tienen mucho hidrógeno en su atmósfera parecen más «abultados» que la Tierra: sus atmósferas se alejan más de la superficie que nuestro delicado envoltorio. (En la Tierra, los globos de helio suben porque nuestra gravedad es demasiado débil como para agarrar las moléculas de helio que contienen, y lo mismo ocurriría si hincháramos los globos con hidrógeno. Pero un planeta mucho más grande o mucho más frío sí podría anclar el hidrógeno, de forma que los globos se hundirían en lugar de flotar.) Las atmósferas más abultadas nos resultan más fáciles de detectar —por medio de la técnica de tránsito, nos es más fácil observar el espectro de luz que atraviesa una atmósfera abultada que el que atraviesa una atmósfera delgada—, lo que significa que los planetas bañados en hidrógeno serían candidatos más sencillos en nuestra incipiente búsqueda. Pero no estábamos seguros de si el hidrógeno reaccionaría de una forma violenta con los gases de biofirma, engulléndolos antes de que tuviéramos la oportunidad de detectarlos, igual que una vez la Tierra consumió todo su oxígeno. Usamos un ordenador para simular todas las atmósferas de exoplanetas que pudimos para ver si sus gases de biofirma sobrevivirían al embiste del hidrógeno.

Y resultó que sí.

También sentía que mis posibilidades crecían, o quizá así se siente uno justo antes de partirse en dos. Sentía casi todas las emociones excepto la felicidad, y todas ellas con una intensidad excesiva. Algunos días me despertaba con la almohada mojada y no le veía sentido a ir a trabajar. No le veía sentido a hacer nada. Otras veces sentía un poder casi ilimitado, como si hubiese desarrollado inmunidad a todo futuro mal. «A estas alturas, ¿qué podría hacerme daño?» Dejé de preocuparme cuando los niños jugaban a lo loco, cuando querían subirse o balancearse desde algo a lo que probablemente no deberían subirse. Que lo intenten. «¿Qué es lo peor que podría pasar? ¿Qué podría compararse con lo que ya ha pasado?»

Me decía que no le debía nada a nadie; solo me debía la oportunidad de sonreír. Pensaba en Mike y recordaba nuestros primeros días de exploración juntos, y me animaba a creer que todavía podrían venir días aún mejores. «Puede incluso que algún día encuentre un amigo aún mejor», me repetía una y otra vez, como un mantra. Y luego caía. A cada hora me sentía o bien rota, o bien como si estuviera hecha a prueba de balas. La separación entre lo uno y lo otro se contaba en segundos.

En Concord teníamos por vecinos a una pareja mayor, los Wheeler. Un día, tras una larga jornada de trabajo, me pararon mientras caminaba hacia casa. «Tus niños son adorables», dijo la señora Wheeler. Aquel comentario me sorprendió, porque no conocía a mis hijos. Su marido siempre había sido amable, pero ella transmitía una mezquindad dc patio de colegio y sus desprecios la definían más que sus cualidades. Me preparé para lo que inevitablemente vendría a continuación. «Dejan sus juguetes en nuestro espacio —añadió—, y tu jardín está hecho un desastre. Dejas que las hojas caídas se amontonen. En Concord, no hacemos estas cosas.»

Exploté en sollozos ahí mismo. ¿En serio? ¿Mi jardín? Mi marido se había muerto. No es que fuera un secreto en el barrio. ¿Hojas? ¿Juguetes? No fui capaz de articular una respuesta, recuperar el aliento ya me parecía una victoria. Observó mi desesperación con cara de póquer. Me recuperé lo suficiente como para devolverle la mirada cuando recordé que ya no tenía que preocuparme por nada, y mucho menos por lo que pensara de mí, y me fui.

Dejé la habitación de los niños y me mudé a la habitación del otro lado del pasillo. Había sido la habitación de Max antes de que Alex y él decidieran dormir juntos en la litera. Cuando nos mudamos a aquella casa, Mike le había preguntado a Max de qué color quería que le pintara la habitación. Max dijo que quería las paredes amarillas, y luego le pidió a su padre que añadiera un arcoíris gigante en una de ellas. Mike le dio el capricho a su niño de ojos azules. Me gustaba ese arcoíris; en él veía mi vida tal como había sido. Había un extraño desequilibrio en nuestro antiguo sistema de radiadores que hacía que la habitación del arcoíris fuera la más cálida de la casa. Instalé una cama individual en la que podría hacerme un ovillo y sentir que estaba en un lugar seguro.

Poco después de mudarme a la habitación del arcoíris, soñé con Mike. Resultó que no había muerto. Había vuelto, era él, de carne y hueso. Solo se había ido de viaje a la montaña con su canoa durante mucho tiempo. Tuvo que haber sido un viaje de gran exigencia física, porque parecía agotado. Llevaba unos pantalones cortos, una camiseta raída y una gorra de béisbol vieja. Pero también tenía buen aspecto, bronceado y fuerte.

«Hola», dije, tan sorprendida que casi no me salían las palabras.

Quería decirle muchas cosas, pero se me agolpaban los pensamientos. Por alguna razón, lo único que alcancé a decir fue: «Mike, he tirado todas tus cosas».

Sonrió. «No pasa nada —dijo—, no lo sabías.» Se mostró amable y práctico. Y entonces, desapareció. Me desperté. El corazón me latía muy rápido. Miré el arcoíris de la pared y me deshice en lágrimas.

«Ay, Mike, eras tan bueno.»

Cuando hubo perdido toda esperanza y supo que se enfrentaba a la muerte, Mike me hizo un regalo. Se sentó ante el ordenador y tecleó lo que vine a llamar mi «manual para vivir en la Tierra». A pesar de su dolor, logró llenar tres páginas a doble espacio en los meses anteriores a su muerte. Algunas partes eran todo nombres y números de teléfono. A quién llamar si esto no funciona; a quién llamar si lo otro se estropea. Lampistas y electricistas. También había notas sobre facturas que había que pagar. Qué colegio Montessori tener en cuenta cuando los niños ya no tuvieran edad de seguir yendo al de ahora. Escribió una lista de tareas domésticas, un catálogo de recordatorios sobre qué hay que hacer y cómo se hace. En la casa había un aspirador central. Estaba claro que la suciedad que aspiraba tenía que acabar en algún sitio, pero nunca me había parado a pensar en dónde iba a parar. No sabía que pasaba por un filtro antes de terminar en una bolsa dentro de un tanque en el sótano, y no sabía que había que ir cambiando dicha bolsa para que el aspirador no dejara de funcionar. En la lista de Mike había una nota para que me acordara de vaciar el tanque.

Debió de sentarse ante el ordenador y estrujarse el cerebro para recuperar unos recuerdos ya borrosos sobre todo lo que solía hacer, recordando las rutinas de su vida antes del cáncer, una tarea ingrata tras otra. Aquellas arrugadas páginas me conectaban a su vida anterior. Eran un recordatorio tangible del hombre que había sido y de las cosas que hizo durante su tiempo en este planeta. Estaban repletas de su ADN literal y metafórico. Mi manual para vivir en la Tierra era una lista de respuestas, pero también me planteaba una pregunta general: «¿Cómo podía no saber todo eso?».

Había valorado a Mike cuando estaba vivo, pero al ver esa lista, no estuve segura de haberlo valorado lo suficiente. Tal vez no había valorado nada lo suficiente. Mike se había hecho cargo de la casa para darme el tiempo y el espacio necesarios para convertirme en una experta en el resto del universo. Se hizo cargo de todo hasta que dejó de hacerlo y, ahora, la casa estaba en manos de una novata.

CAPÍTULO 11

Vivir en la Tierra

Cuidar de los niños no se me daba mal. Iban aseados y estaban bien alimentados. Siempre se iban a dormir a su hora. Respondía a sus preguntas y ponía límites más estrictos, incluso cuando habría sido más fácil dejar que hicieran lo que quisieran. Casi nunca estaban frente a una pantalla, y pasábamos horas y horas en el parque y en el lago Walden. Jugaba a tenis con Max e iba de excursión con Alex. Incluso desarrollé esa paciencia especial que se necesita para verlos jugar con sus LEGO solo porque me querían cerca.

Era más bien el mundo físico el que me desafiaba, esas infinitas interacciones con desconocidos y objetos que nos guían a través de los días y de las semanas. Intentaba acordarme de la niña que fui, a quien el abandono obligó a ser valiente. Ya entonces había estado frente a un lago en la oscuridad y había pasado los inviernos en las bibliotecas y aprendido cosas que nadie más sabía. Podría volver a ser esa persona. Podría seguir investigando.

Si Mike no me había dejado una respuesta a alguna pregunta, la buscaba en otra parte. Sospecho que me convertí en la comidilla de los tenderos de la zona: la mujer perdida y de cara triste que entraba y hacía preguntas que un niño sabría responder. Llegué a disfrutar de algunos de esos encuentros. Abrieron una carnicería nueva en frente de la estación de tren, y decidí que los dos hombres que había al otro lado del mostrador me ayudarían a aprender a cocinar. Entraba, compraba un filete y pedía instrucciones. Uno de ellos me dijo que lo cortara en tiras finas y lo pusiera a la sartén con un par de centímetros de aceite.

«Vaya, cuánto aceite. Vale, ¿y luego?»

«Luego lo fríes por cada lado durante dos o tres minutos.»

«Vale, ¿y luego?»

«Luego te lo comes.»

Confié en él y seguí sus aceitosas instrucciones, y los niños y yo disfrutamos de un delicioso filete.

Había otras lecciones que me costaba más aprender. El hábito de Mike de comprar la comida en cuatro tiendas distintas me parecía innecesario, así que me llevaba a Max y a Alex a Whole Foods. Cenábamos en el bufé de comida caliente, Max engullía un plato de curry, Alex comía fruta y hogazas enteras de pan, y yo picoteaba de un plato de pollo y arroz. Luego íbamos a hacer la compra. Unos meses después, entendí por qué la gente decía que se les iba el salario en aquel bufé. Empecé a seguir las minuciosas instrucciones de Mike con más cuidado, a comprar los productos básicos donde él solía comprarlos y la fruta y la verdura frescas donde él solía comprarlas. Seguía sus pasos, literalmente.

Creo que lo más difícil era hacer la compra. No porque no tuviera demasiada idea sobre qué comprar o cómo preparar lo que me llevaba a casa, sino porque siempre había cola en la caja y las colas me obligaban a detenerme y pensar. Mis solitarios trayectos en la línea roja del trabajo a casa y viceversa estaban igual de anegados. Perdí la noción de con qué frecuencia estaba en una cola y me acordaba de Mike y sentía el ya conocido sofoco en las mejillas. Nadie me preguntó jamás qué me pasaba. La gente quería guardar las distancias con la tristeza, como si fuera contagiosa, como si estuviera enferma. Me quedaba allí, sola, encharcándome, preocupada por si el chico que ayudaba a meter las cosas en las bolsas agachaba la cabeza y cogía una fregona: «Limpieza al pasillo cuatro...».

Los empleados de la ferretería ya me veían venir. Deberían haber instalado un sistema de alarmas, una compleja máquina que bloqueara la puerta en cuanto aparecía al otro lado. Puede que en casa tuviera un ejército de ayudantes en expansión —Jessica preparaba a los niños por la mañana y cuidaba de ellos dos noches a la semana; Christine ayudaba por las mañanas, limpiaba la casa y a veces me dejaba algo para cenar que solo tenía que recalentar; Diana siempre hacía el turno de tarde, después del colegio—, pero había problemas que ninguna podíamos resolver y para los que debía buscar ayuda externa. Si entraba en la ferretería, era que algo no iba bien en casa, en la propia casa, lo que significaba que o llegaba llorando o recién llorada o a punto de llorar. Uno de los hombres que trabajaba allí siempre que me veía me decía: «Señora, no me debe usted ninguna explicación. ¿En qué puedo ayudarla?».

En momentos como ese, veía cómo debían de verme los demás: una mujer con la cara larga, vestida de negro, atrapada en algún tipo de espiral.

Un viernes por la tarde fui a la biblioteca. Poco después de mudarnos a Concord, me había apuntado al club de lectura de un grupo de madres del colegio. Una de ellas me había preguntado si quería asistir una tarde. Mi respuesta inicial fue: «No, ¿para qué?». Pero leer el libro parecía opcional, y estaba empezando una nueva vida en una ciudad nueva. Estaba a punto de salir hacia mi primer encuentro cuando Mike me tomó el pelo: «¿Para qué te esfuerzas, si tampoco vas a saber hacer amigas?». Lo dijo sonriendo. Me conocía un poco. Me conocía mejor que nadie.

Aun así, fui. Ahora el viejo club de lectura me parecía la forma más fácil de volver al mundo exterior. Primer paso: tenía que conseguir el libro que estaban leyendo. Me bajé del tren en Concord a las 17:45 tras una semana muy larga. La biblioteca cerraba a las 18:00, pero corrí y encontré el libro. Con un aire triunfante prematuro, me dirigí al mostrador.

La mujer que lo atendía me dijo que no podía sacar el libro porque tenía una devolución pendiente en otra biblioteca. No tenía ni idea de qué me hablaba, pero entonces recordé que Alex y yo habíamos parado en una biblioteca lejana en primavera para pasar el rato mientras Max estaba en la fiesta de cumpleaños de un amigo. Hacía mucho que aquel libro se había perdido en el caos de mi casa. Le dije a la bibliotecaria que estaba segura de que no lo encontraría jamás, que tendría que pagarlo.

Frunció el ceño. Un libro perdido. A los ojos de una bibliotecaria, no hay mayor pecado.

«¿Cuánto es?», le pregunté.

«Diez dólares.»

Rebusqué en mi monedero.

«No puede pagarlo aquí», dijo, sin dejar de fruncir el ceño.

«¿Qué quiere decir?»

«Tiene que pagarlo en la biblioteca a la que debe el libro. En este caso, está tan lejos que forma parte de otro circuito.»

Yo solo quería sacar un libro prestado. Sentía cómo el sofoco me sobrevenía de nuevo. No podía hacer nada por evitarlo.

«Si puedo devolverlo aquí, ¿por qué no puedo pagarlo aquí también? No sé por qué me está dando un trato diferente. No sé por qué quiere complicarme tanto la vida.»

No respondió.

«Trabajo sesenta horas a la semana. Solo puedo venir el viernes por la tarde, en los quince minutos que quedan entre mi tren de vuelta y su hora de cierre.»

Un corro de bibliotecarios empezó a rodearnos. Puede que quedara un minuto para las seis. Querían irse a casa. Todos queríamos irnos a casa.

«Mi marido ha muerto. Tengo dos hijos. Trabajo a tiempo completo. Solo quiero pasar la tarde con mi club de lectura. PERO PRIMERO TENGO QUE LEER EL...»

«Deme esos diez dólares», dijo.

Mi trabajo era un imán en los dos sentidos, me atraía y me repelía. Las sesenta horas que trabajaba a la semana —unas cuarenta en el MIT y otras veinte en casa— me resultaban o agotadoras o terapéuticas, según mi estado de ánimo. No tenía demasiada paciencia con los tediosos claustros de profesores o las formalidades del campus. Si estaba en una conferencia y no me interesaba, salía a la mitad. El tiempo se había vuelto un bien tan valioso que me negaba a perder ni un segundo. Pero cuando veía el valor de mi trabajo, seguía entregándome a él. Cuando veía lo importante que era para el universo, seguía importándome también a mí. Pero mi atención ya no era tan automática como antes; había que ganársela.

Trabajaba en varios proyectos a la vez, como había hecho tantas otras veces desde que me gradué. Todos eran relevantes y todos tenían que ver con encontrar otras formas de vida en el universo, pero me gustaba abordar la misma búsqueda desde enfoques distintos. Tanto por interés como por estrategia, siempre he concebido la investigación como una carpeta de inversión bien estructurada. Normalmente tengo un proyecto estable y seguro sobre la mesa, conservador pero con un retorno asegurado hasta cierto punto, como por ejemplo la investigación acerca de las atmósferas de exoplanetas reales y conocidos que llevaba a cabo con mis alumnos, incluidos también nuestros estudios sobre minineptunos y el interior de los planetas. Al mismo tiempo, también me aventuro con otros proyectos de riesgo moderado que, a cambio, ofrecen mayor riqueza de posibilidades, como estudiar el clima de los exoplanetas rocosos, algo que supone todo un reto porque tardaremos años en poder confirmar las teorías actuales por medio de observaciones reales. Finalmente, me permito aspirar a lo más alto en algún que otro proyecto en el que el riesgo es tan grande como la recompensa. Asumo más de este último tipo que la mayoría de los investigadores, y no hay duda de que son mis favoritos. En mi mente, los gases de biofirma entraban en esta categoría, y el ASTERIA, también.

Había hecho progresos en el camino hacia el prototipo de mis satélites diminutos que consistían en inventar y probar *hardware* y *software* de enfoque de precisión y en perfeccionar el diseño del telescopio integrado y del deflector que lo protegía. Me esforcé mucho en despejar el resto del camino para que el ASTERIA se materializara.

Una vez construidos los cimientos en la clase de diseño y construcción, mis alumnos y yo unimos fuerzas con el Laboratorio Draper de Cambridge, cuyos investigadores se dedican a cosas como sistemas de guía para misiles y de orientación para submarinos. Gran parte de su trabajo también se centra en el *hardware* espacial. Nos reuníamos cada semana para tratar de resolver los problemas de los telescopios pequeños. Podíamos construir componentes lo suficientemente minúsculos, lanzar el satélite y darle instrucciones, pero seguíamos sin saber cómo hacer que mantuviera la estabilidad necesaria. Mientras intentábamos resolver este problema, utilicé la investigación sobre los gases de biofirma en la que estaba trabajando para determinar qué tipos de exoplanetas merecían nuestra atención. Según mis estimaciones, podríamos explorar unos cien sistemas estelares a lo largo de mi generación, y por eso debían ser los correctos. Cuando me atascaba en algo, trataba de avanzar en otro frente. No quería sentir que estaba en un callejón sin salida. No estaba segura de poder soportarlo.

Volví a involucrarme en dar la clase de diseño y construcción porque seguía siendo un punto de luz. David Miller, el profesor titular, no podría haber sido más amable. No teníamos una relación especialmente estrecha, pero había prestado todo su apoyo al proyecto del ASTERIA y su enfoque siempre era clarividente y sensato. Llegué a la primera clase y, poco a poco, las inclinadas filas vacías de asientos rojos se fueron llenando de alumnos. David y yo nos sentamos en la primera fila y esperamos. Nadie sabía qué decir cuando se encontraba en una sala en silencio conmigo. Yo tampoco sabía qué decirle a David, pero pasados unos momentos, se volvió hacia mí y me miró con una sonrisa cálida y encantadora. «Bienvenida de nuevo», me dijo. Era justo lo que necesitaba oír. Esta vez, nos centraríamos en un proyecto nuevo llamado REXIS. Era una propuesta de espectrómetro de rayos X, uno de los cinco instrumentos de sensores remotos que se producirían para la OSIRIS-REx, una misión financiada por la NASA. Bajo la supervisión de David, el MIT había ganado un concurso organizado por la NASA para dirigir la construcción del REXIS con estudiantes de posgrado con una asignación de cinco millones de dólares.

En el espacio, algunos cuerpos exigen que vayamos a ellos; otros vienen hacia nosotros. La OSIRIS-REx era una misión diseñada para visitar un asteroide ahora conocido con el nombre de 101955 Bennu (entonces se llamaba 1999 RQ36). El 10195 Bennu es lo que llamamos un «asteroide carbonáceo» —el tipo más común, compuesto principalmente por carbono— de unos quinientos metros de diámetro. Existe una pequeña posibilidad de que el 101955 Bennu colisione con la Tierra en un momento indeterminado de finales del siglo XXII.

Existe una escala algorítmica, la Escala Técnica de Riesgo de Impacto de Palermo, que clasifica los cuerpos cercanos a la Tierra según el riesgo que suponen para nuestro planeta. El 101955 Bennu está en la segunda categoría de riesgo, con una probabilidad entre 2 700 de colisión contra la Tierra. Su tamaño equivale aproximadamente a una tercera parte del meteorito que creó la bahía de Chesapeake, así que lo mejor sería intentar evitarlo. (La bomba de Hiroshima tuvo una potencia de 15 kilotones de TNT; el 101955 Bennu sería como hacer estallar unos 1 200 megatones. Cada megatón equivale a 1 000 kilotones, y a partir de aquí, lo más sabio es no seguir con los cálculos.) La OSIRIS-REx visitaría el asteroide, extraería una muestra y nos la traería a la Tierra. Nuestro componente, el REXIS, se parecería un poco a un microondas avanzado y probablemente demasiado complicado recubierto de pan de oro. Se subiría a la OSIRIS-REx, aterrizaría en la superficie del 101955 Bennu, y sacaría una radiografía del asteroide entero. Ello permitiría que los científicos de la NASA confirmaran que la muestra que la OSIRIS-REx había traído a la Tierra era representativa del asteroide en su conjunto.

La misión partía de la premisa de que es mejor conocer al enemigo. No es algo que normalmente contribuiría a hacer —no tenía nada que ver con encontrar otra Tierra, sino con salvar esta—, pero me apetecía trabajar con mis alumnos en un proyecto tan práctico y necesario como aquel. La ferretería de mi pueblo me parecía un laberinto, pero el *hardware* especial sí lo entendía.

Imagina que alguien con unos telescopios mucho más sofisticados que los nuestros nos está buscando y ve el brillo naranja de nuestras ciudades por la noche; el oscuro rectángulo de Central Park; la negra cinta del Sena serpenteando por París. Pensar en ello me aceleraba el corazón. La realidad, sin embargo, es que gran parte de mi trabajo era pura matemática: teoría, estadística, percibir y no ver. Casi siempre, lo único que tenemos son números.

Cuando Mike murió, nuestra familia de cuatro se convirtió en una familia de tres. En términos matemáticos, su marcha representaba una pérdida significativa, del 25 % de los miembros. Lo más crucial, sin embargo, es que pasamos de ser una familia de pares a una familia de impares. Puede que no parezca importante, pero igual que el mundo parece estar diseñado específicamente para desafiar a los zurdos, también vivimos bajo la tiranía de los números pares. En el fondo, muchas personas ven los números impares como algo imperfecto o incómodo; son como kits de construcción que vienen con una pieza de menos o de más. La familia nuclear arquetípica, el cimiento mítico de la sociedad norteamericana, está formada por dos adultos y dos niños. Estos números nos aportan equilibrio y simetría, una raíz cuadrada y una división sin restos, y hemos construido nuestra sociedad sobre la base de este ideal matemático.

Allá donde íbamos Max, Alex y yo, algo me recordaba que estábamos incompletos. Y no solo según nuestras propias cuentas, sino según los cálculos más generales de nuestra sociedad suburbana. Si eres adulto, casi siempre se asume que tienes pareja. O, si no la tienes, que aspiras a tenerla. Una mesa para uno en un restaurante siempre está acompañada de una silla vacía, por si acaso necesitas que se te confirme que te falta alguien. Y si eres una familia, el supuesto de partida es que hay cuatro miembros. En los coches y en los restaurantes, en las montañas rusas y en las entradas a los museos: dos adultos y dos niños. Dos más dos. Dos por dos. Cuatro.

Me obligaba a ir a encuentros sociales relacionados con el trabajo, aunque solo fuera por salir de casa, lo que significaba dejar a los niños con Jessica. Pero era demasiado pronto y casi siempre me arrepentía. Una vez fui a una cena en la que había un conferenciante invitado, y no sabía que la mayoría de mis compañeros llevarían a sus parejas. Alguien me dijo: «Como eres soltera, te sientas aquí». Lo que antes me había reconfortado tanto en el MIT —la prevalencia de la lógica, de la franqueza, de la practicidad— ahora a veces me dolía. Las meras declaraciones objetivas nunca me habían resultado tan hirientes.

A los humanos no se nos da bien tratar con humanos dañados. Si alguien me decía algo sobre Mike, casi siempre metía la pata. «Yo no sé qué haría si mi marido falleciera.» No es el mejor mensaje que transmitir a una viuda, pero es algo que oía todo el rato. Aprendí a dar la noticia de la muerte de Mike a quienes no lo sabían poco a poco, como si fueran ellos, y no yo, quienes necesitaban protección. «Ya sabes que Mike estaba enfermo», empezaba. Asentían. «Y que la quimioterapia no estaba funcionando.» Asentían. Y así seguía hasta que sus rostros reflejaban el malestar oportuno. Otros me preguntaban sobre Mike o «tu marido» en términos más genéricos, y descubrí que era más fácil bordear ese tipo de preguntas que responderlas directamente. «¿Por qué no te ayuda más tu marido?» o «¿A qué se dedica tu marido?». Estas no eran nada fáciles. Enseñé a los niños a responder otras preguntas parecidas que les formulaban los niños del colegio o del campamento de verano. Ensayábamos respuestas vagas y superficiales y llegamos a acumular una especie de arsenal, de colección de bromas internas del humor más negro que existe. «Ahora mismo no se puede poner» o «Es que está muy ocupado» o «Está de viaje». Y reíamos, los tres juntos, hasta que la risa se convertía en otra cosa.

Fui a la boda de un compañero, como si quisiera autolesionarme. Después de que el novio y la novia pronunciaran sus votos en una sobria ceremonia ortodoxa oriental, me quedé completamente sola en la sala. Luego empezó una fiesta de lo más animada. Todo el mundo lo pasaba en grande, bebían y reían y bailaban. Me fui, sola. Me dirigí al coche, donde me esperaba una multa de aparcamiento, y conduje el camino de vuelta a mi cama individual a través de la primera gran nevada del invierno. En aquel entonces no sabía qué eran los desencadenantes de la tristeza, pero las bodas ortodoxas orientales deben de contarse entre los más potentes.

Lo que siempre me había gustado de los números ahora me molestaba. Los números son blanco sobre negro, son binarios. Los números no mienten. Ahora me recordaban que mi familia acababa de quedar truncada y que estábamos condenados a ser impares.

Había vuelto a viajar por trabajo, aunque nunca durante muchos días, y era entonces cuando me sentía más sola que nunca: demasiadas comidas y cenas sin compañía. Durante un par de días, mientras Jessica cuidaba de los niños, fui a visitar el Instituto de Ciencias del Telescopio Espacial de Baltimore, donde se desarrollaban las operaciones científicas del Hubble. Formaba parte del comité asesor del telescopio espacial James Webb, la versión del Hubble más potente que operaba en niveles infrarrojos.

Al menos, ese día no tuve que comer sola. Salí a cenar con Bob Williams, el mismo Bob Williams que había plantado cara a casi todos sus colegas para explorar el campo profundo del Hubble. Necesitaba la misma inspiración que un día encontré en él. Nos citamos en una sala de paredes forradas de madera en lo que él describió como el mejor pub de cerveza artesanal de la ciudad a la hora en que la gente empezaba a reunirse para tomar algo después del trabajo. Nos sentamos a una mesita cuadrada y pedimos algo para beber, y luego algo para cenar. Le pedí que me contara la historia del campo profundo del Hubble de nuevo, que me hablara de esos diez días de desavenencias y descubrimientos. Bob se acomodó en el respaldo de la silla y sonrió. Es esbelto y seguro de sí mismo, atleta y narrador nato, y no costaba demasiado convencerlo para que explicara su mayor triunfo. En su suave acento sureño, me contó cómo había decidido que no le importaba lo que pensaran los demás. Se había ganado el derecho a usar el Hubble. «Iba a mirar donde quería mirar», dijo. El Hubble se orientó siguiendo sus instrucciones hacia ese pedazo de cielo negro y Bob encontró esas tres mil galaxias vírgenes. Había dado con miles de millones de luces nuevas.

Esta vez, la historia del campo profundo del Hubble no surtió el efecto esperado. Creo que jamás me he sentido más desanimada. Uno de los mejores exploradores de la historia me estaba deleitando con una historia astrofísica épica, y yo no podía hacer otra cosa que luchar por no derramar el tipo de lágrimas que no tocaba.

Pobre Bob. Aquel hombre amable y sabio que estaba contribuyendo a resolver tantos misterios no tenía ni idea de qué hacer con los sollozos de una viuda. Las profundidades del universo no lo desconcertaban, pero las profundidades de mi depresión sí. Trató de ayudarme. Creo que sabía que lo consideraba otra de mis figuras paternas, e hizo todo lo que pudo por darme lo que necesitaba. Pero aquella cena fue como un tortuoso partido de tenis. Se le ocurría alguna sugerencia, algo que podría hacer para sentirme mejor —terapia, meditación, pasar un tiempo fuera— y yo negaba con la cabeza, porque o ya lo había probado o ya sabía que no funcionaría.

«Sara —dijo finalmente—, ¿sabes qué hago cuando necesito claridad? Cruzo el Gran Cañón corriendo. En un día.» Sabía que me gustaba la naturaleza, el movimiento, el triunfo físico, los objetivos tangibles. Lo que no sabía era que Mike y yo habíamos ido juntos al Gran Cañón hacía muchos años, en otra vida. «¿El Gran Cañón?», pensé. Nos recordé en el agua ese día mágico, cuando Mike se creció ante los vítores de desconocidos. Aquel día estaba a un mundo de distancia, pero pensar en él me aportó la sensación de espacio que necesitaba.

Paré de llorar.

Al principio, Max, Alex y yo no celebrábamos las fiestas, ignorábamos su existencia y los recuerdos, buenos o malos, que pudieran traernos. Mike y yo nunca les habíamos dado importancia, y la relación con nuestras respectivas familias era lo suficientemente distante como para no sentirnos presionados para celebrar días arbitrarios del calendario, pero ahora el riesgo que suponían parecía mayor que la pequeña recompensa que les atribuía. Había empezado a invitar a grupos de alumnos y de posdoctorados —Alex orquestó un concurso de comer huevos que se salió un poco de madre—, y una vez intenté recrear el día de Acción de Gracias para ellos en un día cualquiera, ya pasada la fecha pero antes de Navidad. Craso error. No fui capaz de lograr que el pavo terminara de asarse, las patas quedaban crudas, y entonces recordé que siempre que habíamos comido pavo como una familia de cuatro, Mike se pedía una pata y Max la otra. Me derrumbé.

Decidí llevarme a los niños y a Jessica a Hawái durante nuestra no-Navidad. La familia de Jessica celebraba la Nochebuena, así que saldríamos el día de Navidad. Un avión sobrevolando el océano era la mejor cámara de aislamiento que podía imaginar. En el aire, no parecería que fuera Navidad.

Alex no había perdido su pasión por el excursionismo. Sinceramente, yo tenía sentimientos encontrados —para un remador, las excursiones son como un porteo sin agua al otro lado—, pero quería compartir una aventura con él y ayudarlo a lograr lo que se propusiera. Le dije que había otra montaña en Hawái que podríamos subir: el monte Haleakala. Es un volcán en escudo gigantesco, el corazón palpitante de Maui, y la excursión hasta el cráter sería larga, con una pendiente de tres mil metros.

Me preocupaba un poco que Alex no pudiera con ello. Antes del viaje, estaba en un congreso cuando me encontré con un compañero de la Universidad de Hawái en Oahu, y le pregunté acerca de la excursión. Me riñó: «¡El Haleakala no es para niños!». Le conté que tenía una misión y que estaba intentando empoderar a mis hijos, hacer que sintieran que el mundo y sus rincones todavía podían ser hermosos, a pesar de que ni siquiera yo lo sintiera siempre así. Le dije que Alex ya había subido montañas y que tenía un sentido de la perseverancia especial. «Todo el mundo cree que sus hijos son especiales», dijo con sorna.

No me dejé intimidar, pero decidí que deberíamos contratar a un guía, a alguien que conociera la ruta, para estar seguros. En el fondo pensaba que, si las cosas se ponían feas, el guía podría ayudarme a cargar con Alex. Encontré una empresa en internet y llamé para ver si me ayudarían a llevar a mi hijo de seis años a la cumbre. El dueño hacía décadas que tenía la empresa. Le expliqué la situación, que había pasado mucho tiempo en la naturaleza y sabía cómo gestionar los trayectos largos, y que Alex quería batir récords mundiales. Estaba segura de que me diría que no, pero accedió a ayudarnos.

Nos levantamos a las cuatro y media de la madrugada para emprender nuestra expedición. No encontré un café que me salvara la vida, lo que podría haberme crispado, pero logré mantener la compostura. Jessica y Max nos llevaron, y también a nuestro guía, Dylan, al principio del camino. Les dije que se divirtieran y que nos vinieran a buscar a la cima a las seis de la tarde —había una carretera que subía por el otro lado de la montaña—, pero que trajeran mantas y algunos libros por si nos retrasábamos. Nos despedimos y Alex, Dylan y yo nos pusimos en marcha en el frío del amanecer, bajo las copas de los árboles. Seguiríamos la ruta de Kaupo Gap hasta la cumbre.

Fue una excursión muy muy larga, pero tuvimos suerte en muchos sentidos. La mañana mantuvo su frescura mientras subíamos los primeros dos kilómetros de la pendiente, y cuando llegamos al suelo del cráter, una nube tapó el ardiente sol como un eclipse. Luego, una llovizna nos visitó para refrescarnos. Vimos una preciosa planta muy poco frecuente que solo crece en el Haleakala: la espada plateada, una crasa cubierta de hebras de color plata. Pero todavía nos quedaba mucho camino por delante. Llevábamos veinticuatro kilómetros recorridos cuando llegamos a la última subida, un empinado camino de tierra de unos cinco kilómetros. Alex estaba cansado y le habían empezado a doler las espinillas. Le dije que Dylan lo llevaría si le hacía falta. La decisión era suya. Dijo que quería completar el camino.

Cayó la noche. Orión, la constelación que Alex lleva en su nombre, se asomó. Seguimos adelante. Llegamos un poco más tarde de lo previsto —al final nos llevó más de trece horas de esfuerzo ininterrumpido—, pero llegamos. Jessica y Max nos esperaban en el coche. Nos montamos y bajamos la montaña, de vuelta al hotel. Alex se había hecho un nido de mantas en el suelo, se tumbó y se quedó dormido. El resto fuimos a cenar al restaurante del hotel, y cuando volvimos, Alex no se había movido. Lo zarandeé suavemente. «Solo di tu nombre», dije. No emitió sonido alguno.

Yo también me dormí. Cuando me desperté a la mañana siguiente, Alex estaba sentado a mi lado con una enorme sonrisa en la cara. Con una vocecilla suave pero triunfante, dijo: «Mamá, me dijiste que, si conseguía llegar arriba, me llevarías a un 4 000. Y llegué».

Sentí cómo se me henchía el pecho con una descarga de alegría casi olvidada. No sabía cómo, pero lo habíamos logrado.

Para cuando hicimos la maleta y condujimos hacia el apartamento que habíamos alquilado al otro lado de la isla, el sentimiento se había evaporado casi por completo. Cansada y taciturna, volvió a invadirme la oscuridad. La comida me sabía a arena y me costaba de tragar. Me di cuenta de que toda la felicidad que sentiría durante el resto de mi vida sería como una isla que se eleva en el océano: mi euforia sería Maui, mi tristeza el Pacífico. Mi alegría sería Orión, rodeada por el cielo nocturno.

Volvimos a Concord, a los recordatorios y a los recuerdos, a las profundidades del invierno. Al frío y a la oscuridad y a las rutinas de una vida cubierta de nieve. Me sentía peor que antes del viaje, como imagino que alguien que escapa de la cárcel se siente al ser capturado y devuelto a su celda. Había visto un fragmento de un mundo diferente y mejor en el que no se me permitía quedarme.

Poco después soñé de nuevo con Mike. Otra vez volvió a mí. En mis sueños, siempre aparecía fuera de casa. Entró al recibidor. Esta vez no se lo veía tan robusto, pero aun así tenía buen aspecto. No volvía de ningún viaje. Había estado enfermo, en coma. De haber estado consciente, me dijo, me habría avisado, pero había estado dormido.

En mi sueño, su regreso me llenó de felicidad, pero también me desconcertó. La historia del coma tenía sentido, o al menos todo el sentido que podía tener en el sueño, pero también me parecía irreal, como el argumento de una telenovela. Lo miré y sonreí antes de recordar que tenía que darle la misma mala noticia que en el primer sueño: «Mike —dije con mi voz más dulce—. No sabía que ibas a volver. He tirado todas tus cosas».

Esta vez no dijo que lo entendía. Esta vez se enfadó. «¿Qué?», espetó, con una ira creciente prendida en la voz. ¿Cómo podía haber sido tan fría? Me desperté de un sobresalto. Me desperté llorando. Me desperté sola en la cama, a la deriva en medio del océano.

Una o dos semanas después, empecé a sentir un dolor intenso en la parte inferior del abdomen, unos pinchazos que no me permitían hacer vida normal. Había pasado más tiempo del que habría querido acompañada de médicos diagnosticando dolores de estómago, pero concerté una cita. Las viudas suelen experimentar dolor físico, y con demasiada frecuencia, los médicos atribuyen sus dolores a un mal psicológico. Recordé el tobillo destrozado de Mike y presioné a mi doctora para que me hicieran pruebas. Me mandó a que me hiciera una ecografía uterina.

Me senté en la sala de espera con una decena de madres embarazadas y sus alegres y nerviosos maridos. Sus barrigas llenas, su entusiasmo, su felicidad y sus buenas noticias... Estar rodeada de tanta vida casi me mata. Caminé como pude hacia la sala donde me harían la ecografía y me estremecí ante el frío del gel y la presión de la sonda sobre mi piel. Tumbada en la camilla, recordé cómo había sido mi vida. La última vez que había sentido esa sonda, había visto latir el corazón de Alex. Esta vez, la ecografía no encontró nada fuera de lo común para una mujer de más de cuarenta años. Cuando acabamos me fui a casa, llevé a cabo la rutina nocturna trabajosamente, y caí rendida en la cama.

A la mañana siguiente, lo único que me convenció para levantarme de la cama fue la risa lejana de mis hijos. Tras un desayuno rápido, Max y Alex se pusieron la ropa para ir a la nieve, metimos sus trineos de plástico en el coche e iniciamos el breve trayecto que nos llevaría hasta la cima de la montaña de Nashawtuc.

CAPÍTULO 12

Las viudas de Concord

Minnie May murió poco antes del día de San Valentín. Al final, vivió más que Mike, unos seis meses más. La carrera no había sido tan ajustada como habíamos creído. No tenía ni idea de cómo logró aguantar tanto; hacia sus últimos días, parecía un saco de huesos, y todo el que la veía se llevaba un buen susto. Durante más de una década, había tomado medicación para controlar sus ataques epilépticos, piedras en la vejiga, e incluso tomaba Prozac para la ansiedad. Gastó más de siete vidas. Pero su corazón siguió latiendo, un pequeño engranaje construido para resistirse a la rotundidad de la muerte.

Un día, las patas traseras dejaron de responderle. Un interruptor invisible se había apagado en su interior, pero no parecía sentir dolor. No parecía sentir casi nada. La subí a mi habitación y la envolví con varias mantas. Esa noche me desperté cada hora para ponerle las manos encima y sentir su respiración superficial. Me desperté una última vez y alargué el brazo para encontrarla en la oscuridad. Minnie May siempre había hecho las cosas en silencio: respiraba en silencio, vivía en silencio. Ahora de ella solo quedaba el silencio.

Había estado conmigo durante dieciocho años, en cada hito de mi vida adulta, tanto bueno como malo. Era mi observadora más fiel, y podía hacerme sentir como si algunos pocos elegidos fuéramos a vivir para siempre. Su muerte era la prueba científica más cruda de que nadie vive eternamente. Si ella podía morir, significaba que todo moría.

El hoyo que Mike le había hecho en el jardín estaba lleno de nieve, y el montón de tierra que había dejado al lado se había endurecido. A pesar de sus esfuerzos, tuve que meter a Minnie May en el congelador del sótano, mi morgue gatuna improvisada, igual que había guardado a Molly, hasta que llegara el deshielo. Subí a la cocina y me senté a la mesa en la quietud de un hogar que antaño estuvo repleto de vida. Hubo un momento de mi vida en el que había tenido a mi padre, a mi marido, a mi perra y a mis gatas. Rodeada de vida y amor. Pero todos habían ido desapareciendo, como piezas de una máquina que se desmonta. Incluso Jessica había decidido marcharse a principios de 2012, de forma amistosa pero definitiva, y solo habíamos quedado los niños y yo. Mi mundo había quedado reducido a su fulgurante núcleo.

Pasaron unos pocos días y llegó San Valentín. Melissa me llamó y me invitó a una fiesta, y me dijo que también podía llevar a los niños. Max, Alex y yo íbamos a ir a una fiesta.

Salí pronto de trabajar, igual de nerviosa que esperanzada —quizá con más nervios que esperanza—, porque quería pensar qué me iba a poner. Llevaba puesta una camisa negra, pero no quería ir toda de negro a la fiesta. No estaba de humor para el amor, pero tampoco quería que pareciera un funeral. Quería vestirme para una celebración, aunque no tenía muy claro qué se celebraba. Me decidí por un cárdigan beige que me llegaba hasta los gemelos y una bufanda de un color rosa intenso. A principios de semana había ido a hacerme la manicura, y el pintaúñas rojo completaba el conjunto. Aquellos rayos de color tuvieron en mí un efecto psicológico sorprendente. Eran una novedad en mi mundo negro y gris.

Compré pasta en forma de corazón para llevar a la fiesta. La había encontrado en la carnicería y me había llevado una alegría. En la tienda había un hombre más mayor, que también trabajaba en el MIT, haciendo la compra. En aquel entonces, el Gobierno consideraba todos los satélites como armas —en las manos equivocadas, podían serlo—, y había una serie de reglas que regían cómo y cuándo las personas extranjeras podían trabajar con ellos. Ese hombre se dedicaba a asegurarse de que no quebrantáramos esas reglas con los alumnos y los visitantes internacionales. Nos habíamos reunido para hablar del ASTERIA varias veces, y cogíamos el mismo tren. Lo consideraba una cara amiga.

«Qué contenta estoy de haber encontrado esta pasta —le comenté—. Voy a una fiesta de San Valentín para viudas...» Se quedó blanco, como si le hubiese contado mis planes de lanzar un arma de verdad al espacio. No debía de saber que era viuda, aunque suponía que todo el mundo lo sabía. Dio un paso atrás como si me tuviera miedo. Siempre había incomodado a algunas personas, pero incluso de pequeña, no solían demostrar su malestar de una forma tan evidente. Aquel hombre me miraba y parecía como si estuviese viendo a alguien que había quebrantado las reglas.

Melissa me dijo que estaríamos las seis, incluida yo, y once niños unidos por la tragedia. Todas vivíamos en un radio de un par de kilómetros, lo que no dejaba de parecerme una coincidencia poco probable. Nuestro pintoresco pueblo estaba bajo una terrible maldición. Los niños estaban un poco nerviosos, ya que no solíamos ir a reuniones sociales que no tuvieran nada que ver con mi trabajo, pero yo había hecho mis cálculos. «Seguramente conoceréis a uno de los niños», dije. Entre el fútbol y los campamentos, las probabilidades estaban a su favor.

La casa era enorme, y la cocina era luminosa y alegre. Era de Gail. Era un poco mayor que yo y tenía una presencia poderosa, quizá porque era la única que se encontraba en un terreno conocido. Las otras Viudas solo se habían reunido en grupo una vez, y ahora se estaban volviendo a presentar. Nos colocamos alrededor de Gail como alumnas alrededor de la maestra el primer día de colegio, apoyándonos en la encimera, con las manos ocupadas en sostener nuestras bebidas cuando no nos las estrechábamos entre nosotras. Cuando la cena estuvo lista, todas colaboramos sirviendo la comida; ahí va otro plato de comida para otra Viuda.

También estaba Pam, la más joven de todas, vestida a la moda y muy en forma. Me sorprendió la perfecta rectitud de su cabello y de su dentadura. Tardé un segundo en ubicar a Micah, pero ya habíamos coincidido antes: habíamos hablado un día en el parque cuando me preguntó algo sobre mi collar de jade, un regalo de mi padre. También recordé que ese día su marido estaba allí con ella. No pude evitar preguntarme qué fatídico giro había dado su destino después de aquel encuentro. Una mujer bajita de cabello rubio oscuro, llamada Diane, guardaba silencio en un rincón y su cuerpo delataba una timidez que yo compartía. Y luego estaba Melissa, sonriente y radiante, incluso más hermosa de lo que la recordaba de aquel día en la montaña de Nashawtuc. Su cabello pelirrojo y su pálida y perfecta piel hacían que pareciera una llama.

Los niños desaparecieron. Me sentía un poco perdida sin ellos, tratando de entablar conversación con personas a las que conocía únicamente porque a todos nuestros maridos les había pasado algo. Escuchaba más que hablaba. Observaba más que actuaba. Todas las Viudas parecían sanas. Todas irradiaban una luz similar. No podía evitar preguntarme qué pensaban cuando me miraban, si veían una estrella o una sombra. No solía plantearme qué pensaban los demás de mí; tomé cierta distancia, aunque el diagnóstico que me ayudaría a comprender el porqué de mi actitud no llegaría hasta varios años más tarde. De momento, estaba en una fiesta para mujeres que eran, al menos en un aspecto crucial de sus vidas, como yo. Pasados unos diez minutos, Max y Alex reaparecieron en la cocina, casi flotando. Querían que supiera que había estado en lo cierto: uno de los niños era de su edad y lo conocían del campamento. Y con esas, se marcharon. Su felicidad era contagiosa, y sentí cómo empezaba a bajar la guardia. Podía ser algo parecido a yo misma.

He aquí una de las peculiaridades sobre conocer a las Viudas: ninguna de ellas trabajaba fuera de casa —sus maridos habían sido profesionales, o habían llevado negocios que habían vendido tras su fallecimiento—, así que nadie me preguntó sobre mi trabajo. En cierto modo, sentí alivio. Ser nueva en el grupo me había hecho estar nerviosa y vacilante. Antes de entrar por la puerta, había tratado de ensayar cómo les hablaría de mi trabajo, y en mi mente las conversaciones jamás acababan bien:

«Y tú, Sara, ¿a qué te dedicas?».

«Doy clases en el MIT.»

«¿Y qué enseñas?»

«Física planetaria.»

«Vaya. ¿Y eso qué es?»

«Busco planetas fuera de nuestro sistema solar. Es de suponer que otras estrellas tienen planetas. Y yo los busco.»

«¿Por qué?»

«Porque me gustaría encontrar otras formas de vida en el universo.»

«¿Alienígenas? ¿Buscas alienígenas?»

«Los científicos no los llamamos alienígenas. Son otras formas de vida.»

«Ya. Así que alienígenas, ¿eh?»

Al menos por ahora, era mejor que las Viudas me conocieran solo como compañera de infortunios. En un rasgo fundamental, éramos idénticas. En su primera reunión, las Viudas debieron de evitar las revelaciones profundas y debían haber recurrido a las típicas conversaciones sobre hijos, colegios y lugares de procedencia, pero entonces empezaron a compartir los detalles de sus vidas que todas estábamos ansiosas por conocer.

«¿De qué murió tu marido? —preguntó alguien—. ¿Cuándo?»

«De cáncer», dije. Otras dos mujeres también habían perdido a sus maridos a manos del cáncer.

El de Melissa murió mientras iba en bicicleta. Bajaba por una colina cuando se le cruzó un ratón, salió volando por encima del manillar, se golpeó la cabeza y murió allí mismo. En el acto. Otro murió en una excursión por la montaña. Otro se había suicidado.

Luego repasamos las fechas. «Días de Muerte», los llamamos.

«El veintitrés de julio», dije. Mike había muerto hacía casi siete meses. En algo más de cinco meses, llegaría el primer aniversario. Volví a perderme en mis propios pensamientos. Vi que alguien apuntaba nuestros nombres y las fechas, pero no entendí por qué.

Nos retiramos al salón para cenar, y cada una llevó su plato a una mesa enorme y dispuesta con un estilo formal. Gail ocupó la cabecera de la mesa, y el resto revoloteábamos a su alrededor, ilusionadas por la posibilidad de conocernos y porque aquella noche representaba un paréntesis, por breve que fuera, en nuestros esfuerzos habituales. De pronto, Micah miró a Gail y espetó: «Y qué, Gail, ¿sales con alguien?». La conversación se detuvo. Todas miramos a Gail.

«No —dijo—. Tuve una cita. No fue demasiado bien.» Volví a sentirme igual de incómoda que al principio de la noche. Me pregunté si empezaríamos a fisgonear en nuestras vidas privadas; si llegaría mi turno y tendría que poner sobre la mesa mis miedos y secretos. No estaba preparada.

«Firmamos una ketubá, un contrato matrimonial judío», dijo. Señaló una preciosa lámina enmarcada que colgaba de la pared, en la que había pequeñas ilustraciones decoradas con una caligrafía de lo más delicada. «La última frase de la ketubá es "desde ahora y hasta siempre".» Recordé mis votos: yo había accedido a casarme con Mike: «Hasta que la muerte nos separe». Apenas había empezado a asimilar la diferencia entre una y otra cuando la copa de vino de Gail se hizo añicos. Le estalló en la mano. La mesa rompió en risas nerviosas y la conversación cambió de rumbo.

A medida que hablábamos, tejíamos unos hilos invisibles entre nosotras con cada experiencia compartida, con cada nueva confesión. El padre de Gail estaba presente —se había quedado viudo recientemente, aunque en su caso fuera más esperable— y sacó una temblorosa fotografía de nosotras, todas de pie, hombro con hombro, sintiéndonos ya algo más valientes gracias a esa conexión. En el MIT había encontrado una sensación de pertenencia, de estar por fin rodeada de personas más o menos como yo, pero esto era distinto. La viudedad había hecho que pareciera imposible que volviera a sentir más que una afinidad parcial con cualquier persona. Pero en casa de Gail, no estaba sola, asilada. No era «ella» o «aquella». Era «Sara». Era «encantada de conocerte». Era «nosotras».

Era muy agradable poder volver a hablar en plural. Era como una luz radiante y cálida.

La Viudas decidimos que nos reuniríamos para tomar café un viernes de cada dos por la mañana, yendo de casa en casa como okupas emocionales, llenando el hogar demasiado silencioso de una de nosotras durante un rato antes de pasar a la siguiente representante de nuestro propio dolor. La mayoría de nuestros hijos estaban en edad de ir al colegio, así que podríamos expresar nuestros sentimientos conscientes de que los únicos oídos que los oirían serían los nuestros.

Unas semanas después de San Valentín llegó mi turno de ejercer de anfitriona. Era una preciosa mañana de marzo. La luz entraba a raudales por el ventanal de mi sala de estar. Me senté a esperar a que llegaran las demás y me recordé lo importante que era escuchar. Habían llegado tres o cuatro de las Viudas, y Gail, siempre generosa, me trajo flores. Sorprendentemente, una viuda nueva se uniría a nuestro club. Resultó que, ese día, todas escucharíamos.

Se llamaba Chris. Era del pueblo cercano de Lexington. Nos había llegado que su marido había fallecido hacía apenas un mes, en febrero, esquiando. Había chocado con un árbol. Aquel invierno había sido cálido y no había nevado mucho, y me sorprendió que hubiesen ido a esquiar.

Pero el clima extraño, la falta de nieve... No nos costó imaginar qué había ocurrido. Todas sabíamos lo fácilmente que cambian las vidas. Tal vez las condiciones no eran óptimas. Tal vez había habido heladas y deshielo, lo que habría dejado el suelo al descubierto alrededor de los árboles y zonas en la ladera con más hielo que nieve. No había duda de que el marido de Chris bajó por la pendiente igual que lo había hecho miles de veces antes. Seguramente alcanzó la velocidad de siempre, pero quizá no mantuvo el control habitual y se precipitó hacia los árboles, volando de cabeza hacia un tronco, desplomándose en el suelo. Había estado lleno de vida, y entonces había seguido una senda equivocada por una pendiente equivocada un fin de semana equivocado y, sin más, murió. Su mujer pasaría el resto de su vida oyendo que al menos su marido murió haciendo algo que le gustaba. Y yo sabía a ciencia cierta que jamás hallaría consuelo en ello.

Con Chris, fuimos siete. Era más o menos de mi edad, y sus hijos, un niño y una niña, tenían edades parecidas a las de Max y Alex; con ellos, fueron trece. Chris se quedó de pie mucho rato antes de sentarse en la sala de estar. Cuando la vi por primera vez, pensé que lo estaba llevando muy bien. Había cogido la baja por viudedad de su empleo como analista de datos. Iba vestida de negro de arriba abajo, pero su cara y su cabello tenían buen aspecto. En el momento en que intentó hablar, rompió a llorar. Sentada en mi sofá, empapada y con su café inundado de lágrimas, nos pidió que perdonáramos su tristeza, pero jamás era necesario disculparse por estar triste. Logró decirnos la fecha en que murió su marido, y poco más. El cuándo. Eso fue todo, en realidad. Pero su exorcismo ya había empezado.

Había ciertos patrones en nuestra forma de compartir nuestras historias. La información llegaba en ráfagas, con semanas o meses de calma y cálculos privados entre medio. Nunca estaba segura de si aquellas pausas beneficiaban a la narradora o a las oyentes, si servían para que la narradora recuperara fuerzas o para que las oyentes asimilaran los hechos y las cifras de una nueva agonía. Me daba la sensación de que sentíamos un peso cuyo volumen conjunto no variaba nunca; solo cambiaba su distribución, y manteníamos un sentido del equilibrio implícito entre todas. Si una de nosotras hablaba, si una descargaba parte de su dolor, lo siguiente que había que hacer era ayudar a cargar con el terrible peso de otra. Éramos como mulas de carga, avanzando en una fila torcida por un terreno infranqueable, turnándonos para ponernos a la cabeza y aliviar a las demás de sus pesadísimos fardos. Sabíamos que la historia de Chris, como la de todas las demás, llegaría más adelante, tal vez a trozos, tal vez de golpe.

Y cuando ocurriera, asentiríamos con complicidad. Ninguna historia era peor que la de las demás, y tampoco lo eran los cráteres que había dejado su impacto. El desenlace era siempre el mismo. Siete maridos muertos habían dejado a una esposa de luto.

Chris logró recomponerse para dejar de llorar un momento. Sus ojos rojos nos miraban una a una, miraban mi sala de estar bañada de luz, las flores frescas y las plantas en bonitas macetas.

Esperaba que pudiera cuidar de la suya. Me guardé mis reflexiones, pero me preguntaba si Chris estaba lista para reunirse con nosotras. De estar en su lugar, yo no lo habría estado. Un mes después de la muerte de Mike, seguía inmersa en mis sentimientos de liberación. Todavía no me había perdido intentando cortarme el pelo. Freya todavía no me había abierto los ojos ante la caída que sigue a la caída, ni había empezado a descubrir las atroces exigencias de los testamentos y del mundo, ni había encontrado la compleja compañía de hombres en ferreterías y carnicerías. Chris seguía llevando a sus hijos a esquiar todos los fines de semana, metiéndolos en el coche y conduciendo hasta las montañas de Vermont. Era agotador, pero era lo que habían hecho siempre, y todavía no sabía qué otra cosa podía hacer. A los cinco o seis meses: ese era el mejor momento de unirse a nuestro improvisado grupo de terapia, pensé; una vez has terminado los capítulos introductorios sobre las verdades más duras. Pero no íbamos a excomulgar a Chris; no podíamos decirle que era demasiado pronto. Se había convertido en una de nosotras el día en que su marido se subió por última vez al telesilla.

«Madre mía, estoy hecha un desastre —dijo—, y a vosotras se os ve tan bien. Sara, tu casa está impecable.»

Ahogué mi carcajada antes de que se me subiera por la garganta. Chris nos miraba igual que yo había mirado a Melissa aquella mañana en la montaña. Con cierta envidia, la de quien sufre frente a las supervivientes, la de la recién golpeada que ve al otro lado del abismo a quienes ya han llegado al otro lado. No sabía que había pasado las últimas semanas tratando —y fracasando— de reunir fuerzas para ir a recoger los restos de Mike a la funeraria. Dave, el director funerario, me había dicho una y otra vez que no me preocupara. «A Mike no le importa cuánto tardes», decía.

Un día de aquella primavera, pensé de veras que estaba lista. La calidez del aire me envolvió en cuanto bajé del tren. Crucé la calle y, cuando entré por la puerta, ya estaba al borde de las lágrimas. Dave me saludó con su estilo habitual y experto: alegre, pero sin resultar ofensivo. Me invitó a pasar a su despacho. No me salía la voz. «Voy a llorar», dije, y así fue. Dave sonrió. Era de lo más encantador. Es posible que no haya nadie en el planeta más diestro en percibir las necesidades humanas que los directores funerarios. Dave sabía que no quería que me compadeciera, y su sonrisa no era de compasión. Parecía casi entretenido: «Sabía que no estabas preparada, Sara —dijo—. Puede quedarse con nosotros todo el tiempo que necesites —sonrió de nuevo—. Mike tiene todo el tiempo del mundo».

El tono de los cafés de los viernes por la mañana cada vez era más relajado. Hablábamos menos de las muertes de nuestros maridos y más sobre las nuevas vidas que estábamos aprendiendo a vivir. Llega un momento en el que se agotan las formas y las ganas de maldecir una misma circunstancia. Personalmente, valoraba mucho la información práctica que compartíamos. Todavía estaba aprendiendo cómo funciona el mundo, y las Viudas eran un pozo de conocimiento. Todas aportaron líneas nuevas a mi manual para vivir en la Tierra.

El dinero nunca me había importado, y tras la muerte de Mike, todavía me importaba menos. Siempre había vivido por debajo de mis posibilidades, así que no tenía de qué preocuparme. Además, siempre lo había considerado un invento de lo más extraño y arbitrario. No recuerdo haber accedido a suscribir la idea de que el mismo papel vale cantidades distintas porque se le ha estampado una cifra distinta. Es absurdo. Es como cuando decidimos —o más bien, alguien decidió— que los diamantes tienen algún valor. Son rocas que brillan. El cuarzo también brilla, y el carbón. ¿Por qué debería aceptar que los diamantes valen más? La frugalidad de Mike había calado hondo en mí, igual que las depravaciones de mi madre. Entendía que era mejor tener dinero que no tenerlo, pero hasta ahí llegaba mi reflexión. No tenía ni idea de cuánto era suficiente, o cómo tener más, o qué hacer cuando lo tenía.

Las otras Viudas pensaban más en el dinero, y hablaban de él con frecuencia. Me di cuenta de que lo mejor sería intentar entender sus complejidades, y especialmente cómo hacer que durara. Hablábamos de cuál era el sueldo justo de una niñera y cuánto podíamos deducirnos de nuestros impuestos. Hablábamos de las ayudas de la seguridad social en caso de fallecimiento, y cuánto deberíamos apartar para cada uno de nuestros hijos huérfanos de padre.

Hablábamos de hombres solo un poco menos que de dinero. Más o menos la mitad de las Viudas habían empezado a verse con alguien, y cada viernes teníamos una tanda nueva de las historias de terror de la semana. Una semana, Micah nos contó que su última cita había ido tan mal que habría preferido quedarse en casa a ordenar los armarios de la cocina. Yo no participaba demasiado en aquellas conversaciones. No me gustaba hablar de hombres y de lo mucho que los necesitaba o los dejaba de necesitar. Estaba muy lejos de pensar siquiera en encontrar un nuevo amor.

Por otro lado, sí empecé a sentir la comodidad necesaria para hablar un poco más acerca de mi trabajo. El jefe de mi departamento me había dado el semestre de primavera libre de clases, aunque iba a mi despacho casi cada día para asistir a reuniones e investigar. Las estrellas eran una parte tan fundamental de mi existencia que, en cierto modo, no hablar de ellas me resultaba hipócrita. Pero, aun así, iba con cuidado de no profundizar demasiado. Mi trabajo más reciente se centraba en los gases de biofirma y en el ASTERIA, y ambos eran temas algo esotéricos como para incluirlos en nuestras charlas. Sin embargo, mis alumnos y estudiantes de posgrado investigaban cuestiones más amplias y cercanas, como los hallazgos del Kepler que tan a menudo salían en las noticias.

La búsqueda de vida extraterrestre cada vez sonaba menos a ciencia ficción —o, peor aún, a cosa de conspiracionistas y de raritos que no salen de casa— y más a ciencia. A veces me había afectado el rechazo socarrón de los escépticos, de personas que desconocían mis cualificaciones y las pocas probabilidades que existen de que estemos solos en el universo. Un escalofrío me recorría el cuerpo cuando alguien, especialmente un político que quería hacer recortes presupuestarios, bromeaba acerca del Área 51 o de las sondas anales o de la última representación de un alienígena con ojos de insecto en la revista sensacionalista *The National Enquirer*. Intentaba ayudar a las personas a que vieran que es más extraño pensar que somos la única luz azul en el cielo. «Hay billones de planetas ahí fuera», les decía. Desde el punto de vista estadístico, ¿qué probabilidades hay de que el nuestro sea el único en el que hay vida?

El diciembre anterior, la NASA anunció con gran algarabía que el Kepler había encontrado el primer planeta pequeño que orbitaba la zona Ricitos de Oro de una estrella comparable al sol: el Kepler-22b. Todavía no sabíamos demasiado sobre nuestro lejano vecino, lo único que conocíamos era su tamaño y su órbita, pero con eso bastaba para que atrajera mucha atención. El Kepler-22b es solo un poco más del doble de grande que la Tierra, y en ese momento era el planeta más pequeño que se había encontrado jamás en la zona Ricitos de Oro de otra estrella.

Algunas cosas se pierden en la comunicación entre la comunidad científica y la prensa generalista. Había demasiados titulares anunciando el descubrimiento de otra Tierra, cuando la composición del Kepler-22b no es ni de lejos igual de hospitalaria que la de nuestro planeta. La atmósfera de un planeta de su tamaño seguramente será mucho más densa que la nuestra, lo que probablemente signifique que está envuelto de una masa sofocante de gases de efecto invernadero. También es posible que la atmósfera del Kepler-22b sea tan profunda que el planeta carezca de superficie sólida, según lo que nosotros entendemos por superficie sólida. En cualquier caso, es prácticamente seguro que en él no hay vida.

Todo eso no significa que aquel descubrimiento no fuera importante. En una o dos décadas, nuestra capacidad de encontrar planetas había avanzado a pasos agigantados. Nuestras herramientas nos permitían ver cuerpos más pequeños que están más próximos a sus estrellas, y cuanto más pequeños, mejor. Cuanto más pequeños sean, más probable será que sus atmósferas sean más delgadas, y sus temperaturas más bajas, y sus superficies, rocosas. Ahí afuera tiene que haber planetas como la Tierra, y puede que haya millones de ellos. Estaba convencida, les dije a las Viudas, de que llegará el día en que «sabremos que no estamos solos». Me miraron y asintieron con educación, mostrando el mismo apoyo de siempre. Y luego volvimos a hablar sobre cómo sobrevivir a la ausencia de nuestros maridos.

CAPÍTULO 13

Estrellas y perlas

Nos apiñamos en la gran superficie de cemento de una vieja base de misiles. Cayó la noche como cae en el desierto, con una negrura impía. Resultaba un poco inquietante. No había rastro de la luna, y las estrellas, que podían brillar con total libertad, nos bañaban con su manto de la luz blanca más pura. Las mirábamos como si fuera la primera vez que las viéramos.

Estaba en medio de Nuevo México para probar un nuevo componente del ASTERIA. Cada vez estaba más convencida de su valor. No era el Hubble ni el Spitzer ni el Kepler, y tal vez nunca llegaría a rozar su grandeza, pero no todos los cuadros deben o pueden ser *La noche estrellada*. En el universo hay sitio para las obras más pequeñas, para otro tipo de arte. El Kepler podría encontrar miles de mundos nuevos, pero no revelaría datos suficientes sobre ninguno de ellos como para que «supiéramos» si contenía vida. Con su ojo escaneaba campos estelares que nos quedaban demasiado lejos para poder hacer más que conjeturas sobre lugares como el Kepler-22b.

Pero si el ASTERIA llegaba a funcionar, y luego conseguía encontrar la forma de lanzar una flota de satélites... Combinaría los mejores resultados del Kepler, capaz de encontrar planetas más pequeños alrededor de estrellas comparables a nuestro Sol, y del incipiente TESS, con su búsqueda más cercana y su sensibilidad hacia las estrellas enanas rojas. Había dejado el grupo de trabajo del TESS cuando Mike enfermó, y el REXIS ya había sido despachado de nuestra clase de diseño y construcción. Ahora, mi máquina favorita era el ASTERIA.

Mi equipo construyó un prototipo para una posible cámara que parecía prometer estabilidad y que podría operar a una temperatura más elevada que los detectores integrados en la mayoría de los satélites. (La mayoría de los detectores necesitan refrigeración, y eso termina perjudicando a la máquina.) De lo que no estaba segura es de que pudiera ver lo que necesitáramos que viera. En aquel entonces, tenía una estudiante de posgrado especialmente brillante y entusiasta, Mary Knapp, que había participado en mi primera clase de diseño y construcción como parte de su grado. Nos animó a que pusiéramos la cámara a prueba en el exterior y que la usáramos para ver estrellas auténticas. Propuso que usáramos los desiertos de Nuevo México como campo de pruebas. En abril habría luna nueva, lo que significaba que los cielos ya claros del desierto serían todavía más negros. Aquella luna nueva coincidía también con las vacaciones de Max y Alex, de forma que podría llevarlos conmigo. Quería ver las estrellas, pero también quería verlos a ellos.

Terminamos de formar el equipo. Además de Mary, vendría Becky, una ayudante de investigación que también había participado en la clase de diseño y construcción del ASTERIA; Brice, el posdoctorado suizo; y otro posdoctorado llamado Vlada. (Vlada también resultó ser un magnético, moreno y guapísimo suizo de ascendencia serbia. Habría vuelto locas a las Viudas.) Para mí, aquel viaje tenía tanto de ocio como de trabajo. Haría algo ilusionante con un grupo de personas jóvenes y llenas de energía, en un lugar muy alejado de los problemas de Nueva Inglaterra. Era otro posible indicio de mi nueva vida, de mi siguiente vida.

Recibí una clase rápida sobre lo pesimista que era mi visión estándar del mundo. El grupo vino a recogernos a Max, Alex y a mí al aeropuerto de Roswell en un enorme monovolumen y me felicitaron efusivamente en cuanto entramos en la terminal de llegadas: se habían enterado de que me habían dado el premio Sackler de Física.

(Es un premio que se concede a físicos jóvenes que han contribuido de manera significativa y original a su campo. Me lo dieron por mi trabajo sobre las atmósferas de los exoplanetas.) Fue todo un honor, desde luego, y el premio traía consigo cincuenta mil dólares que acepté encantada. El inconveniente —porque mi vida a veces parecía una sucesión eterna de inconvenientes— era que tendría que ir a la Universidad de Tel Aviv a recogerlo. Serían once horas de vuelo de ida y otras once de vuelta, y solo me quedaría dos días, de forma que era imposible llevar a los niños conmigo. Me vería obligada a dejarlos en casa, algo que hacía únicamente en el caso de los viajes breves y cercanos a Concord. Nunca había estado tan lejos de ellos, y eso me asustaba. Me horrorizaba pensar en dejarlos con alguien que no fuera un familiar directo: ¿y si se ponían enfermos? ¿Y si uno se rompía la pierna? En lugar de estar emocionada por ir a Nuevo México, me obsesionaba con lo que, a mis ojos, era un problema grave.

Condujimos del aeropuerto al hotel. Miré por la ventana y traté de perderme en la infinita diversidad del desierto. A veces Nuevo México parece la luna; a veces, parece Marte. Pensaba que tal vez haya un lugar en la Tierra que se parezca a cada planeta rocoso, a cada paisaje lunar, cuando uno de los niños anunció que necesitaba desesperadamente ir al baño. Estábamos en una autopista vacía en medio de la nada. Lo único que interrumpía el horizonte de color óxido eran arbustos secos y algún que otro cactus fornido. Le daba apuro no poder esconderse detrás de algún árbol, así que me alejé con él de la carretera y me puse a pisar la hierba alta que rodeaba un arbusto con la intención de demostrarle que no había de qué preocuparse. Una enorme serpiente de cascabel salió de un salto, siseando a modo de queja. Corrimos como un rayo de vuelta al coche. «Mamá —dijo—. Se me han pasado las ganas.»

Llegamos al hotel. Había una piscina pequeña, y al poco ya estábamos todos jugando con los niños en el agua. Vlada los lanzaba tan alto que costaba distinguir qué hacía más ruido, si sus carcajadas o la salpicadura.

De pronto, Max y Alex salieron de la piscina y me llevaron aparte, susurrando con mucha preocupación: «A Vlada le pasa algo malo».

«¿El qué? —pregunté—. ¿Qué le pasa?»

«¿Por qué tiene pelos en el pecho?», preguntó Max.

Al margen del consuelo que los tres habíamos encontrado en las mujeres que nos ayudaban en casa, en las Viudas y en sus hijos, aquello fue como un mazazo que me hizo darme cuenta de que Max y Alex indiscutiblemente necesitaban más figuras masculinas en su vida.

Había preguntado a un club local de aficionados a la astronomía cuál sería el mejor lugar para probar la cámara. Esa noche nos invitaron a su fiesta de observación de estrellas, una celebración de la luna nueva. Llegamos a la vieja base de misiles al anochecer. Alcé la vista hacia las estrellas y mi asombro infantil me invadió de nuevo. Creo que los niños también lo sintieron.

Preparamos la cámara. Tendríamos que esperar a estar de vuelta en el MIT para analizar los datos, pero nuestro nuevo tipo de detector, que todavía no se usaba en astronomía, parecía funcionar. Sabíamos que al menos el experimento no sería un fracaso absoluto. Acompañada de mis hijos, de mis alumnos, de mi cámara y de las estrellas, sentí la chispa de una emoción en mi interior que me resultaba tan desconocida que casi no supe ponerle nombre. Sentí esperanza.

El desierto se fue enfriando y, allí donde no había cemento, las serpientes y los escorpiones seguro que empezaron a salir. El grupo de aficionados a la astronomía se fue. Max, Alex y yo nos quedamos allí, a la orilla del desierto de Nuevo México y de la Vía Láctea. Podríamos haber imaginado cosas terroríficas, serpientes de cascabel y otras peores, pero no lo hicimos. Los tres nos quedamos allí, juntos bajo la luna invisible, y ninguno hizo el más mínimo amago de irse. Queríamos quedarnos con las estrellas hasta que empezara a salir el sol y fuera borrándolas una a una, hasta que incluso la más brillante de todas hubiese desaparecido.

Sabíamos que seguirían allí arriba. La gente habla del Sol y de su constancia, de que incluso en los días más oscuros sabemos que saldrá de nuevo. Pero también es cierta otra cosa: incluso en los días más radiantes, más allá de los cielos azules, infinitas estrellas brillan sobre nosotros.

En el siguiente café, les hablé a las Viudas de Nuevo México: lo preciosas que eran las estrellas y lo cerca que estábamos de alcanzarlas. Normalmente hablaba sobre el ASTERIA con otros astrónomos o con ingenieros aeroespaciales, quienes me hacían preguntas técnicas sobre el objetivo de la cámara y las órbitas proyectadas y el *software* que emplearíamos. A las Viudas no les importaba nada de eso.

«Parece que viajas mucho con tus hijos», dijo Micah. No lo dijo con mala fe, era una simple observación, una declaración fáctica, pero no pude evitar percibir una sombra de crítica en su voz.

«Sí —dije—. Me está saliendo caro. Estoy quemando bastante el dinero.»

Casi a coro, las Viudas pusieron objeciones a mis preocupaciones económicas. «Nada de eso importa», dijo una.

«Haz lo que te haga feliz», dijo otra.

Micah decidió expresar una opinión discordante: «¿Te los vas a llevar a todas partes? Suena agotador».

Suspiré antes de confesarles mi peor pesadilla: que pudiera pasarme algo mientras estaba lejos de ellos. Casi como imagino que alguien que no ve con un ojo vive con el miedo permanente de quedarse ciego del otro, tenía visiones sobre morirme y dejar a los niños huérfanos. Por alguna razón, lo que más me preocupaba era morir en un accidente de avión. Sabía que era muy poco probable, pero me parecía una posibilidad real. (Me había reunido de nuevo con mi abogada, Freya, y me había ayudado a dejar bien atado un plan patrimonial.) Todavía me costaba dejar a Max y a Alex en casa cuando existía la posibilidad, por muy remota que fuera, de que podría estar dejándolos para siempre.

«Ay, Sara —dijo Micah—. Tienes que pasar página.»

Hay veces que un comentario sin importancia te afecta de una manera concreta. Esa fue una de esas veces. Había oído tantas veces esas palabras que ya no significaban nada, pero por alguna razón, el comentario de Micah se convirtió en una declaración objetiva. «La Tierra es redonda. El cielo es azul. Tengo que pasar página.» Era extremadamente básica y elemental —el sentido de la vida consiste en el movimiento, en la transformación constante—, pero no me podría haber resultado más profunda. Sus palabras se abrieron paso hasta una parcela de mi cerebro que las recibió con los brazos abiertos, una parcela que debía de haber estado cerrada todas las otras veces que las había oído.

Tal vez aquella noche bajo las estrellas tuvo algo que ver en ese cambio. Al final del viaje, Mary, los niños y yo llegamos al aeropuerto para la primera parte del vuelo a casa. Mary llevaba la cámara del ASTERIA en un estuche técnico negro y rígido. El avión era sorprendentemente pequeño, y cuando salimos a la pista bajo un sol cegador, los encargados del equipaje insistieron en que Mary facturara el satélite y lo dejara en la bodega. Intentó explicarles que en la maleta llevaba algo más que ropa interior y calcetines. Llevaba más de un millón de dólares en componentes y trabajo. El ruido de los motores me impedía oír lo que decía, pero su lenguaje corporal no era el de siempre. Mary era de naturaleza tranquila y sonriente, pero ahora estaba agitada, abría mucho los ojos y gesticulaba enérgicamente con las manos. Nuestra comprensión sobre nuestro lugar en el universo podía encontrarse en el interior de su maltratada maleta de plástico.

Los encargados del equipaje no se inmutaron: la maleta tenía que ir en la bodega. Mary se negó. Como experta en ataques de nervios, me acerqué para ayudar a resolver la situación. Mary y yo lo intentamos todo: regateamos, camelamos, suplicamos, exigimos, sonreímos, amonestamos y razonamos hasta que nos quedamos sin verbos para describir nuestro esfuerzo conjunto y sin tiempo antes del vuelo. No sé cómo, pero finalmente salimos victoriosas. La cámara se venía con nosotras.

El único problema fue que, con la distracción, mis hijos habían desaparecido y el avión estaba a punto de irse sin nosotras o sin ellos.

Mary y yo los buscamos con desespero hasta que volvimos corriendo al avión, el único lugar en el que no habíamos mirado. Max y Alex estaban sentados en sus asientos, con el cinturón puesto y listos para el despegue. Me sentí aliviada y algo avergonzada. Y también impresionada.

«Sobrevivirán sin ti», dijo Micah, devolviéndome al presente. «Avanzarán sin ti. Tienes que colocarte en un lugar desde el que puedas verlo.»

Tenía razón. Mis niños todavía eran pequeños, solo tenían nueve y siete años. La pubertad todavía estaba a años de distancia, pero ya hacía mucho que habían empezado a crecer. Ahora que estaba conociéndolos de verdad, me daba cuenta de que cambiaban como mi ciencia, a la velocidad de la luz. Estaban volviéndose capaces. Estaban volviéndose responsables. «Sobrevivirán. Avanzarán.» A pesar de todo lo que habían tenido que pasar, mis preciosos hijos se convertirían en buenos adultos. Iban a forjar el futuro.

Un viernes por la mañana, empezamos a confesarnos acerca del poder sobrehumano de Viuda que todas compartíamos: la capacidad de desmoronarnos con la potencia de un cataclismo en público. No recuerdo qué ejemplo de intento fallido de mantener la compostura fue el más catártico. Podría haber contado la historia de la biblioteca y del libro que necesitaba, o aquella vez en la cola del supermercado, o cuando las hojas y los juguetes de mis hijos habían ofendido a los Wheeler, o aquella visita a la ferretería, o aquella otra visita a la ferretería, o la visita a la ferretería que vino después de aquella otra visita a la ferretería. Pero decidí contar la que concernía a William Bains, mi imaginativo compañero de investigación británico.

William y yo estábamos tan entregados a los gases de biofirma que a veces trabajábamos el sábado o el domingo en mi casa para aprovechar al máximo sus visitas —ahora trimestrales— desde el Reino Unido. William tenía cuatro hijos adultos, y su experiencia como padre al menos lo ayudaba a tolerar a mis hijos. Un fin de semana, le pedí si podía quedarse un rato con Alex. Quería tomarme un descanso y jugar a tenis con Max. Pasar tiempo a solas con cada uno era importante. Todos los tipos de atención lo eran. Fuimos los cuatro al mismo parque, pero era enorme y las pistas de tenis estaban en uno de los extremos. La última vez que vi a William y a Alex, se dirigían al parque infantil.

«Sígueme», dijo Alex, y desaparecieron.

Cuando Max y yo terminamos el partido, fuimos hacia el parque. William estaba tumbado de espaldas en la arena y su piel era del color de la leche. Alex estaba de rodillas a su lado.

«¡William! ¿Qué ha pasado?»

No acabé de entender su respuesta, y pensé que tal vez estaba bromeando como parte de un juego. Pero luego vi que sentía un dolor intenso. Estaba bastante seguro de que se había dislocado el hombro. «¡Ahora vengo, William!», dije antes de salir corriendo a buscar el coche. Los cuatro subimos al coche, con William sudando a mares, y cruzamos el pueblo a toda velocidad hasta el hospital. Era el mismo hospital al que había ido Mike al principio de ponerse enfermo. Allí habían ignorado que tenía la espalda mal y le habían destrozado el tobillo. El mismo hospital del que lo trasladaron a casa para que recibiera los últimos cuidados antes de morir.

El olor de la enfermedad y el pitido de máquinas de escasa utilidad devolvieron todos esos recuerdos a mis lóbulos frontales. La enfermera que se ocupaba del triaje le preguntaba a William una serie de preguntas de admisión superfluas, mientras a él se le llenaban los ojos de lágrimas. Era evidente que sentía dolor, y lo único que necesitaba era que saliera un médico y le pusiera el hombro en su sitio. William, británico y educado, hacía todo lo posible por contestar a pesar de que el dolor lo tenía apretando la mandíbula. Yo solo quería agarrarla y gritarle a la cara: «¡Llama a un médico!». Entonces apretó la tecla del teclado que no era y borró todo lo que había escrito.

«Ay, madre, voy a tener que volver a empezar», dijo.

Su indiferencia, su poca empatía y el fantasma de Mike reflejado en las baldosas... Todo se combinó para hacer estallar una bomba. La detonación fue apoteósica. Más tarde, William me dijo que nunca había visto algo así. Al final tuve que salir, me disculpé con él y le pedí que me llamara cuando terminara. No podía soportar estar en ese lugar con esas personas ni un segundo más. La próxima vez que vino de visita, le volví a pedir que se quedara con Alex, «¡pero con cuidado!». Decidieron jugar a ver quién tardaba más en apartar la vista.

Les hablé a las Viudas de ese día, con alguna que otra risa, y alguna lágrima más. Las demás contaron también las suyas. Reí y lloré un poco más. Una de ellas se había enfrentado con otro padre en el pasillo del colegio por haberse saltado accidentalmente el protocolo del aparcamiento. Unas vacaciones de Melissa y su hijo en Puerto Rico culminaron en un colapso tan total que podría haber salido en las noticias. (Se derrumbó en la piscina del hotel y, a causa de la barrera lingüística, su explicación sobre que su marido había muerto dio lugar a una breve investigación de asesinato.) Chris contó una terrible historia sobre el día que perdió las llaves en un supermercado —parece ser que, para las viudas, los supermercados son el séptimo círculo del infierno— cuando ya llegaba tarde a recoger a sus hijos. Un encargado de la tienda intentó consolarla, sin éxito, y juntos buscaron en todos los carritos. Al final las encontraron, pero no antes, tal como nos hizo creer Chris, de haber llorado tanto y durante tanto rato que los otros clientes debieron de pensar que lo que había perdido era a sus hijos y no las llaves.

Antes de enviudar, siempre había imaginado la entereza de quienes pierden a un ser querido demasiado pronto: mujeres de cara delgada envueltas en chales negros, de pie en una playa, mirando al mar que engulló a sus hombres sin arrepentimiento alguno. Entendía los períodos de tristeza silenciosa. Entendía lo de abrir un cajón y llorar con la cara hundida en los calcetines del marido, o que la fotografía de un anuario te parta en dos. A nuestros ataques de pánico en público, a nuestros constantes ataques contra las murallas de la sociedad de los buenos modales, les encontraba menos lógica. Puede que necesitáramos que los demás supieran con cuánto dolor cargábamos. O quizá queríamos que el mundo supiera que ya no teníamos miedo de ningún daño. Tal vez éramos como los veteranos que se saludan los unos a los otros cuando marchan en los desfiles, por calles flanqueadas por un público que no muestra el interés debido: «Que no se te olvide que nosotros sabemos cosas que tú nunca sabrás».

En junio de 2012, llegó la hora de ir a Tel Aviv a recoger el Premio Sackler. Todavía me paralizaba el miedo de dejar a los niños, pero había llamado a su cariñosa y divertida tía Rachel, la hermana de Mike que vivía en Alberta, y había accedido a venir a Boston a cuidarlos. Al menos estarían con un familiar. Ahora surgía un segundo dilema, casi igual de grave en mi tormentosa mente: no tenía qué ponerme. La ropa que me ponía para trabajar eran conjuntos relajados para el despacho y trajes de chaqueta para todo lo demás. Casi nunca tenía ocasión de ponerme un vestido. Y quería ponerme un vestido.

Hice lo que ya me había acostumbrado a hacer cuando el mundo material amenazaba con hundirme: llamé a Melissa. Hablamos de todo, es decir, especialmente de mi miedo a dejar a los niños, pero también sobre la calamidad de mi armario. Al día siguiente, cuando bajé a desayunar, una bolsa de ropa había aparecido mágicamente delante del armario del recibidor. Estaba llena a rebosar de preciosos vestidos del vestidor de Melissa. Descubrir qué había en esa bolsa era como ir de compras. Me probé un vestido tras otro e imaginé una vida distinta para mí. Imaginé una Sara distinta.

Escogí uno de color azul marino de manga corta y tres perlas cosidas en la parte superior. Con Rachel cuidando de los niños y Melissa ocupándose de mi vestuario, sentí que me habían rescatado dos veces. Volé hacia Israel y disfruté del calor y de la atención durante un rato. No fue una ceremonia elaborada. Compartí el premio de aquel año con Dave Charbonneau; al final, el tiempo había cumplido su cometido. Cada uno hizo una presentación, y me dieron un certificado que acabaría colgado en mi despacho. Eso fue todo. Pero me había puesto el vestido de Melissa y había sabido, aunque solo fuera durante una noche, cómo era verme desde fuera y ver a una mujer hermosa.

Volví a casa emocionada y agotada. Había cogido unos gérmenes en algún momento del viaje y me puse enferma. Después de mi ausencia, los niños exigían más atención de la habitual. Había que limpiar la casa; había que preparar el jardín para el verano. Pasaría mucho tiempo hasta que volviera a ponerme unos tacones. Me calcé de nuevo las botas de montaña.

Melissa me había dicho que podía quedarme el vestido azul. Durante meses, cuando abría el armario y la luz y mi ánimo incidían en él de la forma adecuada, ese vestido parecía una capa.

CAPÍTULO 14

Chispas

El Día del Padre amaneció radiante, soleado y con nubes blancas y esponjosas. Se me hace extraño, cuando lo pienso, que el sol nos acompañara en tantos de nuestros encuentros de Viudas. Si estuviéramos en una película, habría llovido, siempre, pero lo cierto es que mis recuerdos de aquella época están plagados de cielos azules.

Todos nuestros hijos se habían hecho amigos. No se reunían porque sus padres hubieran muerto; se reunían porque se divertían. Si todos los cuentos infantiles están escritos desde la perspectiva del niño es porque a los niños nos les importan las preocupaciones de los adultos. Pensamos que los niños están indefensos cuando lo cierto es que son la encarnación de la fortaleza: más inmunes a las fuerzas externas de lo que jamás podremos volver a ser los adultos. A pesar del sufrimiento, nuestros hijos todavía conocían la felicidad absoluta.

Max atravesó una fase difícil durante más o menos un año tras la muerte de Mike. Nunca estaba segura de si sus comentarios eran observaciones inocentes de su mundo o mensajes dirigidos a mí. Quizá fueran ambas cosas. Normalmente surgían de camino al colegio. Decía sin pensárselo: «Las familias tienen una madre, un padre, un niño, una niña, un gato, un perro». Lo repetía todos los días de la misma forma que yo me repetía que sería feliz. Le expliqué que nuestra familia era diferente, pero maravillosa, y que teníamos una vida fantástica juntos. Y así, de pronto, un día no lo dijo y ya no volvió a decirlo nunca más.

El Día del Padre organizamos un festín que incluía una selección bastante impresionante de dulces. «¡A las Viudas les encantan los postres!», gritó Alex. Siempre me partía de risa cuando nos llamaban «las Viudas» y no «las madres» o algo parecido. Había una bandeja enorme de magdalenas con mensajes de la suerte dentro. No recuerdo quién abrió una en concreto —y creyó que era una buena idea leerla en voz alta—, pero alguien sentenció: «Vive cada día como si fuera el último, porque ese día llegará».

Aquellas palabras flotaron en el ambiente durante un momento. «Jolín, magdalena de la suerte, te has pasado un poco.» Pero luego nos sonreímos las unas a las otras. Alguien soltó una risilla. Alguien se puso a reír. Antes de que nos diéramos cuenta, habíamos estallado en carcajadas, siguiendo el camino que habían abierto nuestros hijos. El sentido del humor del grupo había rayado lo macabro desde el principio, pero ahora era ya muy negro. Bromeábamos como si fuéramos médicos forenses, detectives de homicidio. Nuestros momentos más relajados iban a caballo de la muerte.

Los niños salieron escopeteados después de comer y nosotras nos acomodamos en las sillas bajo el sol. Nuestras preocupaciones de adultas volvieron como la sangre que fluye hacia una costra arrancada. Siempre que nos reuníamos, parecía que nuestras pérdidas se habían vuelto más trágicas, no menos. Todas habíamos enviudado en momentos diferentes, pero todas seguíamos en el eterno terreno central de nuestro dolor. Era extraño, pero las muertes de nuestros maridos ya no eran la parte más triste de nuestras historias. (En mi caso, lo eran las pequeñas reverberaciones y ondas que vinieron después, los efectos desencadenantes de las bodas orientales ortodoxas o ver un río crecer en primavera y una canoa atada al techo de un coche cualquiera.) No eran los torrentes lo que nos dolían; nuestros peores momentos se fueron volviendo menos severos con el tiempo, y su llegada era más fácil de predecir. La mayor amenaza era el goteo infinito y constante de malos momentos.

Una de las Viudas que había perdido a su marido a manos del cáncer encontró las fuerzas necesarias para revisar algunas de sus pertenencias. Todas coincidíamos en que los objetos de una vida perdida podían ser difíciles de gestionar. El dolor que pueden provocar unos zapatos junto a la puerta o un cepillo de dientes en el lavabo o un hoyo en el jardín es incalculable. Algunas de las Viudas lo guardaron todo. Otras lo tiraron todo. Yo estaba en medio. Había llenado el contenedor, pero había algunas cosas de Mike de las que me era imposible desprenderme. Sus canoas eran lo más difícil, desde el punto de vista tanto logístico como emocional. Mike le había regalado una a un amigo antes de morir, y yo luego tiré las que estaban rotas. Pero luego estaban la Old Town Tripper, y mi Dagger Rival, y la más espaciosa Swift Yuko en la que Mike instaló cuatro asientos, perfecta para una familia. No tenía fuerzas para mirarlas, y mucho menos para despedirme de ellas.

La Viuda en cuestión se había sentado frente al escritorio de su marido y había empezado a organizar los interminables montones de papeles, tratando de encontrar una respuesta a la pregunta que todas nos habíamos hecho una y otra vez: ¿qué es importante todavía y qué ha dejado ya de importar? Entre declaraciones de impuestos y reclamaciones de seguros, encontró cuatro billetes de avión para París. Le llevó uno o dos minutos entender qué tenía en la mano.

Su marido los había comprado el día antes de empezar la quimioterapia, apostando con optimismo contra el cáncer. Había sido una apuesta sumamente privada; no le había contado a nadie ni una palabra sobre sus planes. El avión había despegado con cuatro asientos vacíos el día después de su muerte. Aquellos cuatro billetes de avión malgastados representaban toda la esperanza que ya se había perdido, todas las aventuras que jamás tendrían lugar.

Ahí es donde las Viudas nos encontrábamos en nuestros momentos de mayor debilidad: intentábamos mirar hacia delante, pero siempre aparecía algo que nos hacía creer que lo mejor de nuestra vida se había quedado en el pasado.

Los niños seguían jugando y los oíamos reír a lo lejos. Estaban a suficiente distancia como para no ver que París había abierto las compuertas.

Muchas viudas dejan las casas que compartieron con su cónyuge; hay demasiadas huellas, demasiados ecos en los pasillos. Yo me lo planteé, pero decidí quedarme. Me gustaba nuestra bonita casa amarilla, y los niños ya habían pasado por demasiados cambios. Quería que tuvieran algo con lo que yo solo pude soñar de niña: un techo. Las Viudas apoyaron mi decisión, pero me dijeron que no podía seguir viéndola como la casa de Mike y mía. No podía verla como «nuestra» porque, de lo contrario, jamás me liberaría de mi tristeza; sería como si le hubiera abierto la puerta a un vampiro emocional. Tenía que cortar por lo sano mentalmente. Tenía que hacerla «mía». Empecé aquella transición casi por accidente, el día que llené el contenedor. Había seguido avanzando cuando pinté la habitación de Jessica de color lavanda. Pero era una casa grande. Todavía quedaba mucho por hacer.

Tenía que hacer que mi habitación fuera mía. Decidí quedarme en la del arcoíris, junto a la de los niños. Quería poder oírlos si se despertaban, y no quería volver a la habitación que había compartido con Mike. Me asustaba pensar en los sueños que podría tener en ella.

Mike había seguido apareciéndoseme en sueños; siempre volvía de un largo período fuera, de un viaje, de un coma. Siempre aparecía en las escaleras de casa, mirando hacia dentro desde fuera. Ante la conmoción de su llegada, me costaba ordenar mis pensamientos y encontrar algo que decir, y siempre desaparecía antes de que pudiera decir demasiado. A veces los sueños eran tan vívidos que, después de despertarme, tenía que repasar mis recuerdos como si fueran papeles en un archivador y recordar que lo había visto morir.

Contraté a un decorador para que las decisiones difíciles pero necesarias no recayeran sobre mí. Encontré a Bob. Sin Mike, mis gustos se habían vuelto más femeninos, y Bob parecía entender lo que necesitaba. Se plantó en la habitación y anunció que quería verla pintada de un intenso rosa antiguo. Yo quería conservar un mueble de pino; él se encargaría de encontrar una cama con dosel a juego. También me encontraría un sofá de dos plazas, de color crema y con adornos, y ya sabía qué lámparas pulidas traería para completar el espacio. Sería mío y solo mío, un palacio hecho para una princesa. Le sonreí y asentí: «Adelante».

Poco después, llegaron los pintores con sus telas para cubrir el suelo y sus rodillos. Los guíe a la habitación, desnuda a excepción de las paredes amarillas de Max y del arcoíris de Mike. Me quedé allí a mirar cómo abrían las latas de pintura y vertían la espesa pintura rosa en sus cubetas. Al poco, los rodillos rodaban por las paredes con trazos rápidos y expertos. Mike había tardado horas en pintar su arcoíris. Desapareció en cuestión de segundos.

Las lágrimas se deslizaban por mi cara en regueros constantes. Sabía, desde el punto de vista intelectual, que las Viudas tenían razón. Tenía que avanzar. No podía pasar el resto de la vida ahogándome en mi propio dolor. Tenía que luchar por llegar a la orilla. Pero cuando pierdes a alguien, no lo pierdes de golpe, y su muerte no acaba cuando muere. Lo pierdes mil veces, de mil maneras. Te despides mil veces, en mil funerales.

Las Viudas me dijeron que no pasaría por el último funeral hasta que no empezara a ver a alguien. Cerca del primer aniversario de la muerte de Mike, Melissa vino a mi casa. Me llevó a la cocina, se aseguró de que estuviésemos solas, y me dijo que tenía que fingir, al menos, que volvían a interesarme los hombres. Hasta que no conociera a alguien, hasta que no mirara a un hombre con la intención de colocar mi boca sobre la suya, mi dolor seguiría ahí. Siempre miraría hacia atrás, haciendo inventario de todo lo que me estaba perdiendo. Tenía que ver qué más había ahí afuera.

Yo ya sabía qué había ahí afuera: trillones de planetas orbitando alrededor de cientos de miles de millones de estrellas.

Melissa negó con la cabeza. «Otros hombres», dijo. Muchísimos hombres. «A ver —dijo, en un susurro apenas más audible que el zumbido de la nevera—. Aunque ya no te puedas quedar embarazada, todavía puedes coger una ETS. Tendrás que tomar precauciones.»

Casi me caí de espaldas. No tengo ni idea de cuántos años me echaba Melissa, pero solo tenía cuarenta años. «Melissa, ¡aún me puedo quedar embarazada!», exclamé. No fui capaz de decir mucho más. No era una adolescente. No necesitaba lecciones sobre los peligros del sexo sin protección. No necesitaba pensar en el sexo para nada. ¿Cómo encontraría siquiera a un hombre con el que salir? ¿Quién querría salir con una viuda propensa a las manifestaciones públicas de ira y a los ataques de llanto en bibliotecas y supermercados? La mera idea de conocer a alguien nuevo, y de dejarme conocer, me repugnaba. A duras penas lograba cuidar de mis hijos y de mí. Melissa bien podría haberme dicho que tenía que encontrar un unicornio o un alienígena.

«No hace falta encontrar a alguien perfecto —aseguró Melissa—. No quieres un marido. Lo que quieres es un hombre que te lleve a cenar y luego a la cama.»

Le conté a Melissa lo mucho que había llorado cuando los pintores habían tapado el arcoíris de Mike. ¿Cómo iba a reaccionar a unos labios nuevos?

«Precisamente por eso tienes que empezar a ver a alguien», aseguró. Tenía que recuperar mi corazón igual que estaba haciendo con mi casa. «No te preocupes demasiado —dijo Melissa—. Nunca sale bien con el primero.»

«En eso llevas razón», pensé. El primero se había muerto.

Cuando tenía un día bueno, veía lo que tenía, no lo que había perdido. Max y Alex eran mis fuentes principales de optimismo, y seguí manteniéndolos muy cerca de mí, como si fueran talismanes que me protegerían de mi próxima ola de tristeza. La ansiedad que me provocaba viajar seguía siendo intolerable, pero no me quedaba otro remedio que hacerlo. Tenía que asistir a congresos y a reuniones. Las estrellas no vienen a nosotros, y los cohetes no se lanzan desde Massachusetts. Jessica y Diana podían pasar la noche con los niños, pero cualquier período más largo era demasiado pedir para todo el mundo, para mí incluida. La única solución seguía siendo llevármelos.

En julio de 2012, iba a dar dos conferencias en dos congresos distintos en Europa, y decidí aprovecharlas para justificar un fantástico viaje de tres semanas. Algunos miembros de nuestra camarilla habitual nos acompañaron: Jessica, un grupo rotativo de universitarios y estudiantes posdoctorales, incluidas Mary Knapp y Leslie Roger, una antigua alumna que se centraba en la composición de los minineptunos. A veces me preguntaba si buscaba excusas para viajar con tantos acompañantes; antes de morir Mike, no había tenido ningún amigo, pero después, coleccionaba personas como un agujero negro engulle a cualquier estrella que se le acerca. Quizá era una especie de secuela subconsciente de mi infancia, de la sombra siempre cambiante de las niñeras que contrataba mi padre, o de aquellas noches en las que dormíamos tres en una habitación en casa de mi madre. Tal vez era un efecto secundario natural ante la pérdida de alguien que había sido tan cercano a mí. Fuera como fuera, me gustaba estar con gente a la que podía considerar amiga. Mis alumnos a menudo presentaban su propio trabajo en los congresos, y esperaba que ellos también pudieran disfrutar de la experiencia, pero a quien más bien hacían aquellos viajes era a mí. Necesitaba que el mundo pareciera más pequeño, y sus espacios, menos vacíos.

La primera parada fue Londres. Jessica se perdió una tarde porque no sabía pronunciar «Leicester Square», que era donde nos amontonábamos, agotados, en el piso de un compañero. Luego fuimos a París un par de días. Yo observaba *El pensador* de Rodin mientras los niños preferían jugar con las palomas en la plaza del Louvre. Teníamos que cambiar de tren cuatro veces para llegar a Heidelberg, Alemania, donde se celebraba uno de los congresos. Dado el tamaño de nuestra manada —éramos siete—, la maniobra parecía más complicada que el lanzamiento de un cohete.

Brice, el posdoctorado, ejerció de anfitrión en Suiza, y tuvo la amabilidad de llevarnos a la cima de los Alpes, cerca de los molinos de Saint-Luc. El imponente Observatorio de François-Xavier Bagnoud y su reluciente cúpula plateada se encuentra en la ladera de una enorme montaña. La vista de la Tierra desde allí es de lo más impresionante: ríos verdes entre hileras de picos que parecen dientes de tiburón. Desde esa altura, el panorama te deja, literalmente, sin aliento.

El llamado Sendero de los Planetas está un poco más abajo. Es una maqueta a escala del sistema solar (por su antigüedad, todavía incluye al pobre y desbancado Plutón), y un camino sinuoso de tierra te lleva alrededor de los planetas. Cada metro del camino corresponde a un millón de kilómetros en el espacio. Incluso tras aplicar una reducción de escala tan significativa como esta, el paseo desde la superficie del Sol hasta el extremo más alejado de Plutón es de seis kilómetros. Caminar por cientos de miles de kilómetros hace que te hagas una buena idea del tamaño del espacio. El Sendero de los Planetas solo abarca nuestro vecindario más inmediato, y aun así hace falta aguante para recorrerlo.

Durante una época, Brice había trabajado en el pequeño observatorio y había dormido todas las noches en sus esperanzadores confines. Hubo un tiempo en el que los astrónomos eran como fareros. Subían las montañas y miraban las estrellas en soledad durante meses. Ahora, la mayoría de los telescopios pequeños son automáticos y cuentan con robots que están programados para encontrar y examinar ciertas estrellas por nosotros. Pero Brice había alzado la vista desde lo alto de su montaña y observado las estrellas como si fueran barcos.

Había descubierto algo importante. Mediante la técnica del tránsito, había visto pasar un planeta que hoy se conoce como GJ 436 b. La señal que encontró luego quedó confirmada por un telescopio israelí más grande, pero Brice fue el primer humano en ver un lugar especial. El GJ 436 b es más o menos del tamaño de Neptuno —en aquel entonces, era uno de los exoplanetas más pequeños descubiertos hasta la fecha— y sigue una órbita tan cercana a su estrella que es casi imposible. (El GJ 436 b está catorce veces más cerca de su estrella que Mercurio del Sol, lo que hace que su versión de lo que para nosotros es un año dura menos de tres días.) También orbita alrededor de su estrella siguiendo una trayectoria perpendicular: una órbita polar. Ahora conocemos algunos planetas que suben por encima de sus estrellas y luego caen por debajo de ellas en lugar de seguir una senda más ecuatorial, pero el GJ 436 b fue un hallazgo importante. Y por si no fuera lo bastante diferente todavía, el GJ 436 b también tiene lo que parece ser una estela como la de un cometa, una exoesfera que hace que parezca que su atmósfera tiene un escape. El GJ 436 b no se parece en nada a la Tierra, excepto en que es un planeta que orbita alrededor de una estrella.

Y allí estábamos todos, de vacaciones en un lugar que de tan bello parecía esculpido, donde mi alumno de posdoctorado y amigo había encontrado un planeta tan distinto del nuestro que resulta casi imposible de dibujar. Los romanos creían en un dios del cielo llamado Júpiter. Los egipcios creían que cuando sus reyes morían, sus almas se convertían en estrellas. Brice había utilizado un elegante ensamblaje de vidrio y espejos para ver algo que nadie había imaginado. La lección que nos deja su hallazgo es la misma que la de todos los descubrimientos, y en lo alto de aquellas mismas montañas, me prometí que jamás lo olvidaría. Solo había necesitado quedarse callado y quieto, con los ojos bien abiertos. Se había quedado en un mismo lugar, pero había visto otro. Al otro lado de su ventana había un mundo completamente nuevo.

La lista de los Días de Muerte que habíamos apuntado con tanto cuidado nos llegó por correo electrónico poco después de nuestro encuentro en casa de Gail. Decidimos que los pasaríamos todos juntas. Aquellos aniversarios eran una forma de conmemorar nuestras pequeñas victorias y el paso del tiempo. También era sumamente importante que no los pasáramos solas. Podrían ser una puerta al sufrimiento, a rememorar nuestras pérdidas. Podían hacernos retroceder con la misma facilidad que podían ayudarnos a seguir adelante. Marcamos siete encuentros más en nuestros calendarios.

El 23 de julio, nos reunimos para conmemorar la fecha de la muerte de Mike. No podía creer que ya hubiese pasado un año desde su marcha; no podía creer que solo hubiese pasado un año.

Era una agradable tarde de verano. Melissa nos llevó a todos afuera, donde los niños se apiñaron en las escaleras de mi diminuto porche trasero, y dijo unas palabras. Iban dirigidas a Max, a Alex y a mí, pero también eran para los demás. «Todos sabéis por qué estamos aquí.» Los niños sabían qué venía después y se revolvieron, incómodos, fingiendo que el problema era que tenían calor. «Queremos ayudar a Max y a Alex a conmemorar su primer año sin su padre. Y aunque ninguno de vuestros padres sigue con nosotros, esperamos —sabemos— que seguirán siendo luces que os guiarán durante el resto de vuestras vidas.»

Todos habíamos empezado a sorbernos la nariz en un ocaso cada vez más oscuro. Melissa no había terminado.

«Así que ¡vamos a encender bengalas!»

Había traído cuarenta bengalas para cada niño, una barbaridad. (Le había pedido a una de las Viudas que trajera algunas de sus vacaciones en Maine, y ese «algunas» pasó a ser «cientos».) Los niños volvían a ser niños. Corrían de un lado a otro por el camino de entrada, encendiéndolas de dos en dos. Llevaban bolas de luz en las manos, y cuando se les apagaban, encendían otras nuevas con las llamas aún encendidas de otro. El aire empezó a impregnarse del característico olor a sulfuro, y una densa nube de humo llenó el camino de entrada y flotó calle abajo. Alguien se preocupó por si venían los bomberos. Otra dijo que ojalá; un grupo de bomberos guapetones sería una buena forma de poner punto final a la velada.

Pero así eran las cosas siempre. Arriba y abajo, hacia atrás y hacia delante. El camino hacia la recuperación no tiene absolutamente nada de recto. Todas las Viudas sufríamos reveses, momentos bajos en los que parecía que todos los progresos que habíamos logrado se desvanecían. Esos episodios podían presentarse en los momentos más inesperados. Un día le envié un mensaje a una de las Viudas para decirle que, para variar, me sentía bastante a gusto. «Espera a que venga la lluvia —me contestó—. Volverás a sentirte fatal.» A veces aparecían en momentos evidentes. Chris salió a cenar con un hombre que se parecía demasiado al marido que había perdido. Tuvo que toser y estornudar y esconderse detrás de la carta para que no viera sus ojos constantemente al borde del llanto. Seguía siendo la única Viuda que se había unido al grupo después de mí, e intenté adelantarle el consejo que había recibido de las demás. Le dije que era demasiado pronto para salir con alguien; sabría que estaba preparada cuando volviera a encontrar a los hombres atractivos. Había reaccionado mal —«Sí lo estoy, Sara», dijo—, pero yo conocía la diferencia entre querer sentir algo y sentirlo de verdad. Había muchos días en los que me levantaba pensando que ya casi lo había logrado, pero seguía habiendo como un punto negro en mi interior, y bastaba con el menor golpe o descuido para que se convirtiera en una mancha espantosa y en expansión.

Tenía que encontrar un colegio nuevo para los niños. Las matrículas del colegio Montessori al que iban caían en picado y sus deudas iban creciendo y, desgraciadamente, quedó claro que estaba a punto de hundirse. Seguí las instrucciones de Mike en su manual para vivir en la Tierra y concerté una entrevista de matriculación en el colegio que había dejado recomendado. Detestaba sentirme como entre una estación y la siguiente, esa sensación de incertidumbre en una de esas pocas cosas que deberían estar claras. Una debe saber a qué colegio van sus hijos. Necesitaba desesperadamente que todo saliera bien.

Afortunadamente, a los niños les gustó el nuevo colegio, e iban a recibirlos con los brazos abiertos. Después de todo, aquella transición sería fácil de maniobrar. Había resuelto un problema grave que afectaba a nuestras vidas, y lo había hecho prácticamente sola. Resolver la situación provocó una respuesta física en mí. Caminaba con la cabeza un poco más alta. Parecía que se me había aclarado la mirada. Llevé a los niños a su colegio actual para que terminaran las clases del día. La tarde era soleada y cálida, y el mundo parecía rebosante de verdor.

No suelo disfrutar conduciendo, pero después de dejar a los niños, me dejé llevar por la carretera. Bajé las ventanillas y subí la radio. No había tráfico. Mi cabello se agitaba con el viento, y por primera vez en lo que me parecían años, sentí asomarse en mí una sonrisa auténtica. No sé cómo describir aquella sensación, pero mi sonrisa parecía casi como una brecha en mi cara, como un músculo que se desatrofia: el sonido de un trueno tras una larga sequía, la primera mañana tranquila tras una tormenta.

Pisé el pedal. Hay una carretera de camino a Concord que se ensancha antes de cruzar el río. Imaginé que era una pasarela y que me preparaba para el lanzamiento. Me levanté del asiento.

Ahí fue cuando vi las luces de un coche de policía.

Miré el velocímetro. Iba a 100 k/h.

En un tramo de 50.

Paré el coche. Apagué el motor y me miré en el retrovisor. Hasta la última gota de alegría abandonó mi cuerpo. Me desapareció la sonrisa. La atrofia regresó.

El policía se acercó a mi coche y se inclinó hacia el marco de la ventanilla, todavía bajada. Decidí rápidamente no luchar contra el conocido sofoco de las lágrimas que se avecinan. Las lágrimas podían no ir en mi contra en este caso. Las Viudas lo llamaban «usar el Comodín de la Viuda». Era una estrategia aceptada.

«Mi marido ha muerto», dije entre lágrimas.

Me cogió el carné de conducir y se lo llevó a su coche. Me quedé allí sentada y esperé, con mi punto negro abriéndose como una flor extrañamente siniestra.

El policía volvió a mi coche. Llevaba un papel en la mano. Me lo pasó junto al carné. «Hoy no hay multa», dijo. Solo me amonestó por escrito. «Por favor, conduzca con más cuidado. Le deseo mucha suerte.»

Ahora lloraba por otra razón.

Otra noche, llamé a Melissa, casi sin poder articular palabra. Lloraba tan fuerte que su hijo me oyó al otro lado del teléfono. Le oí preguntar de fondo: «¿Se ha muerto alguien más?».

Melissa lo dejó todo y vino a verme. Me trajo otra versión de aquel precioso vestido. Esta vez se trataba de un libro de fotografías de caracolas. Se había dado cuenta de que tenía una colección de caracolas, regalos de mi padre y de mi abuelo. Era su forma de mostrarme que el mundo sigue siendo hermoso, solo tenemos que acordarnos de mirarlo. También me dio una piedra grande que un río había pulido hasta el punto de redondear los bordes, que ahora eran casi suaves. Me dijo que la metiera en mi bolso, cosa que hice. Siempre que rebuscaba algo en él, sentía la piedra entre los dedos y recordaba que el tiempo tiene el poder de redondearle los bordes a todo.

CAPÍTULO 15

Rocas en el agua

La última línea de mi manual para vivir en la Tierra era una instrucción explícita: «Esparce mis cenizas en el río Petawawa». Unas semanas después del aniversario de la muerte de Mike, después de las bengalas en el jardín, me preparé para cumplir por fin con mi último encargo. La desembocadura del río estaba cerca de la casa en la que creció en Ottawa. Los tramos superiores eran más remotos y se adentraban en el Parque Provincial de Algonquin, y en primavera se volvían más violentos y bravos. En el verano de 1995 pasamos una semana allí, al poco de empezar a salir. Todavía me acordaba del zorro que salió corriendo entre los árboles. Supe que estaba lista para despedirme de Mike cuando empecé a hacer planes para volver.

El Radio Observatorio Algonquin estaba cerca del Petawawa, en un lugar donde reinaba el silencio. Cuando Mike y yo remamos ese río, crecido y de rápidos frenéticos, nos habíamos detenido allí y habíamos visto que tenían un campamento espacial para niños. Pero luego cerraron el observatorio. Descubrí que una familia joven había conseguido que el Gobierno se lo alquilara y empezaron a arreglarlo. Cuando llegaron al lugar, la puerta principal estaba abierta y dejaba pasar la nieve. Ahora alquilaban el telescopio. También tenían camas para recibir a los huéspedes que quisieran pasar allí la noche. Reservé casi todas las habitaciones que tenían disponibles. Tal como dictaba mi nuevo hábito, emprendí aquel viaje hacia el bosque con un circo ambulante: Max, Alex y yo; la madre de Mike; Pete, el mejor amigo de Mike y su compañero de viaje en su última escapada a las Galápagos; y Vlada, que para entonces ya tenía menos de alumno y más de amigo íntimo.

Antes de salir, fui a ver a Dave a la funeraria por última vez. Le dije que estaba preparada. Asintió y fue a buscar a Mike. Volvió con una caja que no podía ser más perfecta, hecha de madera y ensamblada con tanta destreza que parecía que no tuviera junturas. Era exactamente lo que quería pero había sido incapaz de describir; jamás podría agradecérselo lo suficiente. En el interior, había separado las cenizas en dos bolsas de plástico. Había una pequeña que la madre y el hermano de Mike esparcirían más cerca de la desembocadura del Petawawa, donde confluye con el Ottawa. La bolsa más grande era para mí, para que me la llevara al bosque.

Dave me contó una historia para ayudarme una última vez. Las cenizas humanas, dijo, no son finas. Algunas tienen cantos afilados, diminutos fragmentos de hueso que no han terminado de pulverizarse. Debía tenerlo presente en el momento y en la forma de esparcirlas. Dijo que conocía el caso de una mujer que esparció las cenizas de su marido en el jardín, y parte de ellas acabaron volando hacia el otro lado de la valla y metiéndosele en el ojo a su anciano vecino. Dave reía cuando llegó a la parte en la que al hombre se le infectó el ojo a causa de los restos de su vecino muerto. «Cuidado con el viento», dijo Dave, casi rojo de la gracia que le hacía. No sé si la historia era cierta, pero cumplió su propósito. No quería que el lugar en el que Mike descansaría para siempre fuera dentro de mí o de cualquier otra persona. Tendría cuidado con el viento.

Emprendimos el viaje en coche de diez horas hacia el norte. No lo llevaba bien. Desprendía ansiedad, y los niños lo notaban y la absorbían. Se portaron mal desde el primer momento, quejándose del viaje y de su respectivo hermano. Paramos en la carretera a comer algo, y Vlada dejó de ser discípulo para convertirse en maestro. «Sara, tienes que dejar de ponerte nerviosa —dijo—. Los niños lo ven. Para.» Me tomé unos minutos para cambiar mi estado mental y tranquilizarme, o al menos para proyectar tranquilidad, y surtió efecto. Los niños se calmaron durante el resto del trayecto.

Nos encontramos con Pete y la madre de Mike en el observatorio. Ese fin de semana, éramos los únicos visitantes. Era un lugar tranquilo. Tras una noche de sueño intermitente, metí las cenizas de Mike en la mochila, y Pete y yo pusimos rumbo al río. No me llevé a los niños. No tenía claro cómo reaccionaría cuando finalmente me separara de Mike, y no quería exponerlos a las profundidades de mi dolor. Los dejé al cuidado de Vlada. Cuando Pete y yo salimos, hacía sol y unas nubes blancas enormes proyectaban unas sombras gigantescas que se iban moviendo; otro día perfecto en el que el guion habría exigido lluvia.

Pero no acababa de encajar. Cuando llegamos al río, el agua no corría al nivel habitual. Un lado del río estaba muy bajo, tanto que podíamos caminar por el lecho. Las islas se habían convertido en penínsulas. Caminamos por las placas de granito en las que debería haber agua, tocando con los pies las mismas rocas que Mike y yo habíamos luchado por evitar golpear con la base de nuestra canoa tantos años atrás.

Al fin llegamos a lo que debería haber sido una cascada. No era difícil que, cuando el agua volviera a crecer, el lugar en el que nos encontrábamos desapareciera bajo los rápidos y la espuma. Coincidimos en que habíamos encontrado el lugar perfecto. Nos miramos y saqué la bolsa de plástico de mi mochila. Tenía a Mike en mis manos. Casi no podía creerlo. Por primera vez, los cálculos no me cuadraban: todo su espíritu, su fuerza y su energía, prácticamente reducidos a la nada. Comprobé la dirección del viento, y Pete y yo fuimos echando las cenizas al río por turnos. Llegamos al último puñado: la última vez que lo tendría cerca. Las nubes se desplazaron sobre nuestras cabezas. Los árboles crujieron. El río encontró su cauce. Solté. Esparcí lo último que quedaba de Mike en el agua.

Pete se marchó la mañana siguiente. Vlada, los niños y yo nos fuimos de excursión. No pretendía hacernos volver al mismo sitio, pero así fue, como si el río nos hubiera canalizado hacia allí la primera vez y lo hubiese hecho una segunda. Nos sentamos en las rocas. Vlada vio que los ojos se me llenaban de lágrimas y supo qué estaba a punto de decir. «Max, Alex, ¿a que no adivináis qué es este lugar?»

Los niños también lo sabían.

Nos sentamos al sol y en silencio, entregados a nuestros pensamientos íntimos. No sé qué pensaban los niños. Me preguntaba si el agua volvería a bajar tanto alguna vez; me preguntaba si alguien volvería a poner los pies en ese mismo sitio, o si ese lugar jamás volvería a ser solo un río. Me preguntaba si Mike formaría parte de los rápidos que habíamos atravesado juntos, si se quedaría eternamente en un lugar en el que las rocas eran desgastadas y suaves, como la piedra que llevaba en el bolso y que cogí entre mis manos y supe que había salido del agua.

Melissa insistía en que conociera a alguien. Tanteé a los niños, tratando de ser transparente sin entrar en detalles incómodos. Max reaccionó con cierta aspereza, aunque hablábamos hipotéticamente. «¡Nada de casarse! —dijo categóricamente—. ¡No podemos dejar el club de las Viudas!» Le había cogido mucho cariño a nuestra pequeña pandilla.

Me preguntaba si Melissa tendría razón. Veronica, la hermana mayor de Jessica, había ocupado su lugar en la habitación de color lavanda —que ahora habíamos pintado de azul cielo para ella—, así que tenía un par de noches libres a la semana. Decidí estar abierta a lo que el universo dispusiera para mí. El padre de uno de los amigos de Max lo trajo a casa una tarde. Estaba divorciado y era bastante mono; quizá había llegado el momento de ejercitar mis dotes de flirteo. Le pedí que me ayudara con un cajón atascado de la mesa de madera. Hice el papel de damisela en un apuro sumamente leve. Mientras forcejeaba, estuvimos hablando. Traté de recordar cómo era eso de hablar de cualquier cosa, le hacía preguntas y fingía que me importaban sus respuestas. Finalmente abrió el cajón. Pasados unos días, lo invité a cenar. A pesar de haber practicado bastante más en la cocina, todavía no me sentía del todo cómoda cocinando, y aunque conseguí no espantarlo, la siguiente vez decidimos salir a cenar. Fuimos al lago Walden y miramos el agua. Había llegado el momento de besar a un hombre nuevo por primera vez desde que conocí a Mike.

Las piezas no encajaron.

Lo besé y pensé: «Así debe de ser besar a tu hermano». Era y es un hombre agradable, y buen padre, y tiene una sonrisa muy bonita. Me ayudó a reencontrarme con la compañía de los hombres con delicadeza. Al cabo de un tiempo, nos encontramos mientras recogíamos a nuestros hijos del campamento. Nos sonreímos sin ningún rencor; lo único que había pasado era que no encajamos como pareja. Decidí que, si iba a salir con alguien, esperaría a que llegara alguien que me llamara más la atención.

Las Viudas organizaron una sesión de fotos. Melissa ejerció de anfitriona. Nos dijo que trajéramos ropa bonita y maquillaje; Chris, la más moderna del grupo, me prestó unos zapatos preciosos. Melissa había contratado a su célebre amiga Gigi —había fotografiado la boda de Chelsea Clinton— para la sesión. Algunas eran de grupo, de todas en el sofá, riéndonos con los chistes subidos de tono de Chris. Sus groserías siempre eran graciosas. También nos hizo algunas fotos de cara para que las usáramos en las páginas de citas. A Gigi se le daba muy bien su trabajo: tuve un montón de primeras citas.

Segundas, no tantas. Las terceras eran tan infrecuentes como un cometa. Les dije a los niños que la cosa no marchaba bien. «¿Por qué no?», preguntaban. A veces el problema era yo; era demasiado rara o inteligente o triste o abrupta o lo que fuera. A veces, no era yo. «Bah —dije cuando me preguntaron sobra otra cita que había fracasado—. No era lo suficientemente listo y tampoco estaba muy en forma.»

Los niños intentaron ayudarme con sus sugerencias. «¿Y el hombre del rocódromo?», preguntó Alex.

«Tiene veinticinco años.»

«¿Y ese con el que salías antes?»

«¿El padre del campamento?»

«No, el otro —hizo una pausa—. Ah, sí, ya me acuerdo. Era gordo y tonto.»

Ese otoño, tuve que cambiar el tejado de mi casa. Entendía el propósito de tener un tejado. Evita que las cosas que caen del cielo entren en las habitaciones. Lo que no entendía era su «función», cómo un tejado llega a completar las exigencias de su propósito. Nunca me había parado a pensarlo. La dueña anterior de mi casa, también madre soltera, tampoco parecía haberlo pensado demasiado. Durante treinta años de pasar por a saber cuántos dueños y tormentas, el tejado había cumplido con su papel mientras todo el que se encontraba debajo lo ignoraba. Pero, por lo visto, las tejas no duran eternamente.

Mike no había abordado el tema de las reparaciones de tejado en mi manual para vivir en la Tierra, así que llamé a Melissa, quien hizo lo que solía hacer cuando la llamaba: apareció como un ángel.

Llamó a un montón de techadores y, tras seleccionar a unos cuantos, siguió con su investigación por correo electrónico. Finalmente me envió un extenso informe por escrito. (Entendía mejor que nadie cómo funcionaba mi cerebro.) Juntas, escogimos a alguien. Luego me llevó de paseo por el barrio y nos fijamos en todos los tejados que había por el camino en busca de inspiración. Me asombró la gran variedad de tejados que existen, con sus formas y colores y patrones y materiales. Nos decantamos por unas tejas pequeñas muy bonitas, dispuestas en un patrón que me pareció razonablemente histórico, sin llegar a ser excesivo. Melissa llamó al techador y lo informó sobre la decisión.

El techador pareció confundido cuando me vio con Melissa el día que vino a empezar el trabajo. Jamás había hablado conmigo y no tenía ni idea de quién era. También se quedó visiblemente prendado de Melissa, que estaba guapísima en sus tejanos ajustados. Iba con cuidado, pero no le quitaba el ojo de encima. Fue una de las primeras veces que me di cuenta de que las mujeres de nuestra edad todavía pueden ser objetos de deseo sexual, que no estábamos condenadas a vivir a la sombra de las mujeres más jóvenes, suplicando quedarnos con sus sobras. La mirada de aquel hombre me asqueó un poco, pero también me dio esperanza.

El techador pronto dejó de compartir mi optimismo. Igual que hacían muchos desconocidos, decidió mentalmente que Melissa y yo éramos pareja, y que sus posibilidades de ligársela, que ya eran pocas, ahora eran casi infinitesimales. Incluso Alex, en uno de sus momentos de observación y franqueza más puros, había dicho: «Mamá, deberías ser gay con Melissa».

Dos de las Viudas estaban saliendo con dos viudos, y la cosa marchaba bien. Aquello me cuadraba, y me apunté a una página para personas que habían perdido a su primer marido o esposa. Puede que sea el lugar más triste de todo internet. Con el tiempo, conocí a un tipo fantástico: exitoso, inteligente, atlético, gracioso. Me gustaba mucho. Nos lo pasábamos bien juntos. Si algo iba mal, bromeaba: «Tampoco es que se vaya a morir nadie». Pero salir conmigo azotó con fuerza su propio dolor. Lo desbordó, y amenazaba con ahogarme a mí también. Un día volví a casa llorando de una de nuestras citas, y mis hijos dijeron: «Si te pone tan triste, ¿por qué sigues viéndote con él?». No encontré una respuesta satisfactoria para mis hijos, así que le pregunté a Melissa cómo se rompe con alguien. Me envío una serie de instrucciones largas y detalladas por escrito.

Paso a paso, rompí con el viudo. Tras casi un año intentándolo, salir con hombres empezó a parecerme un problema innecesario. Mi vida ya era suficientemente trágica por sí sola. Me dije que ya tenía suficiente amor. Mis hijos y mis crecientes círculos de amigos —mis ayudantes, mis alumnos, las figuras paternas, las Viudas— me daban todo el apoyo que necesitaba. Senté a Max: «No tienes de qué preocuparte —le dije—. Me voy a quedar en el club de las Viudas para siempre».

En lo más alto del Edificio Verde, donde trabajo en el MIT, hay una antena parabólica que apunta al espacio. Es impresionante, pero no se ha usado demasiado desde la década de 1980, ya que su antigua función como radar meteorológico Doppler había caducado. La Sociedad Radiofónica del MIT, un club centenario, a veces lo usaba para hacer rebotar una señal en la luna. El resto del tiempo, permanecía en silencio. Y eso me disgustaba. Teníamos en nuestras manos un instrumento de conexión, una forma de convertir satélites en aliados, y lo único que hacía era oxidarse. Quería resucitar esa antena inmóvil; se me ocurrió que podía usarla para enviar señales de instrucciones a mi prototipo del ASTERIA una vez estuviera en órbita y, a cambio, recibir sus datos. Con el tiempo, podría incluso dirigir la constelación del ASTERIA al completo desde mi despacho.

Fui a ver al decano de la Facultad de Ciencias, un físico llamado Marc Kastner, para preguntarle si podríamos encontrar la forma de financiar la reparación de la antena. Nos reunimos en su despacho, en uno de los edificios más antiguos del campus. Los cálidos paneles de madera barnizada que forraban las paredes eran la imagen opuesta de los abarrotados laboratorios del MIT. Conocía a Marc, pero no teníamos una relación especialmente cercana, y los dos nos sentíamos más cómodos en la compañía de nuestro trabajo que de personas. Por eso me sorprendió tanto que, igual que había hecho Melissa en aquella primera profética conversación telefónica, me hiciera la pregunta más fácil y más difícil de todas: «¿Cómo estás, Sara?».

No tenía claro cuánto quería saber. Pero Marc tiene una cara amable, con un bigote frondoso y una sonrisa sincera. Decidí que podía hablar honestamente. Me olvidé completamente de la antena parabólica de la azotea y le conté que todavía me costaba seguir adelante con mi vida. Me encantaba el MIT, pero el semestre de otoño fue difícil. El verano me había permitido respirar un poco más tranquila; tuve espacio para maniobrar. Si algo no iba del todo bien, tenía tiempo para recuperarme. Podía dedicar los minutos de inactividad a encontrar remedios y hacer correcciones, pero ahora no tenía margen de error. Cada día parecía ser el objeto del experimento de un científico loco: «¿Cuánto jugo les puedo sacar a estos veinte minutos? ¿Puedo salir de la cama por la mañana y volver a meterme en ella por la noche sin desmoronarme por el camino?». Me había convertido en una experta en algunas de las antiguas responsabilidades de Mike; otras todavía se me escapaban. Entre las tareas que podía hacer y las tareas por las que pagaba a otros estaban las tareas que hacía a medias. Incluso contando con ayuda, todos los días eran una especie de montaña. Para cuando había hecho el desayuno y la comida de los niños, los había llevado al colegio, me había arreglado para ir a trabajar y me había subido al tren de camino a la ciudad, ya estaba agotada. No podía seguir con aquel ritmo. «Algo tiene que aflojar el ritmo, Marc —dije—, y puede que tenga que ser mi trabajo.»

Lo dije tal como lo sentía. No era la primera vez que me planteaba en voz alta dejar el trabajo. Era un estribillo que se repetía con bastante frecuencia en mi cabeza. Esta idea era de naturaleza distinta al hastío que me invadió en Harvard, cuando había pensado en dejarlo y estudiar veterinaria. Me apasionaba mi trabajo. Sentía que estaba cada vez más cerca de lograr algo que cambiaría para siempre la imagen que tenemos de nosotros mismos, pero la muerte de Mike me había hecho ver los errores que había cometido en la distribución de mi tiempo. Seguía teniendo presente la promesa que le hice y que rompí; sentía una punzada de vergüenza cuando la recordaba. Había jurado no repetir el mismo error con Max y Alex. Me necesitaban más de lo que yo necesitaba ser un par de frases en la larga historia del mundo.

Unos meses antes, cuatro de las Viudas —Gail, Micah, Melissa y Chris— habían venido a verme al trabajo para uno de nuestros cafés de los viernes por la mañana. Normalmente, Chris era la única que se pasaba por mi despacho con cierta regularidad. Iba a clases de empresariales en una universidad de la ciudad, y los miércoles por la tarde tenía un hueco libre. Había decidido que no quería volver a trabajar como analista de datos, y estaba resuelta a trabajar por su cuenta y tal vez dedicarse a la moda o al diseño cuando se graduara. Estaba muy orgullosa de ella, y siempre se lo decía. En aquella época, estaba probando suerte como *personal shopper*, y yo me convertí en una de sus primeras clientes, para apoyarla pero también para que me ayudara. Aparecía con montañas de ropa para que me la probara, y yo me maravillaba ante su habilidad de encontrar las prendas perfectas para mí y que, de no ser por ella, jamás me habría atrevido a comprar.

Ahora era yo quien necesitaba ayuda con el trabajo, y recurrí a mis cuatro amigas. Tenía el ánimo tan bajo como el sol invernal. Desde mi ventana, veía Boston atrapado por el hielo, y el río Charles parecía una lámina de vidrio mate. Estaba de espaldas a la pizarra. La tenía llena, como siempre, de ecuaciones y diagramas, del caos que generaba y todavía genero cuando intento traducir lo que imagino a algo tangible. Las Viudas se sentaron frente a mí, casi como un tribunal de recursos humanos. Ninguna miró por encima de mi hombro para fijarse en la pizarra, como solían hacer siempre mis visitas. Las Viudas nunca deambulaban. Sus ojos solo apuntaban a los míos.

«Creo que tengo que dejarlo —dije—. No puedo hacerlo. No puedo seguir el ritmo.»

Esperaba que protestaran. Esperaba que me riñeran, que me dijeran lo afortunada que era de tener aquel trabajo. Estaba bien pagado. Tenía éxito. «Todas tuvimos la misma mala suerte, Sara. Espabila.»

No dijeron nada de eso. Casi al unísono, dijeron: «Creemos en ti, Sara. Haz lo que sea mejor para ti y los niños. Hagas lo que hagas, saldrás adelante. Todo te irá muy bien, pase lo que pase».

Me quedé anonadada. Tenía ante mí a las mujeres más inteligentes, fuertes y divertidas que conocía. Las miraba y veía a las maravillosas Viudas de Concord, superheroínas en la lucha eterna contra la tristeza, defensoras de la felicidad contra las maléficas fuerzas del dolor. Una parte de mí todavía pensaba que debían de pensar que era un bicho raro, incluso después de haber pasado juntas tanto tiempo; todavía me sentía algo apartada, aunque al margen de mis niños, aquellas mujeres eran lo más parecido que tenía a una familia en esta Tierra. Hasta ese momento, no me había dado cuenta de que lo que yo veía en ellas, quizá también ellas lo veían en mí.

Ahora a quien tenía en frente era a Marc Kastner. Él no me dijo que me iría bien hiciera lo que hiciera. Irme del MIT, aseguró, significaría dejar aquello para lo que estaba hecha. Desestimó la idea de que dejara mi investigación y optó por un enfoque más práctico. Me dijo que él y su esposa siempre habían trabajado, y que no podrían haber pasado sin un ama de llaves. «Necesitas un ama de llaves», afirmó.

Le dije que tenía a gente que me ayudaba —Jessica, Veronica, Diana, Christine—, pero que por mucho que me ayudaran, siempre había cosas que solo podía hacer yo, y que no podía permitirme pagarles más de lo que ya les pagaba, y tampoco durante mucho más tiempo. Me había quedado sin ahorros. Marc asintió. Mi problema —igual que todos los problemas, hasta el último— era estadístico. Tenía ayuda, pero no la suficiente. Eso significaría más dinero. Se puso las manos en las rodillas. «¿Cuánto dinero necesitas?»

He aquí otra pregunta que me costaba responder. A veces, las preguntas complicadas tienen respuestas sencillas. «¿Podemos arreglar la antena parabólica?» es una pregunta de sí o no. «¿Has dormido bien? ¿Qué vas a comer hoy?»

«Sara —insistió Marc—. ¿Cuánto necesitas?»

Marc me dio lo suficiente. No sé cómo lo hizo, pero encontró el dinero para que yo pudiera permitirme tener más ayuda. A partir de ese momento, casi siempre había alguien en mi casa; gente a quien pagaba por su compañía y que, a cambio, me mantenía a flote. Como mínimo, tenía un poco más de tiempo para respirar durante la semana. Su generosidad me demostró que incluso en el MIT, en una fábrica de sueños imposibles, también merecía la pena luchar por mis sueños. En un campus en el que había gente que intentaba curar el cáncer y dotar a las máquinas de emociones y hacer aerosoles de piel humana, merecía la pena salvar a la mujer que buscaba alienígenas.

Poco después, en diciembre, la revista *Time* me nombró una de las veinticinco personas más influyentes relacionadas con el espacio. Aquello fue un poco distinto que un premio de física que solo importa en el campo académico. La búsqueda de otras formas de vida poco a poco se iba legitimando. En poco más de un pedacito de siglo, habíamos pasado de que los miembros de mi propia comunidad científica no creyeran que llegaríamos a ver un exoplaneta a las páginas de *Time*.

Me gustaba la fotografía que escogieron. Salgo vestida de negro, por supuesto, pero llevo los labios pintados de rojo. El fotógrafo quería un fondo que dijera que era una friki de las matemáticas. Estoy frente a la pizarra de mi despacho, llena de mi frenética álgebra. En el pie de foto se me describe como «Buscadora de la gemela de la Tierra», un nombre bastante guay, aunque Elon Musk fue el «Hombre Cohete» y Michael Brown el «Asesino de Plutón». La última línea de mi biografía despejaba las dudas sobre mis creencias: quería encontrar otra forma de vida para «cerrar el círculo de la revolución copernicana: la Tierra no solo no es el centro del universo, sino que en él también hay muchos otros planetas vivos».

Cuando llegué al café de ese viernes con las Viudas, había magdalenas con velas y con «¡Felicidades!» escrito con glaseado. Me tuvieron que decir que era a mí a quien felicitaban.

La conversación pronto volvió a girar en torno a la vida familiar. Seguía siendo difícil que la ciencia compitiera con las preocupaciones sobre equilibrar las cuentas, con los peligros de salir con hombres más jóvenes, con la llamada de otra maestra preocupada por la morbosidad de un dibujo de uno de mis hijos: un cementerio poblado de duendes, un cielo pintado de negro. En cierto sentido, el espacio siempre me importaría menos de lo que me importó en su día. Lo que importaba ese día era lo bien que había hecho la colada, o, sencillamente, que la había hecho. Me enorgullecía, y quizá me invadía también un sentido de la perseverancia renovado, en cada factura que pagaba a tiempo, en cada trozo de pollo que salía del horno en un estado comestible.

Pero entonces miré las magdalenas. No siempre me sentía capaz u optimista, pero me habían recordado de nuevo el valor de mi trabajo «extra»terrestre. «Sigue adelante», pensé.

CAPÍTULO 16

El Starshade

El día de Año Nuevo, me desperté llorando. Había superado el primer año natural, 2012, sin Mike. Recordé aquella terrible noche, de hacía ya dos años, en la que nos sentamos a la mesa de la cocina e hicimos balance de nuestras pérdidas, unas pérdidas que pronto serían insoportables: «El año que viene será peor». Contraataqué aferrándome a distintos recuerdos, pensando en mi padre y en su inquebrantable fe en la fe. El ejercicio del pensamiento positivo se había convertido en uno de mis rituales. «Algún día podré ser feliz», susurraba, un decibelio más alto cada vez. «Puedo incluso llegar a ser más feliz que nunca. Puedo encontrar una felicidad mayor que la que he conocido hasta ahora.»

El 4 de enero, con los niños de vuelta en el colegio y la nieve cubriendo los árboles, el departamento de Astrofísica de la NASA anunció que buscaba candidatos para dos nuevos Equipos de Definición Científica y Tecnológica, los STDT (por sus siglas en inglés). Estos equipos son comités de científicos, ingenieros y académicos —expertos tanto internos como externos a la NASA— que se constituyen para abordar un proyecto específico y complejo. En 1999 había formado parte de un grupo parecido en Princeton para trabajar en la funesta iniciativa del Buscador de planetas terrestres. El comité se disuelve en cuanto se completa el proyecto, o, tal como había descubierto, cuando se deja a medias porque el espacio sale caro. El espacio también exige perfección y es un lugar en el que ser perfecto es muy difícil.

La NASA iba a formar dos equipos para un par de misiones espaciales a las que llamaron «Probe-class». Teniendo en cuenta la magnitud sideral de la exploración espacial, se trataba de proyectos modestos. El objetivo era materializar una pieza de *hardware* que funcionara y pudiera construirse con un presupuesto de mil millones de dólares; el Buscador de planetas terrestres, con su gran alcance, había sido mucho más caro, unas cinco o diez veces más. Mil millones de dólares no dejaba de ser mucho dinero, pero en el marco de los presupuestos gubernamentales, era una suma comedida. Un portaaviones nuevo cuesta unos trece mil millones de dólares. Por una fracción relativa de ese precio, un buen equipo sumando esfuerzos para llevar a cabo estudio de Probe-class decente podría obrar un milagro.

Los equipos iban a examinar las dos caras del mismo problema, del viejo dilema de intentar ver una luz tenue al lado de una mucho más brillante. El primer equipo exploraría la posibilidad de construir un telescopio espacial con un coronógrafo exquisito de una sensibilidad sin precedentes (es decir, mediante un recurso interno que bloqueara la luz más brillante de una estrella, del mismo modo que intentamos resolver el problema tantos años atrás). El segundo se centraría en una solución externa: el escudo gigantesco que había fascinado mi imaginación mientras trabajaba en el Buscador de planetas terrestres. Era el momento de volver a intentar casar lo mejor de la ciencia con lo mejor de la ingeniería. Seguía apasionándome el ASTERIA, pero era un plan de contingencia comparado con el tipo de máquinas maravillosas que podríamos construir. Sentía que los sueños que dejé aparcados hacía mucho volvían a estar a tiro.

Decidí trabajar en el escudo porque, para mí, representaba algo monumental. El ojo humano está muy bien diseñado, pero no tiene un coronógrafo interno perfecto. Nuestras pupilas se dilatan, pero tienen que seguir abiertas para que podamos ver; la oscuridad solo llega cuando las cerramos del todo, cambiando un tipo de ceguera por otro. Hemos mejorado las dotes que nos ha conferido la evolución con inventos como los sombreros con viseras y alas, y nos ponemos gafas de sol o corremos las cortinas; ¿por qué no buscar algo que le hiciera el mismo servicio a un telescopio espacial?

Releí la propuesta y mi confianza creció. Examiné esa creencia en mí misma: no era irracional, no era arrogancia ni producto de una esperanza desesperada («lo necesito»). Se basaba en los hechos. Traté de imaginar qué tipo de persona sería útil tener en ese comité. A mí. ¿Qué tipo de cerebro? El mío. Conocía la oscuridad, y a veces hace falta oscuridad para poder ver.

Sin embargo, mientras leía la propuesta una vez más, también sentí una rabia incipiente. Lo que me molestaba era una pequeña nota sobre cómo trabajaría el comité, el tipo de detalle en el que la mayoría no repararía pero que a mí me frenó en seco: se había decretado que el equipo se reuniría presencialmente cada tres meses.

Miré la pantalla del ordenador y eché chispas. La duración estimada del proyecto era de dieciocho meses. Eso significaba que habría seis reuniones, casi todas en California. Seis reuniones lejos de casa. Podía apañarme, aunque con esfuerzo, con los viajes que ya me exigía mi trabajo. Irme otras seis veces y pasar varias noches fuera cada vez haría estallar por los aires el frágil equilibrio que no dejaba de perseguir. Siempre tendría que fallar, en una cosa o en otra.

Si las personas que escribieron aquella propuesta hubiesen entrado por mi puerta en ese preciso momento, habrían sido testigos del más virulento de mis ataques de nervios. Les habría reprochado que presupusieran con tanta frialdad cómo el resto de la gente vive y trabaja. Mis hijos no tenían un padre y una madre, ni familiares que vivieran cerca. Me tenían a mí y yo los tenía a ellos. Siempre los había querido, pero ahora también me caían bien. Me gustaba ver a Max resolver problemas de matemáticas, construir una estructura preciosa e intrincada con su LEGO o fijarse en algo extraño y mirarlo con su irónica sonrisa. Me gustaba jugar a tenis con él y sentir la calidez de su serenidad mientras paseábamos de vuelta a casa. Me gustaba ver a Alex hacer sus interpretaciones delante de un grupo de adultos, su falta de miedo ante los desconocidos y las alturas. Me gustaba oírle decir palabras difíciles y preguntarme dónde y cómo las había aprendido.

No quería volver a separarme de mis hijos. Ya había sacrificado bastante. Informé a los organizadores de los estudios del «Probe-class» de que, aunque no fuera deliberado, su convocatoria era discriminatoria. Uno de ellos —un hombre sin hijos— contestó que no le había dado importancia al requisito de viajar. Naturalmente, los comités se reunirían. Esa es su función. Pero a su favor diré que vio el problema y vio el valor en personas como yo, personas que podrían contribuir pero que no se presentarían. Me preguntó cómo podrían hacer que las convocatorias fueran más inclusivas en un futuro.

Mi respuesta no tuvo nada de brillante: «No confundan a los científicos con los astronautas». Querer ver y querer ir son dos deseos distintos, y no todo el mundo está dispuesto a sacrificar tanto por un logro concreto.

Seguía disgustada y quería desahogarme un poco más. Hacía mucho que había dejado de oír el susurro interno que nos recuerda que guardemos las formas. El *Huffington Post* me había pedido que escribiera regularmente sobre mujeres y ciencia, y todavía no había aceptado la oferta. Me puse a escribir. Escribí sobre mi dilema, el cual me parecía un condicionamiento constante e irreparable; tenía la espantosa sensación de que siempre estaría atrapada entre mis dos amores. El artículo se publicó el 14 de enero de 2013 con el titular: «Tantos exoplanetas... y tan pocas científicas».

Comencé escribiendo acerca de la explosión en nuestra comprensión del universo, los mapas celestiales que habían empezado a dibujarse. (Es mejor empezar por las buenas noticias.) Gracias al Kepler, habíamos determinado que una de cada seis estrellas como el Sol sirve de anfitriona a un planeta del tamaño de la Tierra. Habíamos establecido que, solo en la Vía Láctea, había diecisiete mil planetas del tamaño de la Tierra que orbitaban sus propios soles. Piénsalo un momento. Diecisiete mil millones. Pero la mayoría habían sido descubiertos por hombres. ¿Por qué solo la mitad de nuestra especie estaba haciendo casi todo el trabajo? Explorar el espacio es una hazaña titánica. Si queremos llegar a lograr todo lo que creemos que está en nuestras manos, necesitaremos todos los ojos posibles. Todos merecemos tener la misma oportunidad de ayudar. Escribí del tirón:

> Creo que dentro de cientos o miles de años, la gente encontrará la manera de viajar a los planetas que orbitan las estrellas más cercanas y nos considerarán la generación que encontró los primeros mundos parecidos a la Tierra. Y espero que mucho antes de ese momento tan lejano hayamos alcanzado la igualdad entre todos los humanos.

Me sentía como si estuviera en una esquina gritando a pleno pulmón: «¡Hay muchas formas distintas de ver!».

A pesar de las dudas que había expresado, me presenté como candidata a formar parte del comité. Gozaba de reputación suficiente en mi campo y estaba segura de que me invitarían a participar, pero la decisión de aceptarla sería mía. De nuevo tendría que escoger entre mi familia y mi trabajo, entre mi deseo de encontrar otra Tierra y mi anhelo de exprimir mi vida al máximo en esta.

Esa noche intenté dormir, pero acabé mirando un agujero en mi techo. A través de él veía el destello de un escudo enorme y maravilloso, colgado en el espacio como de un hilo invisible y conectado a un reluciente telescopio plateado, dos naves espaciales deslumbrantes trabajando en perfecto concierto para borrar estrella tras estrella, «ahí va El Carro, y ahí va Casiopea», y en su lugar miles de nuevas constelaciones, las colecciones invisibles que hoy solamente existen en los palacios de nuestras imaginaciones, en los museos privados que hemos dedicado a la custodia de nuestras luces más pequeñas.

A un astrónomo llamado Lyman Spitzer se le atribuye el mérito de haber tenido la idea de construir un escudo que trabajara en conjunto con un telescopio. Puede que su nombre te resulte familiar: el telescopio espacial Spitzer lleva su nombre porque también fue el primero en imaginar el telescopio espacial. Eso fue en 1942. A Spitzer le llevó otros veinte años darse cuenta, en un artículo publicado en 1962, de que un telescopio espacial podría emparejarse con lo que llamó un «disco ocultador». Su razonamiento era sencillo. Si emparejábamos un telescopio con un compañero protector —si de alguna forma pudieran estar vinculados mientras orbitaban a decenas de miles de kilómetros de distancia—, el escudo podría colocarse entre el telescopio y una estrella. Así, el titileo de las luces más pequeñas y aledañas sería visible a nuestros ojos. En ese mismo artículo, Spitzer propuso el telescopio que, con el tiempo, se convirtió en el Hubble. Construimos el telescopio. El disco todavía está por construir.

Esto es así por varias razones. Los humanos llevamos cientos de años construyendo telescopios, y llevamos décadas construyendo telescopios espaciales. El coronógrafo externo es una máquina totalmente nueva. Los astrónomos todavía no habían decidido de qué forma debería ser, y los ingenieros no habían inventado los materiales adecuados para construirlo. Hacer que dos naves espaciales naveguen al unísono también es extremadamente difícil. Un telescopio y su escudo tendrían que estar alineados a la perfección para que todo funcionara como debía, y los alineamientos perfectos no se consiguen así como así en la ingravidez. ¿Cómo se fijan dos objetos flotantes en el espacio? ¿Y cómo se construyen de forma que puedas moverlos para que miren hacia otra estrella y puedas volver a fijarlos? ¿Y así una y otra vez, y otra, y otra?

Tras la publicación del artículo de Spitzer, el progreso siguió su característico curso de avances y estancamientos. Un estallido de actividad y de atención nos procuraba un avance pequeño pero esencial. Y luego... nada, a veces durante años. Al mirar atrás, parece que nuestra comunidad estuviera haciendo conjuntamente un puzle de un millón de piezas. Alguien venía y ponía algunas piezas en su sitio, y luego venía otro, miraba y colocaba algunas piezas más. Aún nos quedaban muchas piezas por poner. Y había algo que todavía complicaba más las cosas: normalmente, cuando haces un puzle, empiezas por los bordes, uniendo las cuatro esquinas. Con el escudo, parecía que los avances venían desde el centro y hacia fuera. No sabíamos si el puzle final era un círculo o un cuadrado o si tenía alguna otra forma. Lo que nos faltaba eran los bordes.

Me acordaba de hacía una década, durante los días del Buscador de planetas terrestres, cuando oímos por primera vez la idea del escudo para ocultar las estrellas. Poco después, asistimos a una segunda y emocionante presentación, esta vez de Charley Noecker. Un pequeño grupo de astrónomos e ingenieros, principalmente de Northrop Grumman, habían estado trabajando de firme y querían contarnos sus novedades. Se había publicado un artículo que apoyaba una versión del escudo llamado Gran Satélite Ocultador Orientable (o BOSS, por sus siglas en inglés) y defendía la idea de una pantalla enorme y cuadrada, opaca en el centro pero de bordes transparentes. Algunos científicos habían dicho que sería imposible conseguir esos matices, y que los anillos de difracción de Lyot seguirían suponiendo un problema. Noecker y sus compañeros estuvieron de acuerdo. Se sumaron a los que rechazaban la idea del cuadrado.

Como alternativa, nos mostraron un escudo con forma de flor. Desde el primer momento, Spitzer se había preguntado si la forma de una flor podría ser la más adecuada para su disco. Los pétalos no solo ayudarían a eliminar las ondas de luz que se curvan alrededor de un círculo o de un cuadrado, sino que podrían difractar la luz formando unos patrones que nos proporcionarían una oscuridad aún más oscura. Ahora, la sospecha de Spitzer quedó confirmada. Igual que con nuestro coronógrafo que imitaba el ojo de un gato, la inspiración para la forma del nuevo escudo estelar había nacido de las matemáticas, pero también podía encontrarse en la naturaleza.

En una flor.

Años más tarde, si cerraba los ojos todavía podía oír la sala durante la presentación de Noecker: se sumió en un silencio total, puro. Nuestros encuentros suelen estar muy lejos de ser silenciosos. Hay susurros de desacuerdo que a veces crecen y se convierten en discusiones a gritos; en las sesiones aburridas, se oye el crujido de papeles o el tecleo en los portátiles. Hay alguien que tose. Pero esa tarde, caímos en el vacío. En una nada que hacía desaparecer el sonido y lo sustituía por un acuerdo luminoso. Una flor. Pues claro. Tenía que ser en forma de flor. No podía ser otra cosa que una flor.

¿Pero de qué forma serían los pétalos? ¿Y cuántos habría? Eso es lo que más recuerdo. Recuerdo estar sentada en esa sala, rodeada de silencio, y pensar: «Hay muchísimos tipos de flores».

La primera vez que trabajé en el escudo fue también la primera vez que me sentí dividida entre mis roles como científica y como madre. Era 2003, cuando trabajaba en el Instituto Carnegie. Había ido a una reunión del Buscador de planetas terrestres muy embarazada de Max, probablemente un poco demasiado embarazada como para concentrarme en intentar encontrar otra forma de vida en el universo. Acepté la enhorabuena de mis compañeros, pero me resultó extraño que me felicitaran por hacer algo que las mujeres estamos tan expresamente diseñadas para hacer. En toda mi vida no había hecho nada con más naturalidad que aquello.

Max era un bebé recién nacido cuando recibí una nota de Webster Cash, un astrónomo de la Universidad de Colorado. (No hay ningún lugar en la Tierra que esté más cerca de las estrellas que las montañas.) Después del BOSS, y después de que otra propuesta similar llamada UMBRAS se fuera por donde había venido, Cash recogió el testigo. No quería hacer un escudo puro, un bloqueador de estrellas. Lo que él imaginaba era, en esencia, una cámara estenopeica de dimensiones casi inconcebibles, un cuadrado opaco que de ancho mediría lo mismo que la longitud de un campo de fútbol, con un agujero de diez metros de ancho justo en el centro. Me pidió que lo ayudara. Me invitó a participar porque necesitaba que alguien creara un modelo de la atmósfera de una Tierra simulada. Mis habilidades de codificación y mi entonces creciente conocimiento sobre los gases de biofirma me convertían en una buena aliada. Puede que fuera su única opción, porque no había demasiada gente que hiciera lo mismo que yo. No le dije que tal vez no fuera el mejor momento para embarcarme en un proyecto de aquella magnitud.

Afortunadamente, Max dormía bien y Mike ya había empezado a ocuparse del resto de nuestro mundo más de lo que le habría correspondido. Trabajaba sobre todo cuando Max dormía, cuando había silencio durante un buen rato. Una vez me quedé trabajando toda la noche para cumplir con uno de los plazos de Cash, concentrada en simulaciones atmosféricas y parando únicamente para darle el pecho a mi inquieto bebé. Me balanceaba en una silla con él, le daba de mamar hasta que se dormía, y volvía a mi código, a mis algoritmos, a mi segunda, tercera y cuarta Tierra. Estaba agotada, pero también satisfecha. Estaba contribuyendo a crear dos cosas maravillosas.

Presentamos una propuesta fructífera para estudiar las posibilidades de poner una cámara estenopeica gigante en órbita. Jon Arenberg, de Northrop Grumman, contactó con Cash para ver si su empresa podría desarrollar la pantalla, ya que eran expertos en construir lo que llamamos «grandes desplegables» espaciales. Su reunión concluyó de una forma sorprendente. Jon convenció a Cash de que desechara su cámara estenopeica y diseñara un escudo más pequeño, algo mucho más parecido a la idea original, pero con una forma calculada con total precisión. Cash sabía, igual que la mayoría de los matemáticos, que la geometría óptima para un escudo sería el resultado de una ecuación, de una suma sencilla, elegante y demostrable. También temía que fuera casi imposible de resolver.

Dedicó los próximos meses a trabajar en el eterno problema de ver una luciérnaga al lado de un foco. Cash es el astrónomo clásico, enamorado del espacio desde pequeño. Tenía ocho años cuando dejó de lado su fijación por los dinosaurios y pasó a obsesionarse con las estrellas. Y ya nunca más miró hacia atrás, solo hacia arriba. Hoy, su cabello es blanco, igual que su barba; lleva bolígrafos en el bolsillo de la camisa. Su currículum es impresionante: ayudó a diseñar partes del Hubble y de otras misiones importantes. El escudo estelar era su próxima gran aventura. Primero probó decenas de diseños, y luego centenares, casi todos en forma de flor, escribiendo códigos y haciendo unos cálculos tan elaborados como inservibles. Nunca lograba bloquear la estrella lo suficiente. Siempre había interferencia. Siempre había anillos de luz que radiaban alrededor de los bordes de su escudo.

Cash había sucumbido al tipo de visión en túnel que afecta a los científicos. Se había quedado encallado en un tipo concreto de flor, algo parecido a una azucena. Todos sus diseños incorporaban pétalos que radiaban del mismo pequeño punto focal central. En 2005, casi dos años después de ponerse manos a la obra, se planteó una nueva pregunta: ¿y por qué no un girasol?

Empezó desde cero con un diseño que incluía un gran disco en el centro, y los pétalos estaban unidos a él en lugar de entre ellos. Experimentó con diseños compuestos de doce o dieciséis pétalos, abullonando la mitad de sus longitudes antes de estrecharlos para afinarles los extremos. Las formas de los pétalos sufrían sutiles cambios, pero esas pequeñas modificaciones importaban menos que la flor que había elegido, la cual parecía funcionar. Sus cálculos demostraban que un girasol moldeado con precisión bloquearía la cantidad de luz estelar exacta para desvelar cualquier centelleo parecido al de la Tierra que tuviera cerca. Propuso un diseño definitivo que mediría cincuenta metros de largo y estaría hecho de materiales duraderos y ligeros aptos para la vida en el espacio. La mayoría lo consideraba el escudo más práctico jamás diseñado. Cash hizo una maqueta, delicada y precisa. Cuando la sostenía en las manos, sus ojos delataban un brillo cercano al orgullo paterno.

Cash inventó una palabra nueva para describir su versión del escudo: «Starshade».* En 2006 lideró una propuesta oficial ante la NASA, en la que sugería que el Starshade se construyera y se lanzara con el telescopio espacial James Webb, cuyo lanzamiento hacia las profundidades del espacio estaba previsto para 2018. Orbitarían a una distancia de 50 000 kilómetros entre ellos y estarían en contacto constante por medio de ondas de radio. Cash creía que con ellos podríamos ver otra Tierra, vislumbrar lejanos mares, nubes, agua, vida.

* En español, podría equivaler a «sombrilla estelar». *(N. de la T.)*

La NASA lo escuchó. Y luego rechazaron su propuesta. Cash insistió con una propuesta tras otra, pero todas fueron rechazadas. No tenía ni la menor idea de por qué. Primero cancelaron el Buscador de planetas terrestres, y ahora le hacían el vacío al Starshade. Decidió que la NASA le tenía demasiado miedo al riesgo. Sabían que podían construir telescopios espaciales, pero no sabían si podrían construir el Starshade con éxito. En todo el país, pequeños grupos de investigadores en Northrop Grumman, en Princeton y en el Laboratorio de Propulsión a Reacción de California lucharon ferozmente para invertir en la tecnología, para mantener la llama encendida en los años venideros. Pero el Starshade jamás llegó a estar cerca siquiera de ser construido. La NASA jamás lo aprobó.

Lo que sí hizo la NASA, años más tarde, en enero de 2013 —con los niños de vuelta en el colegio y la nieve cubriendo los árboles—, fue abrir una convocatoria para candidatos para dos STDT, uno de los cuales se centraría en tapar la luz de las estrellas desde dentro del telescopio, mientras el otro lo intentaría desde fuera. Me presenté para ayudar a construir el escudo, me llevé un pequeño sofoco al hacerlo, y esperé una respuesta por parte de la NASA que me cambiaría la vida.

La noticia llegó en abril en un correo electrónico de Doug Hudgins, físico químico de la NASA. Doug es el tipo de persona que construye sus propios telescopios. La última frase de su biografía oficial dice lo siguiente: «Sus telescopios incluyen un Newtoniano de f/5 de 24 pulgadas (artesanal) y un Meade de f/15 Maksutov-Cassegrain de siete pulgadas». Es tan obsesivo como yo, un creyente acérrimo en la búsqueda de otras formas de vida en el universo. Estaba en mi despacho del MIT cuando su mensaje llegó a mi bandeja de entrada. Empezaba con un «Estimada Sara». Sonaba prometedor. Seguí leyendo y acabé con la boca abierta.

> Le envío este mensaje para informarla de que hemos terminado de revisar las candidaturas recibidas en respuesta a la convocatoria para

> formar parte en los dos Equipos de Definición Científica y Tecnológica (STDT) que estamos constituyendo. En este sentido, me alegra informarla de que no solo nos gustaría que participara en el STDT del Starshade (Exo-S), sino que también nos gustaría invitarla a que presida el equipo.

Unas líneas más adelante, Doug cerraba su mensaje con una humildad casi entrañable:

> Le agradecería que me confirmara si le interesa participar en el equipo Exo-S y si acepta nuestra invitación de presidir el equipo Exo-S.

Me recosté en la silla y respiré. «Si acepta nuestra invitación de presidir.» Pocas veces seis palabras habían significado tanto para mí. Liderar un STDT es un honor inmenso, y el momento en el que este se constituía lo convertía también en una responsabilidad enorme: el Starshade podría llegar a construirse gracias a nuestro esfuerzo o podría no construirse jamás por culpa de nuestro fracaso. Podríamos ser el fatídico destello final del sueño de Lyman Spitzer.

Veía muchas cualidades en mí, buenas y malas, pero nunca me había visto como la líder de algo tan descomunal como el Starshade, y, en especial, no en un momento tan sumamente crucial. Sabía que era lo suficientemente inteligente; me había esforzado mucho y tenía ciertas revelaciones nocturnas del todo necesarias. Pero a mi parecer, un líder era alguien seguro de sí mismo, equilibrado, organizado, con control. Yo todavía me sentía insegura, propensa a los ataques de nervios, agobiada y apenas lograba mantener las cosas en marcha. Jamás tuve capacidad para el autoengaño. Era brutalmente honesta, sobre todo conmigo misma.

Hacía poco algo se había encargado de recordarme cómo de cerca del precipicio vivía. Había llevado a los niños a un viaje por trabajo y ocio al noroeste del Pacífico. Al volver a casa, pasamos por Toronto y tuvimos que cruzar la aduana estadounidense en el aeropuerto. El agente de inmigración era inusualmente hablador, y les preguntó a

Max y a Alex acerca de sus aventuras. Luego se dirigió a mí: «¿Sabe su padre dónde han estado?».

«Falleció», dije, intentando mantener la compostura con todas mis fuerzas. En un instante, el cielo se había vuelto negro. «¿Quiere ver el certificado de defunción?», pregunté. Esa es una de las cargas secretas de quien enviuda: tener que llevar una prueba que valide su sufrimiento ante las autoridades. Pasaporte, billetes, certificado de defunción. El agente negó con la cabeza, visiblemente afectado.

No podía engañarme y convencerme de que todos esos recuerdos estaban enterrados. Siempre estaban ahí, esperando, y ahora me preocupaba que salieran a la superficie de alguna forma terrible y que me despojaran de la concentración que me exigiría el Starshade. Me era imposible saber qué abriría las compuertas o cuánto se abrirían. En mi artículo de opinión para el *Huffington Post* había escrito que, en la ciencia —y en tantos otros campos—, las mujeres a menudo debemos esforzarnos más que nuestros homólogos masculinos, especialmente para obtener y mantener posiciones de liderazgo: cargamos con el peso de tener que demostrar nuestra valía. Se nos intuye demasiado emocionales para desempeñar funciones que exigen tanto temple y análisis. Demasiado frágiles. Demasiado gritonas. Qué importaba que los hombres de mi campo fueran y sean capaces de arrebatos y diatribas. Naturalmente que lo son: son seres humanos apasionados, entregados a algo que aman. Pero a mí no se me juzgaría con tanta comprensión. Siempre me cuidaba de no mostrar mis emociones en el trabajo, y en el proyecto del Starshade tendría que ir con más cuidado todavía.

Seguía sentada ante mi escritorio cuando empecé a refutar mis preocupaciones. Me puse a mi favor. Me recordé que había esperado recibir una invitación para unirme a ese grupo, aunque como miembro raso. Me recordé mis cualificaciones académicas, todos esos años en aulas y laboratorios, investigando, codificando, construyendo. Había logrado avances muy importantes en el campo de los exoplanetas. Pero también había emprendido otro viaje distinto para salvar una distancia de otro tipo. Había perdido a mi marido y había sobrevivido. Me había construido una vida nueva. Había formado una familia de otra naturaleza. Había entablado nuevas amistades y conocido lugares nuevos. No había muchas personas que tuvieran tanta experiencia como yo con lo «nuevo». Sería capaz de ayudar a construir una pieza nueva de *hardware*.

Acepté.

Enviaron los nombres del resto del equipo. Uno de ellos me llamó casi de inmediato: era Webster Cash. Me dijo que tenía que haber algún tipo de error; naturalmente, él debía presidir el equipo. Era mayor, más experimentado. Llevaba años trabajando en el Starshade y lo conocía mejor que yo. Sabía qué forma concreta debía adoptar. Había incluso inventado su nombre, *Starshade*.

Me sentí dividida. Cash siempre me había caído bien, y todavía sigue cayéndome bien. Es un astrónomo inteligente y talentoso. También entendía el dolor de perder el control de algo en lo que te has esforzado mucho, de algo que sientes «tuyo». A mí también me había pasado. Puede que hubiese inventado los espectros de transmisión en tránsito, por ejemplo, pero desde entonces, decenas de astrónomos han hecho más con ellos de lo que yo pude hacer. No puedes patentar una idea, lo único que puedes hacer es recordar ese dulce momento en que fue tuya y de nadie más. Y luego tienes que soltarla. No eres la única persona que tiene derecho a mirar los arcoíris.

«Tienes que llamar a la NASA», dijo Cash. Tenía que decirles que no quería presidir el equipo y que quería que fuese él quien liderara el estudio.

«Me temo que no. Quiero liderarlo yo», contesté.

Cash perdió los nervios. Me gritó por teléfono. No veía que ya tenía su respuesta: la NASA no quería que liderara el estudio. Ya sabían qué podía ofrecerles y qué les aportaría. Habían visto su propuesta, más de una vez, y la habían rechazado en todos los casos. Él no entendía por qué, pero sus razones tendrían. Querían una perspectiva nueva, alguien que fuera consciente de lo que no sabía. Me querían a mí.

«Te quieren a ti porque saben que pueden manipularte —dijo Cash—. Saben que eres de algodón.» Y colgó.

«Algodón», pensé. «Qué flor tan bonita.»

Nuestra primera reunión cara a cara estaba prevista para principios de julio. Los integrantes de los dos STDT (los constructores del coronógrafo y del escudo) nos reuniríamos durante dos días. Partiríamos de las mismas bases antes de seguir nuestros propios caminos hacia el sueño colectivo de hallar otra Tierra. Las jornadas estarían repletas hasta el último minuto de conferencias y de sesiones para poner ideas en común. Además de ayudar a organizar la reunión conjunta, me darían media hora antes de comer el segundo día para presentar lo que sabía sobre la espectroscopia de las supertierras: treinta minutos para hablar sobre los estudios de toda una vida acerca de unas luces diminutas y lejanas. Tenía algo menos de tres meses para prepararme para liderar el equipo del Starshade. Haría lo de siempre: leería, escucharía y haría mi trabajo.

Decidí que el Starshade marcaría un nuevo comienzo para mí. Tenía todo lo que me gustaba de las máquinas: era una extensión de la mejor versión de nosotros mismos, un instrumento, como un remo, concebido para el avance, para servir a nuestros deseos más humanos. Y lo más importante es que sentía que era nuestra mejor y única oportunidad de sacar fotografías claras de mundos lejanos. Podría aportarnos una prueba visible de la existencia de otra vida, un conocimiento que podríamos sostener entre las manos además de llevarlo en el corazón: no estamos solos.

El Starshade también se situaría entre mi pasado y mi futuro. Había pasado demasiado tiempo pensando en el antes; había llegado el momento de centrarme en el después. Pensé que, si nuestro comité hacía su trabajo lo mejor posible, podríamos usar el Starshade para explorar hasta cien sistemas estelares en mi generación; estadísticamente, con eso valía para ver tal vez una decena de Tierras potenciales.

Sin embargo, primero tendría que impregnarme de la bizantina y en ocasiones desagradable historia del Starshade. Lamentablemente, existen muchas razones que impiden que las cosas complicadas funcionen. Nuestros críticos tienen cientos de años de errores y tragedias a su favor. La mayoría de nuestros éxitos más importantes empezaron con una explosión, pero cuando intentas hacer algo que nadie ha hecho antes, los argumentos sobre por qué jamás podrá hacerse son infinitos. Puedo construir un argumento matemático a favor de la existencia de otras formas de vida, de que hay demasiadas estrellas como para que estemos solos, pero el argumento en contra sigue siendo sencillo y más directo: entonces, ¿por qué estamos solos?

Les hablé a mis compañeros y amigos del Starshade. La mayoría lo metía en una categoría especial de lo imposible o, mejor dicho, de lo que es no posible categóricamente. «Déjalo. No te molestes. Es una idea condenada al fracaso que murió ya hace mucho.» Estaba en una barbacoa para científicos dedicados a los exoplanetas en la región de Boston, y entre bocado y bocado de hamburguesas y perritos calientes, me contaron una y otra vez por qué el Starshade no funcionaría jamás. (Los científicos y los modales no suelen coincidir en el mismo ambiente, y especialmente cuando hay comida de por medio.) «¿Dos naves espaciales que vuelan en una formación perfecta separadas por decenas de miles de kilómetros? ¿Un escudo gigante construido con una precisión a escala de micrones? ¿Hacer desaparecer las estrellas? Sara, date cuenta.» Para ellos, se me había pedido que escalara una montaña que carecía de cima.

Había rumores, incluso entre algunos de nuestros miembros, de que estábamos diseñados para fracasar. No quería creer algo tan cínico, pero una pequeña parte de mí le encontraba cierta lógica. Si no encontrábamos una solución factible dentro de un período y un presupuesto concretos, la NASA tendría la excusa perfecta para aparcar el Starshade para siempre: «Pusimos a nuestras mentes más brillantes a trabajar y no fueron capaces de resolver el código». Sería como votar a un candidato político solo para demostrar lo espeluznantes que resultarían sus propuestas. «Lo intentamos, pero no funcionó. La respuesta correcta tendrá que ser la otra.» La otra respuesta sería el coronógrafo, a menos que su equipo también fracasara. Entonces, el único resultado sería la ceguera.

Por alguna razón, Max y Alex habían decidido que el recibidor era el lugar perfecto para blandir sus sables de luz. (Si jamás existieron dos niños destinados a obsesionarse con *La guerra de las galaxias*, eran los míos.) Alzaban sus armas de plástico y, con más frecuencia de la que me habría gustado, golpeaban sin querer la lámpara colgante que pendía del techo de yeso. La lámpara se balanceaba en la cadena y parecía que se les fuera a caer encima. Cada vez que pasaba, pensaba que tenía que hacer algo al respecto, pero no sabía ni qué hacer ni cómo hacerlo, así que se convirtió en otra tarea que dejé a medias.

Tras un duelo especialmente cinematográfico, decidí que o bien un niño o bien la lámpara acabaría herido. Me preocupaban más los niños, así que la lámpara tendría que irse. Y tampoco pensaba llamar a nadie para que viniera a quitarla. Si iba a ser una líder, tendría que ponerme a liderar.

No parecía demasiado difícil, al margen de la aparente garantía de una electrocución y de una caída desde lo alto de la escalera. Hablé con las Viudas y tomé notas con esmero, y luego investigué en internet. Como siempre, me hice una lista de instrucciones detalladas, paso por paso y las repasé una y otra vez hasta que me sentí segura para acometer mi misión. Si la lógica y la evidencia me fallaban, esperaba que la suerte me acompañara.

Apagué la luz, saqué la escalera y me subí, tratando de ignorar los crujidos del suelo. Levanté los brazos y quité la placa, desatornillando con cuidado los tornillos necesarios y desconectando todavía con más cuidado el cable negro del cable negro y el blanco del blanco. Bajé de la escalera y dejé la lámpara. Volví a subirme a la escalera. Con cinta aislante, envolví los cables sueltos que ahora habían quedado a la vista y que colgaban del agujero del techo.

Me bajé de la escalera y admiré mi obra. El recibidor estaba un poco oscuro —habría sido de esperar que entendiera qué ocurre cuando se apaga una luz—, pero los niños no volverían a darle golpes a la lámpara, por muy alocados que fueran sus duelos. Había llevado a cabo un pequeño arreglo que podía pasar por una victoria.

Me sentía menguada. Me sentía gigantesca.

CAPÍTULO 17

Encuentros casuales

Sentada en el pequeño avión de camino a Thunder Bay, en Ontario, me pregunté por qué había accedido. Un fin de semana largo lejos de los niños, justo antes de la primera reunión presencial del Starshade, una de las más importantes de mi vida.

Había accedido a dar una conferencia en la asamblea anual de la Real Sociedad Astronómica de Canadá. Normalmente, habría declinado la invitación, ya que los fines de semana de verano eran sagrados para nosotros, pero esta institución significaba mucho para mí. La primera vez que observé la luna en un telescopio —a los cinco años, con mi padre a mi lado y los ojos como platos— fue en una fiesta de la sociedad. Más tarde, de adolescente y durante la universidad, había asistido a casi todos los encuentros en la sede de Toronto. Así que a pesar de que a los pocos días tendría que volar al Centro de vuelo espacial Goddard de la NASA en Maryland para empezar a intentar construir el Starshade, por ahora tenía que cumplir con otro compromiso.

Mientras hacía la maleta en mi habitación, Alex se había acomodado en mi cama, mirándome. Me estaba costando decidir qué ponerme. «A veces es difícil escoger —le dije—. No quiero nada demasiado formal, porque se supone que es un encuentro divertido que durará un fin de semana largo. Pero tampoco quiero nada demasiado informal, porque entonces parecerá que no le he dado importancia a la invitación.» Alex miró mi armario y luego la ropa que tenía en las manos y asintió. «Lo entiendo —dijo—. Las mujeres tenéis mucha ropa, pero muy poca de la que necesitáis.» Reí y saboreé el momento. Preocuparme sobre qué ponerme significaba que mis otras preocupaciones habían desaparecido, aunque solo fuera durante el rato que tardé en hacer la maleta. Me sentía bien.

Contemplé por la ventanilla del avión las nubes que sobrevolábamos. En un par de semanas, sería el segundo aniversario de la muerte de Mike. Las Viudas no habíamos hecho planes para entonces. El primer año tras la tragedia merecía bengalas y bolas de luz, pero los dos años no exigían mucho más que unas cuantas horas tristes de reflexión personal. Había leído en alguna parte que, en general, las viudas, o bien conocen a alguien nuevo y se vuelven a casar dentro de los dos primeros años, o bien no lo hacen nunca. No podía dejar de pensar que, al menos en ese sentido, se me había agotado el tiempo.

Antes de mi conferencia había una recepción que daría inicio al encuentro de fin de semana. Estábamos en una universidad pequeña que se había quedado vacía durante las vacaciones, donde los grandes ventanales daban a un precioso paisaje de rocas y árboles. Supongo que el nombre de Thunder Bay no es aleatorio,* pero esa semana hacía sol y calor, y no anochecía hasta las diez de la noche. «Los largos días de verano canadienses siempre han compensado sus días invernales más cortos», pensé. La resignación que había sentido en el avión se disipó. En la sala había casi cien aficionados a la astronomía, ilusionados por gozar de sus pasiones compartidas, y sentí la adictiva chispa de la convicción. La mayoría de ellos sabían que iba a dar una conferencia, y no dejé de hablar con unos y otros, principalmente sobre los méritos de un telescopio en comparación con otro.

Recuerdo el instante en que lo vi. Sentí físicamente cómo mi cabeza se giraba hacia él igual que un girasol sigue la luz. Era muy alto y destacaba incluso entre la multitud desde el otro extremo de la sala. Tenía el pelo largo y se había puesto gel para que no le cayera en

* Thunder Bay podría traducirse como «bahía de los truenos». *(N. de la T.)*

la cara, llevaba gafas de montura oscura y su sonrisa era enorme. Era de piel morena, como si se hubiese pasado la vida bajo el sol. Llevaba una camisa impecable y blanca que hacía que pareciera más moreno de lo que ya era. «Vaya», pensé. «¿Y ese quién es?» Decidí que tenía que conocerlo. No sabía cómo hacerlo. Traté de no mirar demasiado en su dirección.

Me devolvió la mirada durante un momento, y a continuación se volvió, como si pensara que estaba mirando a alguien o a algo que tenía a sus espaldas. Entonces volvió a mirarme y nuestros ojos conectaron. Aquella mirada fue lo único que compartimos. Me pareció mucho.

Cuando subí al escenario aquella noche, el hombre alto estaba sentado hacia el final del auditorio. Seguía tratando de no mirarlo demasiado. Fingí concentrarme en mis notas, aunque me sabía la charla de memoria. Había perdido la cuenta de cuántas veces la había dado. Hablé sobre mi búsqueda de la primera gemela de la Tierra, de mi misión vital de ver las luces más pequeñas del universo.

Cuando terminé, sentí alivio. Me había salido bastante bien, y ahora podría sentarme a disfrutar del resto de conferencias, que seguirían al día siguiente. Dado que las conferencias sobre astronomía no son lo que se dice lujosas, me alojaron en casa de una aficionada a la astronomía, guapa y de cabellera canosa. Era viuda. Hablamos brevemente sobre ello y sobre volver a salir con hombres. Me dijo que había recibido algunas invitaciones, pero que siempre las había rechazado. Traté de darle algún consejo sobre hombres (que debería dar el paso y volver a salir con alguien cuando estuviera preparada) y sobre dinero (debería dar el paso y renovar el baño). Y luego volvimos a hablar de astronomía, mi verdadera especialidad.

Mi anfitriona era una católica devota, pero también adoraba las estrellas. Sabía que muchas personas de su comunidad religiosa tendrían problemas para lidiar con el descubrimiento de otras formas de vida en el universo y con lo que ello podría significar para su credo. Su miedo era comprensible. En la historia de su iglesia (y de todas las iglesias), hubo quienes la desafiaron desde el punto de vista científico

—Copérnico, Galileo, Darwin—, y dentro de poco tendrían que decidir, una vez más, qué suponía uno de sus sistemas de creencias para el otro. Pronto, la religión ya no sería capaz de proporcionar todas las respuestas a las personas. Estuvimos hasta bien entrada la noche hablando de lo que terminamos llamando «el Despertar».

Seguramente, esa noche yo dormí más profundamente que ella. Al día siguiente, fui a comer a la cafetería de la universidad, y llegué algo más tarde que casi todo el mundo. Estaba prácticamente vacía, a excepción del hombre alto. Nos encontramos el uno junto al otro ante el bufé de las ensaladas. Me giré hacia él. No supe qué decir, así que esperé a que él dijera algo.

Carraspeó, y luego alargó la mano.

«Doctora Seager, me llamo Charles Darrow», dijo. Hubo una pausa. Charles Darrow parecía nervioso, pero también parecía decidido a decir lo que vino a continuación: «¿Le gustaría comer conmigo?».

Llevamos nuestras respectivas bandejas a una mesa tranquila en un extremo de la cafetería, cerca de los ventanales que ocupaban toda la pared, con vistas a todas esas rocas y árboles. Sentí una especie de sensación de victoria por haber logrado compartir mesa con él. «Por fin voy a conocerlo», pensé. Nunca había sentido una atracción instantánea como aquella por un hombre. Lo miré directamente, con una gran sonrisa. Hablamos un poco de nosotros mismos; cimientos, primeras impresiones. Tenía que concentrarme para escucharlo. Charles era de Toronto y presidía la sede de la Real Sociedad Astronómica de Canadá que tantas veces había visitado. Definitivamente, este mundo nuestro es un pañuelo. Había estado pasando mucho tiempo en su casa de campo en un lugar llamado Tiny, a orillas de la bahía Georgiana del lago Huron. Durante el día se sentaba en la playa, y por la noche miraba por el telescopio. Me preguntaba por qué pasaba tanto tiempo en un lugar llamado Tiny, pero ni yo pregunté ni Charles me lo contó.

Aquella noche coincidimos de nuevo en otra conferencia, y Charles me preguntó si podía sentarse conmigo. En la oscuridad, escuchamos la charla y el sonido de la respiración del otro. Me gustaba estar junto a él. Era mucho más grande que yo, y en cierto modo sentía como si estuviera junto a una fuente de gravedad.

A primera hora de la mañana siguiente, esperé en el aeropuerto para coger el vuelo de vuelta a casa, donde haría una visita fugaz antes de salir para la reunión del Starshade en Goddard. Charles me había dado su tarjeta de visita. La saqué y la sostuve entre los dedos durante un rato. Le envié un correo electrónico en el que le dije que me alegraba de haberlo conocido. Si soy sincera, no creía que nuestros caminos volvieran a cruzarse. Él tenía su vida y yo tenía la mía. Consulté la distancia entre Toronto y Concord: son 1 600 kilómetros. Para el caso, bien podríamos vivir en planetas distintos.

Estuve en casa tan solo una tarde, el tiempo necesario para deshacer y volver a hacer la maleta, llevar a los niños a nadar un rato y dar las gracias a Jessica por cuidarlos. Y de vuelta al aeropuerto. De vuelta a un avión. Leí las notas de mi siguiente conferencia, esta vez ante un público de astrónomos profesionales, no de aficionados. Siempre me ha resultado interesante lo distintas que pueden sonar las mismas ideas, según quien las escuche.

«He oído que eres una experta en el Starshade», me dijo alguien con cierta insidia, poco después de llegar. Al rato, otra persona vino a repetir la misma frase, casi palabra por palabra, y también lo dijo con sarcasmo, no con sinceridad. Él era ingeniero y yo científica, así que entendía a qué se refería: construir cosas se le daba mejor a él. Y, aun así, me molestó que mis supuestos compañeros fueran tan maleducados. Sabía que no se atreverían a decirle aquello a un hombre que ocupara mi posición, con mis cualificaciones, pero intenté por todos los medios esconder mi disgusto.

Me senté con mi equipo STDT por primera vez: el comité estaba compuesto por diez miembros, incluyendo a un par de emisarios del Laboratorio de propulsión a reacción. Allí es donde se construyen los vehículos tripulados de Marte y otras máquinas maravillosas. También contábamos con un inestimable equipo de diseño. No tenía sentido soñar con algo que no pudiera materializarse, y ellos nos recordarían las limitaciones que entraña la conversión de planos en objetos físicos.

Aquel primer día todo fue muy rápido, pero cada hora que pasaba me gustaban más nuestras posibilidades. A pesar de haber empezado con mal pie, poco a poco fui sintiendo que éramos un equipo. El grupo estaba bien configurado y las habilidades de unos complementaban las de los otros. Cuando llegó la noche y nos sentamos a cenar en un restaurante tailandés cercano, me sentía cansada pero feliz. Íbamos a hacer algo increíble.

El segundo día de reuniones, me levanté pronto para conceder una entrevista a la BBC para el Día Mundial del OVNI. Algunos lo celebran el 24 de junio, cuando un aviador llamado Kenneth Arnold protagonizó el primer avistamiento de un OVNI que atrajo la atención por parte de la prensa. Afirmó que, mientras volaba cerca del monte Rainier en el estado de Washington en 1947, había visto nueve objetos avanzando en una formación perfecta. Dijo que tenían forma de platos de postre, de ahí que los llamemos «platillos voladores» y que las naves espaciales alienígenas de las películas tengan forma de disco con tanta frecuencia. (Esta forma siempre me ha parecido extraña, ya que nosotros jamás hemos construido un disco volador.) El 2 de julio, el día de mi entrevista, también se reconoce como el Día Mundial del OVNI. Es la fecha en que los alienígenas supuestamente se estrellaron en el desierto de Nuevo México cerca de Roswell, unos pocos días después del avistamiento de Arnold. Menudo verano aquel.

Yo no creo que los alienígenas nos visitaran ni en 1947 ni ningún otro año. No creo que haya nada ni nadie capaz de viajar tan lejos. Pero, aun así, quería que el público global de la BBC imaginara las posibilidades. Me puse mi chaqueta de cuero marrón favorita —podía oír los susurros de la estilosa Chris rogándome que no me vistiera como una sosa para la televisión— y me senté en la luz matinal que entraba en mi habitación de hotel a esperar la videollamada de un periodista británico de dicción impecable llamado Tim Willcox. Me preparé para presentar mi argumento habitual.

«¿Cuál es su corazonada? —preguntó Willcox, riendo un poco—. No es muy científico, pero ¿cuál es su corazonada? ¿Cree que hay vida ahí afuera?»

«La cuestión es la siguiente —dije, sonriendo—. A los científicos nunca nos gusta decir sí o no sin tener ninguna evidencia, especialmente en la BBC. Pero sí le diré que, desde el punto de vista estadístico... Si haces los cálculos y preguntas cuántas estrellas hay ahí afuera, y cuántos planetas hay, lo cierto es que parece inevitable que haya vida en otros lugares del universo.»

«Bien, pues espero que encuentre Krypton —dijo Willcox— y a un nuevo Superman. Sara Seager, le deseo mucha suerte, y quién sabe si hablaremos de nuevo cuando los haya encontrado.»

Deseaba con todas mis fuerzas dar esa segunda entrevista. ¿Te imaginas? ¿El día que encontremos pruebas de la existencia de otra vida en el universo? El día que «sepamos» que ahí afuera hay otros será uno de esos días que marcan un antes y un después. Imaginé a la viuda de cabello canoso de Thunder Bay encendiendo la radio y escuchando las noticias, llevándose la mano a la boca, con lágrimas en los ojos: el Despertar.

Volví a Goddard poseída. Di mi conferencia y escuché otras acerca de los exoplanetas que más posibilidades tenían de albergar vida y sobre la evolución de los gigantes celestiales. Pronto, la sala bullía con energía creativa. Usamos la palabra «objetivos» con mucha frecuencia. Estábamos enfocando la mirada.

Me encontraba en el aeropuerto esperando para volar a casa desde Goddard cuando tuve la primera oportunidad de consultar el correo. Vi un mensaje de respuesta de Charles. Por poco me caigo de la silla.

«Hay algo que olvidé decirte —escribió—. ¿Podemos hablar?»

El 4 de julio nos juntamos Melissa, nuestros hijos y algunas de sus amigas no viudas. Sabía que estaba mejor conmigo misma porque podía soportar su risueña compañía sin que me invadiera el desprecio. «Si no quiero matarlas, ya es un paso.» Cogimos la línea roja hacia

Cambridge, al campus del MIT, ya que nos dirigíamos a la azotea del Edificio Verde, a veintiún pisos de altura. Era el lugar perfecto para ver los fuegos artificiales del Día de la Independencia sobre el río. Le enseñé a Melissa mi correspondencia electrónica con Charles. Para entonces, ya había recuperado la compostura necesaria para contestarle con toda la tranquilidad de la que fui capaz: «Claro». Ahora esperaba a que sonara el teléfono.

«¡Qué divertido!», dijo Melissa por encima del ruido del tren, y soltó una carcajada. Sabía qué intentaba decirme. «Limítate a pasar un buen rato. No te lo tomes demasiado en serio.» Por primera vez, pensé que Melissa no tenía todas las respuestas. Estaba emocionada hasta los huesos, como si hubiese desenterrado un conocimiento nuevo que me había descolocado, como si fuera mi propia versión del Despertar. Charles y yo nos habíamos conocido un fin de semana en Thunder Bay y no habíamos vuelto a hablar desde entonces. Era una científica sin evidencia alguna, pero sabía que Charles tenía algo, que no era como los demás. No era como ninguna otra persona.

Al día siguiente, me llamó. Luego supe que había cogido el teléfono cinco veces antes de reunir el coraje necesario para terminar de marcar mi número. Se me aceleró el corazón cuando vi el conocido prefijo de Toronto en la pantalla.

«¿Diga?»

«Hola, Sara. Soy Charles.»

No hablamos de nada en concreto. Solo de banalidades. «¿Qué tal todo? Bien. Con mucho trabajo, pero bien.» Seguíamos sin conocernos demasiado, una señal de las limitadas dotes sociales que compartíamos. Le había dicho que me preocupaba no pasar suficiente tiempo con los niños, y que me sentía dividida entre ellos y mi pasión por las estrellas. Charles me dijo que creía que mi trabajo era importante. También me dijo que su padre había sido comercial y que había estado siempre de viaje antes de montar un negocio propio que le exigía mucho tiempo, y que llegó a arrepentirse del tiempo que había pasado lejos de sus hijos. Charles quería que supiera que pensaba que era una buena persona y una buena madre por preocuparme por no haber encontrado el equilibrio adecuado. Y que si no lo había encontrado todavía, seguro que terminaría consiguiéndolo.

Vislumbraba partes de sí mismo en lo que me decía, pero sentía que había cosas importantes que no me estaba contando.

Yo tampoco le conté algunas cosas.

Colgamos y no dejaba de pensar en él, pero no de la forma habitual. No estaba siendo analítica. No lo diseccionaba. Solo sabía que quería hablar un poco más con él.

El día después de la llamada, los niños y yo nos fuimos a Suiza a visitar a Brice de nuevo. No había nada de trabajo de por medio, eran unas vacaciones de verano auténticas. Un día que la lluvia nos dejó atrapados en el hotel, decidí enviarle un breve correo a Charles, un empujoncito muy suave. «Hola desde Suiza», escribí. «Una tormenta nos tiene atrapados. ¿Qué tal todo por allí?»

Me sorprendió un poco que me respondiera tan rápido.

«Come rösti a mi salud.»

Reí, tumbada en la cama. No había esperado esa respuesta.

Nos escribimos un par de veces más, y Charles siempre escribía algo que me hacía sonreír. Me preguntó si podríamos volver a hablar cuando volviera a casa. «Claro», escribí, pero le dije que esta vez quería que habláramos por Skype. Quería verle la cara. Quería verle los ojos.

«Vale», escribió. «Me haré con una cámara para este careto tan feo.»

¿Careto feo? Cuando Charles se miraba en el espejo, no debía de ver lo mismo que veía yo. A mí me parecía muy atractivo. Se miraba a sí mismo como su peor espectador; yo lo miraba y veía la vida misma.

Había una parte de mí que quería decírselo todo, pero Charles y yo no hablábamos de esa forma. En nuestras confesiones no había urgencia. No había carreras por llegar al siguiente paso de nuestra relación, porque no había siguiente paso. Nos estábamos haciendo amigos, y las amistades verdaderas llevan tiempo. Solo nos dábamos pequeñas pistas sobre quiénes éramos y sobre lo que nos había pasado. Me dije que iba a dejar que el universo hiciera lo que tuviera que hacer, pero no era del todo cierto. Más bien, sabía qué quería que hiciera el universo, y no quería hacer nada para interponerme en su camino. Estaba segura de que algo más grande estaba por venir, y estaba resuelta a dejar que pasara lo inevitable.

Le había dicho a Charles que tenía hijos, pero no sabía quién era su padre. No sabía si seguía casada o si estaba divorciada o cualquiera de las otras opciones posibles. Sabía que era astrónoma y que daba clases en el MIT, pero no sabía exactamente cómo era mi vida, o cómo de famosa me había hecho en mi campo de estudio. Sabía que me gustaba, supongo, pero no creo que supiera cuánto.

Charles me dijo que trabajaba en la empresa familiar en Toronto. La encontré en internet. Era una empresa de venta al por mayor de componentes de máquinas especializadas. Sabía cómo funcionaban las herramientas, no solo sabía que existían los cojinetes, sino «por qué» existían, y sabía que había distintos tipos de cojinetes que hacían cosas distintas. Admiraba el control que su trabajo parecía concederle sobre el mundo. Hacía un horario estable, libraba los fines de semana, cogía vacaciones cuando las necesitaba. Parecía haber cierto orden en su vida. Le tenía cogida la medida a las cosas.

Entonces, Charles dijo algo: «Mi mujer», oí. Su mujer. En presente. Sin adjetivos.

Estaba casado.

«No pasa nada», pensé en un arrebato de autoprotección. «Tampoco estoy lista para tener una relación. Somos un par de amigos que flirtean un poco. Es un pequeño embelesamiento con alguien de lejos. No hay nada de malo en eso.» Pero, por dentro, se me había abierto una brecha y sentí cómo me desinflaba. Me dije que estaba haciendo el tonto. «¿Mil seiscientos kilómetros? No teníamos ninguna posibilidad.» Eso lo sabía. Lo sabía. Pero, aun así... Había dejado que mi corazón se desbocara un poco. Me había permitido sentir cierta esperanza.

Charles y yo seguimos hablando. Nunca nos quedábamos sin tema de conversación, e incluso si hablábamos sobre algo cotidiano, mi atención nunca flaqueaba. También ayudaba que tuviera un sentido del humor muy rápido. Muchas de sus bromas eran contra sí mismo, se miraba a sí mismo con sarcasmo y me hacía reír más de lo que me había reído en años. Con él podía ser yo misma, y parecía sentirse atraído por mí, no repelido. Las conversaciones con Charles eran muy distintas de la mayoría de las veces que había intentado conocer a alguien. Era como si pudiésemos hablar eternamente.

Le dije a Charles que Riccardo, el exalumno del MIT que había cumplido su promesa de estar a mi lado durante el resto de mi vida, a veces me escribía para darme las buenas noches y desearme los buenos días. Cazó la indirecta.

Charles me escribió esa noche: «Buenas noches, Sara».

A la mañana me desperté y: «Buenos días, Sara».

Había llegado el momento de contarle mi secreto a Charles. Era el día antes del segundo aniversario de la muerte de Mike. Le conté lo que mañana traería consigo.

No se disculpó en nombre del cáncer ni trató de encontrarle una parte positiva a la muerte de alguien a quien amaste. Dijo que esperaba que estuviera bien. Que estaría pensando en mí.

Le dije que ese fin de semana sería también mi cumpleaños. Qué deprimente.

Me desperté el sábado: «Buenos días, Sara. Feliz cumpleaños».

Le contesté: «Mi cumpleaños es mañana. El domingo».

«Dijiste "este fin de semana" —escribió—. Tenía un 50 % de posibilidades de acertar.»

A principios de agosto, tuve que ir a Toronto a ayudar a cerrar la finca de mi padre. Todavía había cabos sueltos. Le pregunté a Charles si quería que quedáramos para darme un respiro en el proceso. Me recogió en su impecable Volkswagen blanco. Estaba emocionada por verlo, pero pronto me sentí confundida. Parecía nervioso, especialmente en comparación con lo relajado que se lo veía durante nuestras conversaciones electrónicas.

Habíamos planeado visitar el Observatorio David Dunlap, al norte de la ciudad, porque quería hacerme una visita guiada. Le dije en broma que seguramente yo debería ser la guía, ya que era el mismo observatorio en el que había pasado dos veranos en mis días en la Universidad de Toronto. Conocía el lugar al milímetro. Fue construido en la década de 1930, y su majestuosa cúpula fue fabricada en Inglaterra y enviada a los cielos menos contaminados de las colonias. Estaba posado en la cima de una colina, envuelto de un dosel protector de árboles antiguos. En su interior había un telescopio de casi 190 centímetros que había sido el segundo más grande del mundo cuando empezó a escanear el cielo. La facultad había vendido el terreno a un promotor inmobiliario, quien había sacado el observatorio de sus planes y se lo había cedido provisionalmente a la sede de la Real Sociedad Astronómica de Canadá en Toronto, lo que explicaba que Charles tuviera las llaves.

«Qué presión, ¿eh?», dije.

Le había dicho que la biblioteca era mi sala favorita. «La biblioteca no forma parte de la visita», se burló.

El observatorio estaba plagado de cosas que me recordaban por qué me dedico a lo que me dedico. Aprendí tanto en aquel momento, y había aprendido tanto desde entonces... A pesar de nuestra pasión compartida por las estrellas, Charles y yo nunca hablamos de sus orígenes. No hacía falta. No hace falta que le expliques tu pasión por algo a alguien que también lo adora, porque ya conoce tus razones.

Nos sacamos nuestra primea foto juntos al lado de ese telescopio gigante. Luego, Charles me llevó a cenar. Me dio un regalo, una cajita. La abrí y en el interior vi el destello de un reloj. No era un reloj normal: era un reloj de astrónomo, con una correa blanca y una esfera grande. Tenía un reloj solar —si le dabas una ubicación concreta, te mostraba cuándo amanecería y cuándo atardecería— y otro lunar. Podría mirar el reloj por la tarde y saber en qué fase estaría la luna esa noche.

«Gracias por ser mi amiga», dijo Charles. Lo dijo de una forma que me hizo pensar que estaba sondeando una tristeza profunda, una tristeza a la que, hasta entonces, yo no había tenido acceso. Me había resignado a que lo nuestro fuera una amistad a distancia. Correos electrónicos, Skype, mensajes, tal vez una visita cuando pasara por Toronto. Dos personas que podían amar las estrellas juntas. Ahora me había regalado un reloj, un reloj que me haría pensar en él únicamente cada vez que lo llevara, únicamente cada vez que quisiera saber la ubicación del sol o de la luna.

Había una pregunta que me consumía por dentro: ¿qué había entre Charles y yo?

Terminamos de cenar y me llevó al centro, hacia el lago Ontario, donde una habitación de hotel me esperaba cerca del puerto. Tenía que coger un vuelo desde las Islas de Toronto a primera hora de la mañana. Nos paramos en la puerta del hotel. Charles apagó el motor y nos quedamos en el coche ahora inmóvil. El aire era denso. Me sentía aplastada por un peso enorme.

Miré el reloj en mi muñeca y supe en qué fase estaba la luna y qué quería decir. Quería transmitirle un mensaje sencillo y claro: «Debemos estar juntos». No sabía cómo ejecutarlo. No sabía cómo empezar a salvar la distancia entre mi teoría y nuestra realidad, ese abismo en el que tantas cosas buenas van a morir.

Notaba que Charles también quería decir algo, pero a él le estaba costando todavía más trabajo encontrar las palabras adecuadas. Los dos casi dijimos algo muchas veces: ese último trago de saliva antes de una confesión real; labios humedecidos incontables veces... Estuvimos allí durante unos segundos que parecían minutos y unos minutos que parecían horas.

«Bueno —dijo Charles finalmente, y yo me erguí en el asiento—. Tengo un largo camino hasta casa.»

Así me dio pie a que saliera. Me despedí y salí a la acera. Hacía más frío en la calle en pleno agosto que en el interior de aquel coche. Respiré hondo y lo miré mientras se alejaba.

CAPÍTULO 18

Claridad

«Sara —dijo Bob finalmente—. ¿Sabes qué hago cuando necesito claridad? Cruzo el Gran Cañón corriendo.»

Habían pasado casi dos años desde aquella lacrimógena cena con Bob Williams, y sus palabras todavía resonaban en mi cabeza. Había muchas razones que me impedían olvidarlas. Había viajado mucho desde que murió Mike, pero no había conquistado terreno como habíamos hecho juntos, y quería sentir lo que habíamos sentido cuando remábamos por el lago Wollaston: la intimidación de la distancia y la satisfacción de quien la conquista. Con el Starshade en el horizonte, cada vez me atraían más los objetivos finitos, la consecución. También quería sentirme capaz de lograr lo que decidiera lograr, sentir que mi futuro era decisión mía. Necesitaba cansar los músculos y poner a prueba mi determinación. El Gran Cañón era el tipo de reto que me gustaba. Era una aventura tanto como una metáfora. Cada uno de sus dos lados representaba cada una de mis vidas, separadas por un abismo que estaba en mis manos cruzar.

También recordaba la preocupación que mostró Bob cuando creyó que iba a intentarlo de veras. Mi reacción dejó claro que lo más probable era que lo intentara. El día después de nuestro encuentro, me llamó.

«Sara, no es nada fácil —dijo—. Se llama Gran Cañón por algo. Por lo que más quieras, no intentes cruzarlo en un solo día.» Mis ganas eran reales, pero no me había costado aparcarlas.

A finales del verano de 2013, los niños tenían un par de semanas libres entre el final del campamento y el inicio de curso. Yo seguía obsesionada con la brevedad de la vida. Le pregunté a Alex si todavía quería hacer el 4 000 del que un día me había hablado con tanta urgencia. «Sí», dijo sin dudar. Le pedí que me dijera cuántas ganas tenía, en una escala de uno a diez. «Siete u ocho», dijo. Por su forma de decirlo, templada e incierta, entendí que su corazón albergaba una respuesta distinta.

Alex estaba creciendo muy rápido. Ya tenía ocho años. Durante unos dos años, su crecimiento pareció estancarse, pero de pronto creció varios centímetros y ganó trece kilos. Cuanta más masa, más cuesta moverse. Quizá, en su mente, las montañas se habían vuelto más altas de lo que fueron un día.

Me preguntaba si ver una montaña de verdad incitaría algunas de sus sensaciones de entonces. Decidí llevármelos a Colorado. Jessica también vendría, contagiándonos su entusiasmo habitual, y también saqué un billete para una mujer joven llamada Zsuzsa que se había graduado recientemente en el MIT y que se había convertido en otro miembro de nuestro círculo familiar. No había dejado de adoptar humanos adultos perdidos igual que en el pasado adoptaba gatos sin hogar. Zsuzsa necesitaba un lugar en el que alojarse; yo había vaciado dos habitaciones que tenía libres, y siempre me iría bien más ayuda en casa. También era una persona particular, y decía que su padre ruso la había entrenado como si algún día fuera a convertirse en un agente de la KGB. Dijo que estaba hecha para el peligro. Había empezado a preocuparme que nuestra casa se incendiara en plena noche, y ella insistía en que nos salvaría.

En el vuelo a Denver, contemplé por la ventanilla las Rocosas, y me di cuenta de que no teníamos nada remotamente planeado. Ni siquiera había escogido la montaña que Alex y yo quizá subiríamos. Bajé la vista hacia los picos y me pregunté: «¿Cuál será el nuestro?».

Tras una breve investigación de las cimas de Colorado que bien parecían fortalezas, Alex no tardó en decidir que no quería hacer el ascenso. Ya no necesitaba batir récords mundiales. Tal vez la progresiva distancia entre quién fue y quién quería ser formaba parte de su crecimiento. Fueran cuales fueran sus razones, le dije que no pasaba nada. Ya me había adelantado y les había dicho a Jessica y a Zsuzsa que seguramente necesitaríamos un plan alternativo, y ahora lo llevamos a cabo. En lugar de subir una montaña, fuimos al Gran Cañón.

Llegamos hasta Grand Junction, en Colorado, y reservamos una habitación de hotel con literas. Había una piscina y un parque de atracciones pequeño cerca. Max y Alex parecían aburridos de ir en coche. Durante la cena, decidimos que Jessica se quedaría en Grand Junction con los chicos. Zsuzsa y yo seguiríamos avanzando hacia el suroeste.

«Sara —dijo Bob finalmente—. ¿Sabes qué hago cuando necesito claridad? Cruzo el Gran Cañón corriendo.»

Zsuzsa conducía. Fue un viaje espectacular desde Colorado, atravesando Utah y entrando en Arizona. La Tierra es el planeta más hermoso de todos. Bajamos en coche por las montañas y cruzamos gargantas de ríos y nos adentramos en las primeras lenguas del desierto. Los árboles se convirtieron en cactus. El verde pasó a ser marrón; el marrón se volvió rojo. La temperatura, la luz, el olor, los sonidos, la sensación del viento: el entorno cambiaba con cada kilómetro que avanzábamos. No parecía que hubiéramos cruzado un par de fronteras estatales, sino que nos hubiéramos acostado en un universo y al despertarnos estuviéramos en otro.

Llamé a un hotel en el lado norte del Gran Cañón y pregunté si tenían habitaciones libres. Les quedaba una. Era una señal.

Aparcamos en el Grand Canyon Lodge, uno de los lugares más magníficos que podía imaginar. Las habitaciones son como cabañas de madera. Afuera, el hotel se aferra al borde de un desfiladero inclinado y, al fondo, el cielo y las nubes mudan de un color a otro. Cuando cayó la noche, encontré un rincón tranquilo entre las rocas y alcé la mirada. No hay nada como el desierto para hacer salir a las estrellas. Vi las constelaciones a través de los ojos de un griego antiguo: las estrellas como misterio eterno, la estrellas cobrando vida.

Zsuzsa y yo nos habíamos hecho un croquis de lo más simple, pero nuestra falta de preparación me alegró. De haber tenido más tiempo para pensar en los detalles, podría haberme puesto más nerviosa. Decidimos levantarnos pronto, calzarnos las botas y ponernos nuestras pequeñas mochilas a la espalda. Llevaríamos agua y crema solar y algo para picar. Si necesitábamos más agua, beberíamos de las fuentes en los manantiales que encontraríamos por el camino. Después de todo, ahí abajo había un río. Cruzaríamos de norte a sur, haríamos noche en otro hotel en el lado sur, y emprenderíamos nuestro triunfal camino de vuelta al día siguiente.

Todavía no había amanecido cuando nos levantamos y nos dirigimos al borde del cañón. Pensaba que estábamos a punto de hacer algo muy especial, pero no éramos las únicas. Una pequeña multitud estaba en la línea de salida. Me sentí algo decepcionada, pero puede que también sintiera cierto alivio. Estábamos a punto de hacer algo extraordinario que, aparentemente, estaba al alcance de personas normales.

El sol se alzó encima del horizonte. Sentí una pequeña ráfaga de adrenalina en el pecho. Asentí a Zsuzsa y ella me devolvió el gesto. Íbamos a hacer caso omiso de la advertencia de Bob, cruzaríamos el cañón en un solo día. Dimos nuestros primeros tímidos pasos. La gravedad no tardó en tirar de nosotras hacia abajo, como agua hacia el desagüe. Llevábamos ya unas horas caminando cuando Zsuzsa sacó energía para empezar a correr. La seguí. Los pies empezaron a hacérseme borrosos. Sentía el sudor acumulándose en la frente y esa presión agradable en los pulmones. Zsuzsa soltó un aullido.

«Hoy es el mejor día de mi vida», gritó a las profundidades del cañón.

Es imposible mirar las paredes del Gran Cañón y no pensar en el paso del tiempo. No hay consenso entre los geólogos sobre cuánto tiempo lleva el río Colorado esculpiendo su profundo y ensanchado corte en la superficie de la Tierra, pero las estimaciones hablan de unos cinco o seis millones de años. Hoy, el cañón se extiende a lo largo de 445 kilómettros de río y mide casi 30 kilómetros en su punto más ancho. En esencia, es un hoyo muy grande, tallado grano a grano por el viento y el agua que transcurre sobre arena y roca. Es el testimonio de cómo se construyen los grandes monumentos: poco a poco. Las paredes del cañón, de un kilómetro y medio de altura en algunos puntos, han sacado a la luz unos dos mil millones de años de historia geológica.

Cada vez que avanzábamos un puñado de pasos por el lado norte, saltábamos de un siglo a otro. Ahí va mi generación. Ahí va la guerra civil española. Ahí va el Renacimiento. Ahí van los anasazis, y ahí el Imperio romano, y ahí la dinastía Shang. Ahí va el origen de nuestra especie. Ahí van los dinosaurios, y los reptiles prehistóricos, y los albores de la propia vida. Con el tiempo, el río Colorado podría incluso desenterrar el *big bang*.

Zsuzsa y yo también medíamos el tiempo en un sentido más inmediato, especialmente en cuanto a la distancia. El camino desde el lado norte hasta el sur es de casi 34 kilómetros ondulantes. Con una pendiente de 1,6 kilómetros, y en algún punto, al otro lado del río, con una subida de pendiente equivalente. Sabíamos que el camino de bajada es engañoso. Es la mitad del camino, y al mismo tiempo, no lo es. Bajar es más fácil que subir.

También medíamos el tiempo según la luz del sol. Le estábamos echando una carrera. El día estaba cubierto, lo que jugaba a nuestro favor con respecto a la temperatura, pero era menos propicio si pensábamos en hasta dónde y hasta cuándo podríamos ver.

En el fondo del cañón hay un puente que cruza el río. Miré el agua y su discurrir eterno. Había pasado más de una década desde que Mike y yo habíamos bajado por esas aguas, desde que había saludado a las personas que nos miraban desde ese mismo puente. La tristeza se apoderó de mí un momento, como la sombra de un dolor. Pero no duró mucho. Me centré en otra cosa. En cierto sentido, casi podía ver el fantasma de mi yo del pasado, mi versión joven en el agua, los años desvaneciéndose. Sabía todo lo que le había pasado, como si fuera una desconocida cuyo futuro fuera capaz de leer. Podía verla en el río, llamarla y contárselo todo. ¿Debería hacerlo?

El ruido y los pasos de una fila de mulas que transportaba a los turistas hacia abajo del todo me sacó de mi hechizo. El guía era un hombre mayor vestido de *cowboy*. «Qué guapo», pensé, y luego me encontré pensando sobre lo que había pensado. «Qué guapo.» Era un pensamiento sencillo, un reflejo involuntario, una respuesta condicionada ante un estímulo visual positivo. Pero, a su manera, ese pensamiento parecía ser también un puente. Quizá por fin sería capaz de cruzar al otro lado.

Zsuzsa y yo estábamos cautivadas. El punto que marca las tres cuartas partes del camino, el más desesperado en la mayoría de los viajes —tanto terreno cubierto, tanto por cubrir—, trajo consigo una cascada de sensaciones agradables. Tenía las piernas contentas y el espíritu por las nubes. Hablamos de que quizá podríamos volver esa misma noche. Las nubes se estaban abriendo e iba a haber luna llena.

Entonces, empezó a tener molestias en la rodilla. Me dijo que siguiera. Llegué arriba, con el cañón bajo mis pies. Me senté en las rocas y miré sus paredes rojas mientras la luz dorada se apagaba. Justo cuando había decidido bajar a buscarla, Zsuzsa salió también del cañón. Habíamos llegado al lado sur. Estaba lleno de turistas; recordé el monte Washington, los coches y los excursionistas y la diferencia entre ellos. Me dormiría vestida. Dormiría con la misma profundidad del cañón.

Esa noche, Zsuzsa decidió que no era capaz de volver porque su rodilla no resistiría. Se sentía decepcionada por tener que hacer el largo viaje en autobús de vuelta.

Lo haría sola. A primera hora de la mañana siguiente, encontré el inicio del camino de bajada y esperé en la oscuridad a que amaneciera. Empecé con el sol. Bajé corriendo, adentrándome en el cañón, y llegué al puente que había abajo. Ahí estaba el apuesto *cowboy*.

«Ayer te vi», le dije.

Sus blancos dientes brillaron debajo del ala de su sombrero. «Te quiero», dijo.

Fue surrealista. Le salió con total naturalidad. No sentí que estuviera ligando conmigo, sino como si estuviera entreteniendo a los turistas que lo acompañaban. Pero parecía sincero, como si les estuviera exponiendo otro dato geológico. Le dediqué la mayor de mis sonrisas. El amor de un *cowboy* y mis pesadas piernas me llevaron desde el fondo del cañón hasta la subida. Me enjugué el sudor de la frente y me limpié el polvo de la comisura de los labios. Traté de no mirar hacia arriba. Me concentré en las rocas que tenía delante, en una capa y luego en otra. Ahí vienen los dinosaurios. Ahí viene la guerra civil española.

Zsuzsa me esperaba al otro lado. Me di una ducha larga y nos sentamos a disfrutar de una comida estupenda. Me sentía electrizada, eufórica.

A la mañana siguiente, nos pusimos en marcha hacia Grand Junction. Zsuzsa iba al volante y yo recliné mi asiento, sintiendo el cuerpo cargado de ácido láctico y de orgullo. Observé los desiertos convirtiéndose en bosque de nuevo, cañones camino de convertirse en montañas. No estaba segura de poder explicarles a Jessica y a los chicos cómo había sido aquel viaje, o cómo me había permitido saber exactamente quién era en ese preciso momento.

«Sara —dijo Bob finalmente—. ¿Sabes qué hago cuando necesito claridad? Cruzo el Gran Cañón corriendo. En un solo día.» Llamé a Bob en cuanto tuve cobertura. Aunque hablábamos de vez en cuando, no le había contado que iba a venir.

«Hola, Bob —dije—. Lo he hecho.»

Lo había hecho, y fue entonces cuando lo supe. La distancia nunca fue el problema. Solo era cuestión de tiempo.

CAPÍTULO 19

Un rayo de genialidad

En la ciencia, a veces buscas algo que te conduce, a ti o a otra persona, a algo mejor. En su máxima expresión, los científicos son exploradores.

Todavía sentía el Gran Cañón en mis piernas cuando el curso empezó de nuevo en septiembre; hacía mucho que no sentía ese tipo de fortaleza. En cuanto volví del viaje, Charles y yo empezamos a comunicarnos de nuevo constantemente —e-mail, mensajes, Skype, teléfono—, como si ese momento de eterna incomodidad en su Volkswagen jamás hubiese ocurrido. Nos habíamos conformado con ser amigos a distancia, y decidí que era lo mejor. Me entregué en cuerpo y alma al Starshade, me preparé para volver a las clases y me zambullí en mi investigación favorita. Juré no volver a pensar jamás que habíamos llegado a los límites de nuestros mapas.

El Kepler había estado ocupado mapeando su pequeña parcela de la galaxia, un trozo de cielo cerca de la constelación de Pegaso, y nos había aportado un flujo constante de descubrimientos esperanzadores. Catorce exoplanetas hasta entonces desconocidos se habían confirmado hasta finales de agosto, lo que nos situaba en unos 150 mundos nuevos nombrados gracias al Kepler, y todavía teníamos miles de planetas probables a la cola, esperando a ser validados. La magnitud de los descubrimientos permitió que nuestra comunidad empezara a encontrar patrones en sistemas planetarios; ahora podíamos llevar a cabo nuestro propio censo. Resultó que era mucho más que coleccionar sellos. Entre otros, los astrofísicos interesados en cómo se forman los planetas ahora tenían muchos más ejemplos que estudiar.

Dejé que otros se ocuparan de eso. Yo quería seguir adentrándome en esa nueva frontera. Mi investigación sobre gases de biofirma con William Bains había dado un giro sorprendente. Pensaba en qué gases, además de los evidentes —oxígeno, metano—, podríamos considerar un signo de vida, y me asombró ver cuántos gases genera la biología. A excepción de los gases nobles como el helio, que son inertes y de nula reactividad, me preguntaba si absolutamente todos los gases podían ser producidos por la vida. Le presenté mi teoría a William, quien la rechazó de inmediato por ridícula. Pero rebatí su argumento: todos los gases que existen en la atmósfera terrestre, incluso los detectables en fracciones de billones, pueden ser creados por seres vivos. Suelen surgir de fuentes no biológicas, pero la vida «puede» generarlos. William decidió que mi idea era menos ridícula de lo que había pensado, y junto con un brillante posdoctorado llamado Januzs Petkowski, invirtió una cantidad considerable de trabajo para demostrar mi alocada idea. Decidimos ir a Harvard una tarde para presentar nuestros argumentos ante el biólogo Jack Szostak, ganador de un premio Nobel. Jack escuchó educadamente mientras le presentábamos nuestro PowerPoint, y luego mencionó un gas, el primero que le vino a su galardonada cabeza, que no surge de la vida.

Si Jack era capaz de nombrar un gas con tanta facilidad, debería de haber más; en cualquier caso, con uno bastaba para echar por tierra nuestra teoría. William, Janusz y yo estábamos abatidos, pero no vencidos, y retomamos el trabajo. Pronto alcanzamos un resultado asombroso. Dada la temperatura de la superficie de la Tierra y su presión atmosférica, hay más de 14 000 moléculas que pueden existir en forma de gas, y una cuarta parte de ellas es producida por la vida terrestre. ¿Quién sabe cuáles de ellos podría generar la vida de otro mundo? Aquello confirmó que debíamos ser extremadamente cautelosos en nuestra búsqueda. Encontrar una atmósfera alienígena rica en oxígeno sería un descubrimiento revolucionario, pero el oxígeno no es, ni mucho menos, el único indicio posible de la existencia. Es uno entre miles.

Hubo muchos científicos que también trabajaban en los gases de biofirma que criticaron nuestra cada vez más extensa base de datos. Se mantenían inflexibles en su afirmación de que el oxígeno, el metano, el ozono y otro puñado de gases eran los únicos que podrían producirse en cantidades lo suficientemente grandes como para que los detectáramos. No me importaba. Me había esforzado mucho en permitirme la licencia de ampliar mi propia idea de lo que era vida. Sabía que nuestro trabajo serviría como punto de partida para otras investigaciones, que sería el trampolín de lanzamiento para quién sabe cuántos otros descubrimientos, que daría impulso a infinitos sueños.

Janusz ya había descubierto algo increíble por sí solo. Había observado los gases y los sólidos que no son el producto de la biología y había encontrado algunos patrones específicos e inconfundibles en ellos. Hay fragmentos de moléculas —los llamamos «motivos»— que la vida se niega en gran medida a producir. Teníamos la corazonada de que los motivos, esos vacíos bioquímicos, abrían la puerta a tantas posibilidades como un océano sin explorar. Nadie sabía qué podríamos encontrar en ellos.

Por ejemplo, si nos fijamos en los cientos de miles de moléculas distintas que sabemos que los seres vivos sí crean, vemos que cerca del 25 % contienen nitrógeno. Cerca del 3 % contienen sulfuro. Estos dos elementos abundan bastante en nuestro mundo; sin embargo, es extremadamente infrecuente encontrar moléculas con enlaces de nitrógeno y sulfuro. Este hecho nos sorprendió, porque los enlaces de nitrógeno y sulfuro son comunes en la industria y en la farmacología; forzamos esta unión sin cesar al fabricar caucho o para producir toda una serie de tintes y pegamentos. Pero ¿y la vida? La vida casi siempre evita formar estos enlaces, y cuando lo hace, suelen ser tóxicos.

En cambio, la vida suele enlazar el sulfuro con el hidrógeno. Las proteínas que contienen este compuesto están por todas partes; es probable que estén presentes en todas y cada una de las células de todos los organismos de la Tierra. Juntos, elaboramos la teoría de que los compuestos de nitrógeno y sulfuro y los compuestos de sulfuro e hidrógeno no existen con facilidad ante la presencia del otro en la naturaleza. La vida en la Tierra ha escogido al hidrógeno como una de las parejas más comunes del sulfuro, y al nitrógeno lo invita muy pocas veces. Están cerca de ser mutuamente excluyentes.

¿Significa eso que si encontramos un exoplaneta con nitrógeno-sulfuro en su atmósfera, debemos descartar que albergue vida? No necesariamente. Algunos de mis compañeros podrían argüir que ignorar las lecciones de la vida en la Tierra ampliará los parámetros de nuestra búsqueda hasta imposibilitarla. Discrepo. Si he aprendido algo de mi investigación sobre los gases de biofirma —y he aprendido muchas cosas—, es que la vida se abre camino a su manera, y no siempre sigue la misma ruta dos veces. Nuestro enfoque debe ser más radical, no menos.

Pongámonos a imaginar.

Imaginemos por un momento que de algún modo pudiésemos visitar ese extraño planeta impregnado de nitrógeno-sulfuro. Aterrizaríamos con un cohete en su superficie. Cabe esperar que cualquier forma de vida que haya en él, y especialmente si es vida inteligente, se congregaría para recibirnos. Abriríamos la escotilla, pondríamos un pie y luego el otro en su superficie alienígena y extenderíamos nuestras temblorosas manos para estrechar las suyas. Entonces, los compuestos de sulfuro-hidrógeno de nuestros cuerpos se filtraría en su piel y contaminarían los compuestos de nigrógeno-sulfuro de sus cuerpos, y lo contrario nos ocurriría a nosotros. Los envenenaríamos, y ellos nos envenenarían a nosotros, y todo y todos desfilarían lenta y fatalmente hacia un apocalipsis químico.

Lo mismo ocurriría si esos alienígenas vinieran aquí. Si abren su escotilla, la vida tal como la conocemos no solo cambiaría. Desaparecería. La Tierra empezaría de nuevo. Y algo nuevo ocuparía nuestro lugar. La vida encontraría un nuevo camino.

Estaba en el tren de camino a casa, inmersa en mi versión personal de mirar a la nada, repasando mi abarrotada bandeja de entrada, cuando vi un mensaje de la Fundación MacArthur. Ver ese nombre hizo que el corazón me diera un pequeño vuelco. La Fundación MacArthur concede las llamadas becas «a la genialidad»: asigna 625 000 € a lo largo de cinco años, sin compromisos, a individuos para que lleven a cabo trabajos inspirados e inspiradores en todos los campos imaginables.

El mensaje decía que habían intentado llamarme ese mismo día, pero mi protector ayudante no había querido pasarme la llamada. Supuse que no habían mencionado el nombre de MacArthur, o que mi ayudante había supuesto que se trataba de algún rarito especialmente creativo, ya que en ese momento había legiones de ellos que llamaban a mi despacho todas las semanas. Era como si cada planeta nuevo trajera consigo otra teoría de la conspiración, y me había hecho lo suficientemente famosa como para convertirme en uno de sus muchos objetivos. No podía enfadarme con mi ayudante; había hecho lo que creía que tenía que hacer, y agradecía su protección, pero, aun así, ¡no me había avisado de que la Fundación MacArthur estaba al teléfono! No creo que les ocurra a menudo.

Escribí deshaciéndome en disculpas y les pedí que volvieran a llamarme al día siguiente, lo que me dejaba con una larga noche de curiosidad por delante. ¿Qué podrían querer? Uno o dos años antes, me habían llamado para comprobar las referencias de un conocido a quien querían homenajear. ¿Quizá querían que volviera a ayudarlos en sus comprobaciones sobre alguien? Seguramente fuera eso. Necesitaban una fuente, no un sujeto. Pero mientras miraba los árboles pasando por la ventanilla del tren como si se hubiesen levantado del suelo y hubieran echado a correr, no podía evitar pensar: «Puede que esta vez sea mi turno».

Al día siguiente llamaron otra vez. Esta vez cogí el teléfono. Me preguntaron si estaba sentada, y lo estaba, aunque ya había empezado a flotar en mi silla.

Era mi turno.

Hay veces en la vida que te pasa algo muy importante, pero solo aprecias la magnitud del impacto *a posteriori*. Necesitas tiempo para entender su importancia, cómo alguna elección aparentemente inocua o un acontecimiento inesperado cambió las cosas para ti o para alguien a quien quieres. La llamada de la Fundación MacArthur no fue así. Aquella llamada fue una de las pocas veces en las que he sabido que algo que me iba a cambiar la vida estaba ocurriendo en ese preciso instante. Oía a las personas que estaban en el pasillo fuera de mi oficina; no tenían ni idea de lo que estaba pasando al otro lado de la puerta, pero yo sí lo sabía. En ese momento, casi abandoné mi propio cuerpo, como si fuera el objeto de un experimento: observa qué ocurre cuando la vida de alguien da un giro.

«Doctora Seager, entienda que esto es secreto», me dijeron desde el otro lado del teléfono. No podía compartir la noticia de mi victoria hasta que los premios se anunciaran públicamente, ya avanzado el mes de septiembre, algo más de tres semanas a partir de entonces.

«Puede contárselo a una persona», dijeron.

Era su forma de ofrecer consuelo, un bálsamo, como si dijeran: «Sabemos que es un secreto demasiado grande, así que este es nuestro regalo». Pero yo no lo sentí como un regalo. Se lo podía contar a una persona porque se suponía que habría encontrado a mi persona. Y lo había hecho. Pero entonces lo perdí. No estoy segura de haber sentido jamás la ausencia de Mike con más profundidad que en ese momento, en un instante hecho del cristal más delicado y perfecto. Había recibido una de las mejores noticias de mi vida, y en cuanto colgué el teléfono —«¡Gracias, muchísimas gracias!»— estallé en sollozos. Recordé de nuevo la promesa que le había hecho a Mike cuando todo, excepto nuestras necesidades y nuestros deseos, parecía escasear: «Algún día tendremos tiempo. Algún día tendremos dinero. Algún día tendremos tiempo y dinero».

Ahora tenía dinero. Pero no puedes cumplir una promesa que le has hecho a un marido que ya no está. O la cumples cuando está vivo, o no la cumples.

Supe instintivamente, igual que sabes que un resfriado será de los fuertes, que estaba a punto de sufrir una de las cepas más virulentas de tristeza. No vendría y se pasaría sola; tendría que luchar contra ella si quería que desapareciera. Pregunté si se lo podía contar a dos personas, y desde la Fundación MacArthur tuvieron la amabilidad de permitirlo. Tenía en mente a Max y a Alex, pero luego cambié de opinión. ¿Por qué iban a querer saber antes que nadie que su madre había ganado un premio que ni siquiera sabían que existía? Así que se lo conté a Melissa. Rugió como un león. Y se lo conté a Charles. Le sorprendió que le contara un secreto tan grande como aquel cuando todavía seguíamos guardándonos tantos otros.

El día antes del anuncio, también se lo conté a Marc Kastner, el decano del MIT que me había apoyado tanto cuando flaqueé. El dinero que había encontrado para mí había permitido que pudiera pagar a mi pequeño ejército para que me ayudaran más horas. Cada hora que ellas trabajaban suponía otra hora de trabajo para mí. Fui a su despacho y le di las gracias por cada una de esas horas. Me sorprendió con un abrazo enorme. No soy la persona más abrazable del mundo, pero estaba en éxtasis por mí y creo que también por el MIT. Apenas siete años antes, hubo quienes se mostraron muy escépticos a la hora de contratarme. Más recientemente, había estado en su despacho hablando de dejarlo. Era aquella misma niña pequeña presa del asombro junto a un lago en la oscuridad, y ahora estaban a punto de proclamar que era un genio por todo lo que había aprendido desde entonces.

La mañana en que la Fundación MacArthur iba a anunciar el premio me desperté con una sensación extraña en el estómago. El momento era casi anticlimático. Todavía no lo había asimilado del todo, pero había tenido semanas para procesar lo que aquel premio significaba para mí. Había decidido no gastar el dinero en nada extravagante, excepto en un gran regalo para los niños y algunos viajes. Ser madre soltera y trabajadora sale caro, e incluso con la ayuda de Marc, me había gastado casi todos los ahorros y seguía adelante sin ningún plan concreto ni esperanza de estabilidad. Ahora me habían lanzado un salvavidas económico. La mayor parte de la beca serviría para pagar los colegios, para comprar comida y para que me ayudaran en casa. Seguía haciendo algunas tareas domésticas —hacer la colada llegaba incluso a gustarme por su drástico antes y después—, pero ya había aprendido que había grandes parcelas de la existencia humana que jamás lograría dominar, y que no pasaba nada. Había otras cosas en las que estaba entre las mejores. Sería todo un alivio poder por fin hablar sobre el MacArthur —me había sido muy difícil guardar el secreto—, pero aquel día estaría dedicado a la reacción de los demás a aquel honor, no a la mía. Yo ya sabía cómo me sentía.

El momento del anuncio fue como oír que alguien llama a tu puerta y encontrar un desfile al otro lado. El MIT publicó notas de prensa; compañeros y estudiantes vinieron a mi despacho para felicitarme; Max y Alex estaban con Diana en una pizzería y me vieron en la televisión; el teléfono me sonaba constantemente y la bandeja de entrada se me llenó hasta rebosar. Tanta atención era halagadora, naturalmente, y todo el mundo fue muy amable, pero seguía sintiéndome algo vacía.

En medio del caos, concedí una entrevista para *The Globe and Mail*, un periódico nacional de Canadá. No me sentía con fuerzas para hablar con la magnanimidad que debería haber mostrado. La periodista me preguntó por qué me había ido de Canadá a Estados Unidos, y la pregunta me sorprendió tanto que respondí con total franqueza: «Porque en Estados Unidos se fomenta más la excelencia». Intenté corregirme al darme cuenta de cómo podría sonar aquello en mi país natal: «Pero no olvide mencionar que sigo adorando Canadá», dije. Incluyó la cita íntegra, lo que hizo que sonara menos auténtica. Es verdad que adoro Canadá, es solo que lo que me regaló es distinto de lo que me ha proporcionado Estados Unidos.

También hablamos sobre mi condición de viuda, y le dije que la Fundación MacArthur me había dado permiso para contárselo a dos personas. «Se lo conté a mis dos mejores amigos», declaré. Esperaba que Charles leyera la historia y atara cabos. Estaba atascada en el epicentro de una de las lecciones más difíciles de la viudedad: en los momentos más felices es cuando más sola te sientes. Estaba desesperada por sentir que había algo de amor en aquel día.

Y entonces allí estaban, esperando a que colgara el teléfono: las Viudas de Concord, vitoreando y aplaudiendo, y cubriéndome de abrazos. Casi me fallaron las piernas. Todavía no estoy segura de cómo logró Melissa meterlas a todas en mi despacho, en el que ya no cabía nada más que sus enormes sonrisas y sus brazos extendidos, comida para picar y botellas de champán frío. Nos sentamos alrededor de mi largo escritorio de madera y disfrutamos del festín. Dejé que su calidez me impregnara. Estaba sentada junto a seis soles.

La última vez que tantas Viudas habían estado en mi despacho fue cuando me había planteado dejarlo. Ahora descorchaban champán y los tapones rebotaban en el techo. Algunas de las únicas amigas de verdad que había hecho en toda mi vida me decían que estaban orgullosas de mí, que se alegraban por mí: «¿Qué vas a hacer con todo ese dinero, Sara?».

Ganar el MacArthur fue una bendición. Conmigo, cumpliría su propósito al pie de la letra. Me animaría a seguir adelante en un sentido casi literal: me llenaría de valentía. Me concedería el privilegio de la concentración. Y, sin embargo, las Viudas eran el premio que más me importaba. Bajo la superficie de la celebración, todas sabíamos por qué habían venido. No hacía falta que nadie lo dijera. Las miré a todas y sentí el primer amago de una sonrisa sincera del día; no porque ya no estuviera triste, sino porque jamás volvería a estar sola en mi tristeza. Alcé mi copa vacía y esperé a que alguien la llenara. Sabía que lo harían. Las Viudas siempre habían sabido lo que necesitaba antes que yo misma.

Al final de ese mes, la NASA anunció su descubrimiento de un exoplaneta más reciente, gracias al suizo Brice y a otros miembros de mi equipo de investigación. Yo coescribí el artículo con ellos. Durante tres años, los telescopios Spitzer y Kepler se habían entrenado en el mismo mundo misterioso, el Kepler-7b. En 2010, aquel planeta fue uno de los primeros hallazgos del Kepler, un cuerpo gigantesco y ardiente una vez y media más grande que Júpiter, y que orbitaba tan cerca de su estrella, la Kepler-7, que su «año» dura cinco días. Para orientarnos, el Kepler-7 forma parte de la constelación Lira; su vecina más famosa, Vega, es una de las estrellas más brillantes del hemisferio norte.

El Kepler-7b generó confusión desde el principio. La mitad occidental brillaba más que la oriental, pero no era fácil saber por qué. Tal vez tuviera su propia fuente de calor y de luz, o quizá hubiera otro factor que explicara ese desequilibrio. Ahí fue cuando el Spitzer le cogió el relevo al Kepler. Fijó su mirada de luz infrarroja y ayudó a determinar que el Kepler-7b era sumamente cálido, tanto que llegaba a alcanzar unas temperaturas de unos 982 °C. Pero no estaba tan caliente como debería, teniendo en cuenta lo cerca que estaba de su estrella. Finalmente, se infirió que la mitad occidental del planeta estaba envuelta con una capa de nubes protectoras que reflejaba el calor del Kepler-7 igual que nuestra atmósfera nos resguarda del Sol.

Entonces, un artista pintó el primer retrato del Kepler-7b: oscuro y con rayas al este, y envuelto de nubes verdes al oeste. El Kepler-7b era demasiado caliente como para albergar vida, pero habíamos podido vislumbrar su rostro. No hace tantos siglos que dibujábamos dragones en nuestros mapas para marcar los confines de nuestros océanos. Ahora intuíamos los atributos del clima de un planeta que orbita alrededor de una estrella en una constelación que los griegos antiguos pensaron que parecía un arpa.

En ocasiones, nuestro progreso puede parecer imposible, especialmente cuando recordamos que somos la misma especie que se mata por petróleo y que llena los océanos de plástico, pero es importante que dediquemos un momento a admirar lo lejos que hemos llegado. Hace que resulte más sencillo creer que todavía podemos llegar más lejos.

Cuando se anunció la noticia del Kepler-7b, yo estaba en un vuelo de camino a Hawái, eufórica en más de un sentido.

Un hombre alto llamado Charles estaba sentado a mi lado.

Charles y yo ocupábamos papeles distintos en la misma lucha irresoluble. Él tenía esposa, pero no eran felices y estaban inmersos en el largo y doloroso proceso de su separación. Tuvo que pasar un largo y desdichado tiempo para que su matrimonio se disolviera. Charles llevaba unos cinco años durmiendo en el sofá. Su mujer le había dicho tantas veces que era un fracasado que, cuando se miraba al espejo, confundía la belleza con la desesperación. Se levantaba por la mañana e iba al mismo trabajo de siempre, donde era uno de los dos hijos en una empresa de padre e hijos, y en los mismos atascos de siempre se quedaba atrapado en las mismas intersecciones de siempre. Sus únicas vías de escape eran los días que pasaba al sol en Tiny y las noches que alzaba la vista hacia sus gigantes, las estrellas. Ahora estaba a punto de cumplir cincuenta años. «¿Qué se supone que tengo que hacer?», dijo.

Yo estaba exultante por el dinero de la beca MacArthur y por la arrogancia que la toga de genio puede traer consigo. El cincuenta cumpleaños de Charles era el 1 de octubre. Lo invité a ir a Hawái conmigo. Max y Alex podrían quedarse en casa con Rachel, su divertida y atenta tía de Alberta, y yo podría trabajar un poco y dar una charla para justificar el viaje. Charles y yo nos instalaríamos en Mauna Kea, y yo podría pedirle un favor a un amigo para que nos hiciera una visita guiada especial a sus telescopios. Lo supiera o no, Charles me había dado mucho. Me había enseñado que merecía estar bien y que era posible que volviera a ser feliz. Ahora me tocaba a mí darle algo a cambio.

Charles aceptó la invitación y pronto estuvimos sentados el uno junto al otro en un avión que sobrevolaba el Pacífico. Habíamos cogido la costumbre de enviarnos el mismo mensaje siempre que uno de los dos se subía a un avión: «Si el avión se estrella y no sobrevivo, siempre he querido decirte que...». Nunca terminábamos la frase, dejábamos algo importante en el aire. Entonces, después de aterrizar, nos escribíamos de nuevo: «El avión no se ha estrellado, así que no hace falta que te lo diga». Siempre me hacía sonreír. Aquel fue el primer vuelo en meses en el que no me había hecho falta enviar el mensaje.

Todavía había otra cosa importante en el aire. Hacíamos ese viaje como amigos: habitaciones separadas. Eso es lo que me dije a mí misma —«amigos, solo somos amigos»—, y Charles jamás hizo nada que indicara lo contrario. Aun así, temblaba de emoción. Podríamos hablar sin instrumentos de por medio, aunque solo fuera brevemente.

Nos hospedamos en la residencia de un observatorio a 2 700 metros por encima del nivel del mar. No estábamos en el Hawái de las postales. Hacía frío y costaba respirar. Siempre que estoy en las alturas me vuelvo un poco más idealista, y en ese viaje me rendí por completo ante el vaporoso hechizo de las cumbres. Visitamos a mi amigo astrónomo y vimos los telescopios, ensamblajes hechos de uno de los cristales más reflejantes de la Tierra.

Existe un fenómeno atmosférico que es tan poco frecuente que hay quien cree que es un mito. Yo nunca lo había visto, pero que no puedas ver algo no significa que no sea real. Se conoce como «rayo verde». Cuando las condiciones son óptimas durante el ocaso —un horizonte completamente plano, un cielo libre de contaminación y que parece blanco en lugar de rojo—, la última luz, refractada a través de la atmósfera y alrededor de la curvatura de la Tierra, se ve, durante un momento fugaz, de un color verde inconfundible.

Es difícil ver el rayo verde por primera vez estando solo, lo que explica por qué nunca lo había visto. Es esquivo en parte porque la gente quiere verlo con todas sus fuerzas, pero no sabe cómo buscarlo. Si miras al Sol, aunque se esté poniendo, te cegará la vista. Necesitas un compañero, alguien que esté dispuesto a sacrificar su oportunidad de verlo por ti. Tienes que ponerte de espaldas al sol mientras el otro lo ve bajar, y entonces, en el momento preciso, en el instante antes de que desaparezca, tu sacrificado compañero tiene que avisarte: «Ahora. Abre los ojos».

Estaba resuelta a ver el destello verde en Hawái con Charles. Le había hablado de mis intenciones hacía ya mucho. La primera noche fuimos a la cima del Mauna Kea, desde donde había una vista perfecta del océano y del horizonte ininterrumpido al fondo. El sol era blanco. Charles estaba visiblemente inquieto ante la presión; también quería que lo viera. Pero el rayo verde no puede forzarse. Tienes que esperar a que se te presente.

Esperamos en la montaña. Hacía un frío inesperado, y con nuestros abrigos le plantábamos cara al viento. Me di la vuelta y cerré los ojos ante uno de los atardeceres más hermosos que he visto. Charles miraba el sol. Esperé a que me diera la señal. La espera se me hacía larga y me costaba mantener los ojos cerrados. Sentía su presencia a mi lado, esperando, esperando, esperando.

«Ahora», dijo. Me di la vuelta y abrí los ojos.

Allí estaba: el rayo verde me llenó los ojos vidriosos de un verde esmeralda, perfecto y puro. Sonreí a Charles y él me sonrío a mí; los dos sintiendo una especie de alivio. Fue como si, en un instante, un nuevo horizonte se hubiese abierto ante mí.

Noviembre. Todos los años, en Concord, los cielos azules y las preciosas hojas del otoño dan paso al frío y a la lluvia y a mil tonos de gris. Es entonces cuando me siento más melancólica, mi mirada se vuelve más oscura y tiendo a darle muchas vueltas a todo. Finalmente acepté que le había dado mi corazón a Charles y que jamás me sentiría satisfecha solo con su amistad. Aunque no estaba al tanto de los detalles más ásperos de su separación, me preocupaba estar esperando demasiado y demasiado pronto. Desde que nació, había pasado casi todos los fines de semana entre la primavera y el otoño en Tiny. Había trabajado en la empresa familiar desde que era adolescente. Presidir la Real Sociedad Astronómica de Canadá era importante para él, y sus mejores amigos pertenecían al mismo club. Para estar conmigo, tendría que dejar el resto de su vida atrás.

Miré las nubes y las ramas vacías y me di cuenta de que había cometido un gran error: me había enamorado de un hombre que estaba fuera de mi alcance. No es que fuera culpa mía —amar es una de las pocas cosas libres de culpa que hacemos—, pero había pasado el suficiente tiempo en caminos hacia ninguna parte en mi vida profesional como para reconocer cuándo me estaba lanzando hacia otro callejón sin salida. Una mañana lluviosa de noviembre, hablé con Charles por Skype. No podíamos seguir siendo amigos. Fuera lo que fuera aquello, decidimos dejarlo correr.

Me quedé destrozada. Había trabajado desde casa esa mañana, pero ahora tenía que ir al estudio de Boston NPR para una entrevista radiofónica. Llamé a Melissa desde el coche. La vida había vuelto a conspirar en mi contra. Estaba hecha un desastre. Apenas era capaz de ver las luces de los semáforos. Estoy segura de que quería recordarme la advertencia que me había hecho el 4 de julio sobre no dar demasiada importancia a los hombres, y que le diera todavía menos a Charles, pero no lo hizo. Como buena mejor amiga, se puso de mi lado. «La vida es un caos —dijo—. Las cosas llevan tiempo.» Me aseguró que, aunque no hubiese salido bien con Charles, todo iría bien al final. Le dije que, para colmo, estaba de camino a una entrevista en la NPR. En el estudio. No sabía cómo iba a poder hacerlo. «Al menos no es para la televisión», contestó. Cuando llegué, todavía lloraba y tenía los ojos rojos e hinchados. El presentador y los técnicos se quedaron aterrados. «No os preocupéis —afirmé—. Nadie se va a morir.»

No podía deshacerme del enorme peso que sentía sobre mí. ¿Por qué estaba tan disgustada? No entendía mis propios sentimientos. ¿Por qué? Ni siquiera nos habíamos besado. Por una vez, era verdad que nadie se iba a morir.

Pasaron algunas semanas, otros hombres me invitaron a salir y yo acepté sus invitaciones. Uno había ido a la misma escuela Montessori que yo en Toronto. Venía a una conferencia cerca de Boston y condujo a través de una tormenta tremenda para llevarme a cenar. Era más un reencuentro que una cita, pero no dejábamos de ser un hombre y una mujer cenando juntos en un restaurante, de forma que la velada tenía cierta relevancia estadística. Era apuesto, inteligente y muy agradable, y tenía dos hijas de edades similares a las de Max y Alex. Teníamos muchas cosas en común, incluidas nuestras infancias. Tuvimos que cruzarnos muchas veces en los pasillos del colegio. Eso me gustaba, y él, también.

Pero nada de eso importó. A pesar de sus excelentes cualidades —me sorprende que las Viudas no aparecieran detrás de mí y empezaran a gritar «¿A qué esperas?»—, el mismo pensamiento seguía haciéndome tropezar una y otra vez. «No es Charles.»

A principios de diciembre, tuve que testificar ante el Congreso sobre la búsqueda de vida en el universo. Me sumaría a otros dos expertos ante el Comité del Congreso sobre Ciencia, Espacio y Tecnología: la doctora Mary Voytek de la NASA y el doctor Steven Dick de la Biblioteca del Congreso. Presentaríamos nuestro argumento en nombre de los alienígenas y luego responderíamos preguntas. De alguna forma, debía argumentar a favor de la esperanza.

Lamar Smith, el presidente del comité, pidió silencio en la sala. Con mucho tino, Mary abrió la sesión con una noticia inspiradora. Hasta aquella tarde de finales de otoño, habíamos encontrado más de tres mil posibles exoplanetas. El día antes, el Hubble había informado de trazas de vapor de agua en cinco atmósferas gigantes de exoplanetas. Que haya agua en los cielos de planetas gigantes no es un indicio de que haya vida, pero, aun así, era un avance. Miráramos donde miráramos, había posibilidades.

Uno de los miembros del Congreso era Ralph Hall, un texano de noventa años que empezó su carrera política como demócrata antes de proclamarse republicano. A su manera sureña y añosa, era encantador. Nos miró a los tres que estábamos sentados en la mesa de los testigos y dijo que podríamos ser la mayor concentración de inteligencia que había visto jamás. «Lo que no sé es cómo le voy a contar a mi barbero, o a los vecinos de mi ciudad, lo que han declarado hoy aquí», comentó.

Tratamos de transmitir nuestro mensaje en términos sencillos. Necesitábamos un apoyo continuado. Teníamos que asegurarnos de que los niños que quisieran ser científicos tuvieran las oportunidades necesarias para alcanzar sus aspiraciones. Mi mensaje se centró en la necesidad de invertir en más y mejores telescopios espaciales, y en el valor del Starshade. También hablé del ASTERIA, una constelación de satélites diminutos, uno por cada estrella merecedora de atención.

Ralph Hall me detuvo y preguntó: «¿Cree usted que hay vida ahí afuera?».

«Haga los cálculos», respondí.

Hall dijo que no sabía hacer los cálculos, que ese era el problema.

Nos preguntó de nuevo: «¿Creen que hay vida ahí afuera?».

«Sí», dijo Mary.

«Sí», dijo Steven.

«Sí», dije yo.

Unas semanas después, me iba a Guatemala para dar un seminario de una semana con alumnos de astronomía de todo Centroamérica. Jessica y Veronica cuidarían de los niños. Alex dijo un día, alegremente, mientras él, Veronica y yo veíamos a los Red Sox en la Serie Mundial en televisión: «Es como si tuviéramos cuatro madres» (también contaba a Diana). En aquel momento me quedé un poco perpleja, porque ninguna madre quiere ser una entre muchas, pero en el fondo me sentí agradecida de que mis hijos sintieran que recibían amor de muchas partes. Más amor nunca hace daño.

Todavía me daba miedo dejarlos. Mi temor por volar se mantenía constante e inflexible. Entre Charles y yo reinaba un silencio total, pero antes de que despegara mi avión a Guatemala, decidí enviarle nuestro viejo mensaje. «Si el avión se estrella y no sobrevivo, siempre he querido decirte que...»

Lo miré durante unos segundos antes de enviarlo.

Cuando volví de Guatemala, me sorprendió mucho ver que Charles me había escrito un correo muy largo. Sabía lo mismo que había sabido yo: que, si se decidía a estar conmigo, si se decidía a apostar por lo nuestro, tendría una vida pasada y una vida nueva. Había estado de acuerdo en que no debíamos ser amigos, pero tampoco más que amigos, porque la idea de saltar el vacío que separaba esas dos vidas lo había paralizado. Ahora, en cambio, había decidido que quería intentarlo. Cumplir cincuenta años no significaba que fuera demasiado tarde para él: significaba que no tenía tiempo que perder. Finalmente, se había separado de su esposa y se había mudado al sótano de casa de su hermano. Había empezado a hablar con su padre acerca de dejar el negocio. («Felicidades», diría su padre más adelante, con total sinceridad.) La Sociedad Astronómica podría encontrar otro presidente. Habría alguien que podría cubrir hasta el último de sus puestos. Él tenía uno nuevo que cubrir.

«No quiero morir infeliz», dijo.

Muchos viudos y viudas aprenden a proteger sus corazones de más dolor. Saben que no podrán soportar otro golpe, así que meten su amor en una caja de hierro, la cierran y la guardan en sus pechos. Un porcentaje significativo de ellos jamás vuelven a salir con alguien, o si lo hacen, es sin ataduras, sin expectativas ni compromiso. Tal vez es la forma en que sus subconscientes los protegen de cualquier cosa que pueda parecerse a otra pérdida. Si no vuelven a amar, sus corazones jamás les serán devueltos hechos pedazos. Uno de los novios de Melissa le había dicho que era «cerrada», y la cogió tan por sorpresa que me llamó para hablar de ello. Apenas acudía a mí en busca de consejo, y pensé con cuidado lo que debería decirle. Le dije que «cerrada» no era una palabra que usaría para describirla. Era abierta y dispuesta, cariñosa y comprometida. Era una fuente de luz y calor.

Seguí pensando en Melissa tras colgar el teléfono. La quería mucho, pero había aspectos básicos que nos diferenciaban. Todas las Viudas éramos diferentes; todas las viudas lo son. Reaccionamos de formas distintas ante los mismos traumas. Nadie se equivoca. Uno de los pocos rasgos que compartíamos todas las Viudas era nuestra franqueza con el mundo, y nuestras emociones eran siempre sinceras. Lo que pasaba es que nuestras emociones no siempre eran las mismas, y no siempre las expresábamos de la misma forma.

En el pasado, había decidido que me quedaría sola para siempre. Mis niños y yo jamás seríamos expulsados de nuestro club de Viudas. Jamás juzgaría a nadie por tomar esa misma decisión, pero yo ya no quería seguir pensando así. Siempre había creído que las grandes recompensas exigen grandes riesgos. Lo aprendí de mi padre. Lo aprendí de Mike y de los ríos bravos y de los lagos del norte de Canadá. Lo aprendí de mis hijos. Lo aprendí del monte Washington y del Gran Cañón.

Y, más que de cualquier otra cosa, lo aprendí del espacio. De las estrellas. Los milagros no ocurren en el vacío. Son las personas que los anhelan las que los provocan. En ocasiones, mis pérdidas habían nublado mi fe, especialmente en mí misma, pero ahora mis ojos estaban abiertos y tenía los pulmones llenos. Mi padre me había dicho, muchos años atrás, que no dependiera de ningún hombre. Me había dicho que el único amor infinito es el de un padre. Pero ¿cómo podría saber cómo de grande podía llegar a ser el amor romántico si jamás le daba otra oportunidad? Prefería que se me rompiera de nuevo el corazón a no volver a sentirlo acelerarse. Eso es lo que estaba aprendiendo de Charles.

Me preguntó si querría viajar con él a Londres a principios de año. «Sí», me oí decir.

Sí, sí, sí.

Esa Nochebuena, cuando Max y Alex se fueron a dormir, me senté a la mesa de la cocina y saqué una hoja del papel para cartas de nuestra familia; era de cartulina, en color crema. En la esquina superior derecha se lee «Familia Seager», estampado en cursiva azul. Cogí un bolígrafo y escribí la fecha en la esquina superior izquierda: 24/12/2013. La dirigí al doctor D., el oncólogo de Mike. Aunque ya casi no me daban ataques de pánico, las fiestas seguían siendo difíciles. Presenciar e incluso pensar en la felicidad perfecta de los demás me afectaba. Me di un momento para poner en orden mis pensamientos y empecé a escribir.

«Mientras usted celebra la Navidad con su familia feliz, los niños y yo celebramos nuestras terceras Pascuas sin Mike.»

Y, a partir de ahí, me desahogué. Le recriminé lo que le había hecho a Mike, no que no lograra salvarlo, sino el daño que le había hecho al intentarlo. «Hace tres años, insistió en administrarle un tercer tipo de quimioterapia del cual se sabe que tiene un índice de éxito del 0,000000000 %.» Más tarde me quedé atónita al descubrir que solo le importaba cubrirse las espaldas por si tras la muerte la familia nos quejábamos de que no había hecho todo lo posible. Yo había querido terminar mis días con Mike igual que habíamos empezado nuestra vida juntos. Quería que Mike muriera sintiéndose fuerte. «Lo único que quería era un mes sin quimioterapia antes de que el cáncer se hiciera con el control; solo quería otro mes maravilloso junto a Mike. Había querido que sintiera que había vencido al cáncer, no porque hubiese sobrevivido sino porque la enfermedad nunca había dictado cómo debía vivir.» Pero eso no fue lo que ocurrió. «Usted arruinó el valioso tiempo que nos quedaba juntos.» Una parte de mí seguía furiosa por ello. Otra parte podría seguir furiosa para siempre, pero quería intentar dejar de estarlo. Clavé el bolígrafo en esa hoja de papel y le dije al médico que ahora yo estaba al mando. Yo tenía el control. No él, ni el cáncer, ni el universo. Yo.

«Me debe una disculpa, y todavía la espero.»

Miré esa hoja encima de la mesa durante mucho rato. Me había deshecho del veneno que llevaba dentro. Había vertido todo mi dolor, toda mi tristeza, todo lo que lamentaba, hasta el último rastro de rencor y de rabia en esa hoja de papel.

Nunca llegué a enviarla.

CAPÍTULO 20

El último informe

Charles y yo nos encontramos en los pulidos pasillos de Heathrow el primer día de 2014. Ni siquiera se me había ocurrido llorar a media noche. Había llegado primera y lo esperaba. Nos reunimos en «Llegadas». Ya no había vuelta atrás. Esa noche salimos a cenar. Le pregunté, como dos niños nuevos en esto del amor podrían preguntarse: «¿Somos novios?». Necesitaba que quedara claro qué éramos y qué íbamos a ser.

«Sí», dijo Charles.

«¿Estás seguro?»

«Sí.»

Esta vez también habíamos reservado habitaciones separadas, porque... bueno, no sé muy bien por qué. Por costumbre. Por nervios. Por mantener las formas. Los dos estábamos nerviosos y desorientados, y no solo por culpa del desfase horario. Al principio del viaje, lo descubrí mirándome. «Eres verdaderamente preciosa», dijo, y también alabó mi figura. Lo dijo como si no se hubiese dado cuenta de ello hasta entonces, como si mi cuerpo fuera un descubrimiento sorpresa. Nos habíamos enamorado principalmente en dos dimensiones. Hasta ahora no se le ocurrió que no fuera una aparición. Era un objeto real, tangible. Tal vez también nos tocaríamos, y podría resultar agradable hacerlo.

Nos embarcamos en un gran tour alrededor de Londres. Charles me llevó al Real Observatorio de Greenwich, dividido por la línea del primer meridiano. Nos tomamos nuestro tiempo en la Sala del Reloj, observando la evolución del registro del paso del tiempo y de los mapas de las estrellas. Era de lo más apropiado que estuviéramos allí juntos, sin saber cómo o cuándo nuestro futuro juntos empezaría por fin, rodeados del tictac de un sinfín de relojes.

Londres se mantuvo fiel a su fama esa primera semana de enero: frío, húmedo, con una niebla espesa. Sentía como si Charles fuera una lumbre a mi lado. A pesar del caos propio de una gran capital mundial que revoloteaba a nuestro alrededor, mis ojos casi siempre lo miraban a él; pero seguía habiendo incerteza entre nosotros, una vacilación nacida de la incredulidad.

Una noche salimos a cenar, y fue una de esas experiencias extraordinarias —la comida, el vino, la atmósfera— que sabes que recordarás mientras vivas. Luego, Charles me llevó de paseo por las calles vacías del Londres de madrugada. El único sonido eran nuestros pasos sobre los adoquines. Doblamos una esquina y salimos de la neblina. Todavía no tengo ni idea de cómo llegamos a encontrarnos frente al Palacio de Buckingham.

«Eres mi princesa», dijo.

Nos besamos.

La espera había merecido la pena.

Volvimos a casa sin hacer planes sobre qué vendría a continuación. Charles me llamó y me dejó el mensaje de voz más adorable del mundo. También era encantadoramente torpe. «Tendríamos que haber hecho planes —dijo—. Hagamos planes. Yo... bueno, me preguntaba... Si querrías venir a Toronto. ¿O quizá podría visitarte yo?»

Hicimos las dos cosas. Primero fui a Toronto a verle y a conocer a sus padres. Luego lo invité a que viniera a verme a Concord. Quería que conociera a los niños. Max había cumplido diez años; Alex tenía ocho. Charles sabía que éramos un pack y quería causarles buena impresión. Tengo una foto de los tres de esa noche; todavía noto el peso de aquel encuentro en cada píxel, la esperanza y el ansia que sentía. Alex se dio cuenta. Sacó un libro enorme de ilustraciones de M. C. Escher que pensó que le gustaría a Charles y lo abrió sobre el regazo de ambos.

Había usado algunos de mis incontables puntos de viajera frecuente para reservar una noche en febrero en el Hotel Boston Harbor, una lujosa noche en la ciudad mientras Jessica cuidaba de los niños. Estábamos cenando en un restaurante cuando Charles empezó a hablar del futuro de un modo que me desconcertó. Sus ideas eran a largo plazo y específicas, parecidas a cómo hablaría yo sobre las fases de la exploración espacial del futuro: primero «esto», y luego «esto», y luego «esto otro». Habló de que los niños y yo podíamos ir a Tiny ese verano y quedarnos en su casa de campo y asar perritos calientes en la hoguera. Quizá podríamos enseñarles el rayo verde en la bahía. Había hecho otros planes para el otoño, y para el invierno siguiente, y para la primavera que vendría después de la primavera que todavía no había llegado.

«Charles, acabamos de empezar a salir. La gente no suele hablar así. No tan rápido. No tan pronto.»

Charles bajó la mirada hacia la mesa. Me preocupaba haberlo disgustado igual que solía hacerlo con todo el mundo, diciendo algo que habría sido mejor callar. De hecho, lo que estaba haciendo era intentar reunir el coraje para hacer lo más valiente que había hecho jamás.

Alzó la vista y dijo: «Llevo mucho tiempo pensando en esto. Sara, ¿quieres casarte conmigo?».

Así es como lo dijo. Sin preámbulos, sin notas al pie o al final, sin ninguna de sus bromas habituales, sin vacilar. Fue directo y claro y confiado. No tenía tiempo que perder.

Tampoco yo lo tenía.

«Sí.»

Al día siguiente, llegué a casa y les conté a Max y a Alex la gran noticia de que me había alcanzado un rayo: «Charles me pidió matrimonio anoche, ¡y he aceptado!». Sonaba extraño saliendo de mi boca. A mí me parecía demasiado bueno para ser cierto. Pero a Alex no le sonó igual. «¿Qué?», dijo. Lo dijo con una rabia sorprendente, como si le hubiese dicho algo que se negara a creer. «¡Tendrías que habérnoslo consultado primero!» Había cuidado mucho mi forma de gestionar la muerte de Mike con ellos, de decidir qué debían saber y cuándo, y qué no hacía falta que supieran. Ahora sentí que lo había arriesgado todo en un instante de descuido. Era la primera vez que el amor me había hecho descuidada en lugar de cuidadosa.

La noche siguiente llegué tarde de trabajar. Veronica se había ocupado de cubrirme esa noche. Fui arriba a ver a los niños, y oí a Alex llorando en su cama. Compartía la habitación con Max, que ya se había dormido, y estaba siendo considerado con cómo expresaba su pena. Sus intentos de acallar los sonidos que hacía me dolieron en lo más profundo del corazón.

Me senté en su cama y susurré: «¿Qué te pasa, cariño?».

«Mi vida entera va a cambiar —afirmó—. No quiero que cambie. Me gusta mi vida.» Había estado haciendo unos cálculos muy adultos. Le preocupaba que dejáramos de ser amigos de las Viudas; que dejáramos de viajar; que Jessica y Mary y Vlada y el resto de la pandilla dejara de vivir y de viajar con nosotros. Nuestros amigos habían llenado muchos huecos, e integrar a Charles significaría que ya no habría el mismo espacio para ellos.

Le dije que nuestras vidas cambiarían, pero que no lo harían rápidamente y que no cambiarían a peor. Ninguna de las personas a las que quería iban a marcharse. Y alguien a quien terminaría queriendo iba a llegar. La vida nos estaba tratando bien. La vida con Charles sería todavía mejor.

No creía todo lo que le decía. Me sentía como si hubiese cometido un error enorme. Si los niños no veían en Charles lo que yo veía en él, me encontraría en una posición insostenible. No había elección posible. Tenía que esperar que todo se solucionara solo, que se alinearan los planetas. Ahí es donde deposité mi fe: en Charles y en mis niños, y en su capacidad de amar y ser amados.

«Ya lo verás», le dije.

Publicamos el informe provisional sobre el Starshade en abril. Habíamos hecho un buen trabajo. El Starshade ya no se consideraba un imposible, así lo creían incluso algunos de los que un día fueron los más acérrimos escépticos. Los oficiales de la NASA que habían expresado una incomodidad casi física a propósito de mi presencia en las primeras reuniones ahora eran todo sonrisas al verme. No era una divulgadora de locuras: era la embajadora de un milagroso futuro.

Todavía teníamos mucho camino por delante. Ya había hecho algunos de los seis viajes obligatorios para trabajar en los aspectos científicos y tecnológicos de nuestra hermosa máquina. Los ingenieros del Laboratorio de Propulsión a Reacción elaboraron el diseño definitivo: una flor con un centro circular de unos doce metros de ancho, con unos pétalos de siete metros desde la base hasta el extremo. El *hardware* del Starshade tenía que fabricarse con unas tolerancias que se medían en micrones, lo que significaba que gran parte del problema residía en su construcción física. Mi percepción era que podríamos lograrlo. Se habían construido maquetas de los pétalos hechas de aluminio y de resina compuesta, y parecían funcionar bien. Me emocionó mucho verlas separándose como si salieran de su capullo. Poder alargar la mano y tocarlas era una sensación muy especial. Las plegamos y las desplegamos otra vez, hasta que decidimos añadir un sistema de calzas mecánicas para dar con el equilibrio perfecto entre fragilidad y robustez. En cuanto el Starshade estuviera en el espacio, tendríamos una única oportunidad para que las cosas salieran bien. Cruzar los dedos no serviría de nada. Teníamos que saber qué pasaría.

Seguía habiendo problemas. Uno de ellos era el brillo de nuestro propio Sol. Su luz también bañaría el Starshade y, en ciertos ángulos, algo a lo que llamábamos «destello solar» se reflejaría en los bordes de los pétalos, lo que interferiría con nuestras imágenes. Otro inmenso problema de diseño —quizá el mayor de todos— sería resolver cómo íbamos a lograr que el Starshade volara en formación con su lejano telescopio espacial. Orbitarían a decenas de kilómetros de distancia, pero aun así tendrían que alinearse con una precisión matemática para que el escudo se colocara entre el telescopio y la estrella que debía observar. También tendría que ser capaz de moverse y de repetir aquella danza. Habíamos reducido el número de sistemas estelares que podríamos examinar a unas dos docenas a lo largo de su vida útil, y quizá también de la mía, porque moverlo requiere combustible, y el combustible supone masa. Pero, incluso así, el Starshade tendría que ser capaz de seguir una de las coreografías más complejas de la historia de la humanidad.

Me gustaban nuestras probabilidades. A pesar de las fricciones iniciales, el comité había encontrado una química innegable y avanzaba a un ritmo decidido. Casi podía ver cómo se materializaban los lazos entre nosotros.

Gracias a su propio tipo de alquimia, mi vida en casa era cada vez más plena. Charles venía a Concord cada dos fines de semana. Aunque supimos qué queríamos el uno del otro bastante rápido, nos tomamos nuestro tiempo para completar la transacción. Cuando echo la vista atrás, aquellas semanas y meses de sondeo me hacen pensar en cómo nos acercaríamos a los alienígenas tras un primer contacto. Fuimos cautelosos cuando enviamos astronautas a la Luna por primera vez. Cuando regresaron a la Tierra, los pusimos en cuarentena en la cubierta de un barco en medio del océano, por si acaso algo siniestro se escondía en el polvo que traían. Cuando encontremos pruebas que demuestren la existencia de alguna otra forma de vida en el universo, imagino que dedicaremos algo de tiempo a decidir si se trata de una vida que queremos conocer.

Así eran las cosas entre Charles y yo. Sabíamos que nos queríamos. La conexión era evidente, pero cuidamos los acabados de nuestro encaje. Y, por encima de todo, quería saber que Max y Alex eran tan felices como yo.

Porque yo era muy feliz. Charles era inteligente y curioso y divertido. Incluso cuando estaba estresada y agotada, siempre encontraba la forma de hacerme reír. Me apoyaba en mi trabajo sin ser intrusivo. Jamás me hacía preguntas que empezaran con «¿Por qué?». Sabía por qué me importaban las estrellas, y lo que podía significar el amor que les profesaba. Conocía el sentimiento que provoca mirar por un telescopio, la magnitud y la pequeñez, el conocimiento y el misterio. También sabía lo exigente que podía ser esa pasión que compartíamos.

No me hacía preguntas porque sabía que jamás tendría todas las respuestas. Sabía lo infinito que es el universo.

Charles también me ayudaba con los aspectos prácticos, sabía usar las manos y estaba familiarizado con las herramientas. En apenas una hora podía quitar de en medio una tarea que tenía pendiente desde hacía años. En la misma cocina que tantos sinsabores me había provocado a mí, él preparaba platos deliciosos. «Quiero que seas la mujer más feliz del multiverso», me decía, y yo quería dejar que lo intentara. Me costó un poco aceptar que podría lograrlo. Al principio me preguntaba si los hombres de la ferretería me echaban de menos. Había disfrutado construyendo mi propia seguridad, de la satisfacción de una pequeña tarea bien hecha. No es que me gustaran las tareas domésticas, pero me había gustado la sensación que me había aportado hacerlas. Creo que encontraba en ellas una especie de seguridad: podía sobrevivir a cualquier cosa; podía sobrevivir a estar sola. Pero cada vez que Charles ponía la cena delante de mí y me devolvía la sonrisa, cada vez que volvía a casa y la nevera estaba llena o había limpiado la nieve o cambiado las pilas de la alarma antiincendios, aprendía a aceptar un poco más lo que Charles quería darme. Quería darme una paz distinta. Hay más de una forma de sentirse completa.

Con el tiempo, Max y Alex se enamoraron de Charles tanto como yo. Veían que con él cerca me sentía mucho más feliz, lo que se traducía en que ellos también estaban felices en su compañía. Tras pasar dos o tres fines de semana con nosotros, Alex me llevó aparte: «¿Falta mucho para que Charles venga a vivir con nosotros?». Poco después, me preguntó a qué se dedicaba, porque los niños del colegio a veces hablaban de sus padres y detestaba el silencio que se instalaba cuando le preguntaban por su padre. En primavera, Alex no podía disimular su prisa: «¿Falta mucho para que os caséis?». Pronto celebraría su fiesta de cumpleaños, y quería presentar a Charles como su padre.

Tanto en casa como fuera, estaba inmersa en dos trabajos que parecían los mismos, y cada uno tenía un plazo de entrega acuciante: mi objetivo era construir máquinas elegantes con una colección inesperada de piezas. Conocía todas las necesidades de mis compañeros del Starshade y de mi familia, y debía aportar las soluciones más armoniosas que pudiera encontrar para satisfacerlas. En el corazón de ambas misiones había uniones fortuitas; la única diferencia era que una de ellas buscaba ocultar la luz, y el objeto de la otra, en cambio, era proporcionarla.

En diciembre de ese mismo año, el Laboratorio de Propulsión a Reacción me diseñó un póster de viaje interplanetario fantástico. Me parecía mágico. Más adelante, se convertiría en parte de una colección. Eran de estilo antiguo, como si fueran carteles de época de aerolíneas ya extintas y de viajes a través del «misterioso Oriente»; solo que ahora tenemos la vista puesta hacia arriba y los destinos nos llevan al futuro. A todos nos gustaron tanto, que el laboratorio ofreció la opción de descargarlos; la demanda fue tan elevada que la página pronto se colapsó.

Algunos de estos pósteres anuncian visitas a planetas de nuestro sistema solar. Hay uno de Venus en el que aparece un observatorio flotando por encima de unas nubes infinitas, y otro de Júpiter en el que un globo aerostático te acerca a sus majestuosas auroras. Hay otro de Ceres, la reina del cinturón de asteroides —y la última parada para encontrar agua antes de llegar a Júpiter— y otro de Europa, donde puede que la vida nos esté esperando bajo el hielo. (Tal vez nunca seamos capaces de ver lunas más lejanas, pero si contamos las lunas como posibles hogares, las probabilidades de encontrar otras formas de vida inclinan la balanza todavía más a nuestro favor.) También es crucial que haya uno de la Tierra, en el que dos astronautas aparecen sentados en un tronco admirando un paisaje de lagos, montañas y árboles. Imagina que sentiría un alienígena al ver la Tierra por primera vez.

Pero mis favoritos son los de la categoría del Departamento de Viajes Exoplanetarios. Son los que anuncian visitas a unos mundos que estamos empezando a comprender. Hay uno del Kepler-16b con sus mágicos soles gemelos, «donde tu sombra siempre va acompañada». Un explorador del futuro aparece entre paredes de roca con sus dos sombras alargándose tras él. Hay otro del Kepler-186f en el que una valla blanca de madera se extiende por un paisaje de color rojo escarlata, «donde la hierba siempre es más roja al otro lado».* El Trappist-1e, miembro de una maraña apretada compuesta por siete exoplanetas rocosos, se presenta como un trampolín, como una parada en el viaje interplanetario. El HD 40307 g aparece como un lugar en el que los paracaidistas en caída libre pueden tentar a la suerte en la gravedad de una supertierra. Hay un póster incluso del PSO J318.5-22, el planeta interestelar, atrapado en su medianoche perpetua, asolado por sus tormentas de hierro fundido. En él aparece una pareja glamurosa, vestida para una ceremonia, cogida del brazo. Han venido al lugar «donde la noche siempre es joven».

Hice que me imprimieran y me enmarcaran los pósteres de los exoplanetas, y los colgué en los pasillos que llevaban a mi despacho. Me encantaba verlos cada día cuando llegaba por la mañana y cuando me iba por la tarde. Todavía me encanta, porque cuando los miro nos veo a Charles y a mí.

Un miércoles por la tarde, Chris vino a verme al MIT. Hicimos lo que hacíamos siempre que venía de visita: hablamos sobre los hijos y el trabajo y los planes para el verano mientras me probaba un estiloso vestido tras otro. Solía comprar uno o dos, pero nunca se cansaba de decirme que seguía vistiendo demasiado de negro y que tenía que quemar mis botas de montaña. Yo protestaba diciendo que el negro va con todo y que ahora ya apenas me ponía las botas de montaña. Pensar siquiera en ponérmelas hacía que la oyera protestando y burlándose de mí.

* Broma en referencia a la expresión inglesa «*The grass is always greener on the other side*», que viene a decir que lo que tienen los demás siempre nos parece mejor. *(N. de la T.)*

Luego, mientras caminábamos hacia su furgoneta —que, por cierto, es negra—, me cogió del brazo y me miró con unos ojos mucho más serios de los que me tenía acostumbrada.

«Cuando encuentras de nuevo el amor, ¿desaparece el dolor?», preguntó.

No supe cómo contestarle con palabras, así que negué con la cabeza.

Esa noche, tuve el sueño de siempre sobre Mike: volvía a mi vida tras pasar mucho tiempo fuera. Esta vez había estado en coma, pero la diferencia era que yo había encontrado a Charles. Le dije a Mike que me iba a casar con un hombre al que amaba. Mike me dijo que lo entendía —hablaba tranquilamente, incluso con sensatez—, pero que tenía que dejar a Charles. Las cosas tenían que volver a ser como antes.

Me desperté sobresaltada. Supe que tenía que despedirme de Mike antes de casarme con Charles. Me obligaría a imaginar a Mike volviendo, como hizo en ese sueño, y haría lo que tenía que hacer: le diría que escogía a Charles. Tuve que romper con Mike en mi imaginación muchas veces. Rompía con él mientras miraba por la ventanilla del tren; rompía con él en mi despacho; rompía con él cuando era la única que quedaba despierta por la noche. Todas las veces, decía las mismas cuatro palabras: «Mike, escojo a Charles».

Mis conversaciones imaginarias quedaron en el ámbito privado. Ni siquiera se lo conté a las Viudas, porque sabía que algunas desaprobarían con vehemencia lo que estaba haciendo. Algunas creían que sigues casada con tu marido muerto para siempre, aunque aparezca alguien nuevo en tu vida, pero yo sabía que no podía comprometerme con Charles hasta que dejara de estarlo con Mike. Cuando alguien a quien amas muere, no lo dejas. Te dejan. Tu amor se queda encallado, perdido en el ruido entre este mundo y el otro: le entregas constantemente tu corazón a alguien que no está ahí para recibirlo, a costa de la persona que tienes al lado.

Unos meses más tarde, volví a soñar con Mike. Cada vez venía menos a verme. Esta vez iba en silla de ruedas y estaba paralizado de cintura para abajo. Había tenido un accidente y había tardado años en recuperarse, pero tenía buen aspecto. Su cabello volvía a ser pelirrojo, había perdido el gris inducido por la quimioterapia. Creo que lo oí antes de verlo, rebuscando algo por casa, pero cuando lo encontré parecía más que distraído. Me estaba ocultando algo.

Entonces la vi. Una mujer nueva. Más joven, pelirroja como él. Era guapa, pero no demasiado. Lo estaba ayudando con un aparato que le seguiría permitiendo subirse al kayak, lo que me pareció razonable porque, cuando estás en el bote, no usas las piernas. En mi vida real, había seguido deshaciéndome poco a poco de los botes. Había donado mi Dagger Rival y la Swift Yukon familiar al Club Excursionista del MIT; quería seguir teniéndolos cerca, por si alguna vez sentía la urgencia de volver a remar. Casi todos los demás habían desaparecido. Pero, en mi sueño, entendía por qué Mike quería volver al agua. En el bote, podía ser el mismo de siempre. Me quedé un poco sorprendida —«Ah, ya veo que has pasado página»—, pero, en general, me alegré por él. Ninguno estaba herido ni hacía daño al otro. Los dos habíamos dejado de estar solos.

Me desperté. Ahí acabó todo. Ese fue el último sueño. Nunca más volví a ver a Mike.

Las Viudas celebraron un último Día del Padre el verano de 2014. Chris nos invitó a Lexington. No fueron todas, y apenas había niños. Max y otro de los niños se metieron con Alex y terminó llorando. Llevé a Charles para que las conociera, pero íbamos con prisa, de camino al aeropuerto para que volviera a Toronto. Fue un poco tenso. Ese fue el último de nuestros encuentros formales. Ahora, cuando veo a las Viudas, es casi siempre por casualidad, en el parque o en el supermercado. Hace poco, me encontré con todas menos con una, y una corriente eléctrica inesperada recorrió nuestros circuitos latentes. Siempre me alegro de verlas, pero hay algo nostálgico en esos encuentros casuales. Me dejan con la sensación de que deberían ser deliberados.

Melissa es la única Viuda a la que sigo viendo habitualmente, casi cada semana. Sigue siendo mi mejor amiga, aunque sé que tiene otras mejores amigas. También veo a Chris, pero no tanto. Me encuentro a Melissa en el tren de camino a Boston; quedamos para pasear a los perros por la mañana; de vez en cuando vamos a hacernos la manicura. Me habla de su vida y yo intento sacarle detalles sobre sus últimas conquistas. Yo le hablo de mis últimos planetas. Sigue ayudándome a resolver mis problemas, pero ahora son mucho más pequeños que antes. Cuando estoy con ella, no paro de sonreír.

En cuanto a las demás, nos hemos distanciado. Sospecho que es porque nuestras vidas se volvieron más divergentes de lo que ya eran. Todas alcanzamos versiones distintas de la normalidad; el tiempo sacó más a relucir las diferencias que las similitudes. Todas estamos ocupadas haciendo lo que hacíamos antes de enviudar. Melissa volvió a trabajar en Fidelity en el distrito financiero de Boston; Chris ha montado un próspero negocio de decoración de interiores. A veces, alguien intenta organizar una cena. A veces soy yo quien contacta con el grupo. Algunas acuden, pero parece imposible reunir a todo el grupo. Si alguien me hubiese llevado aparte la última vez que todas estuvimos en la misma habitación y me hubiese dicho que estábamos pasando nuestras últimas horas juntas, habría imaginado que estaba a punto de ocurrir algo terrible. ¿Cuál de nosotras se iba a morir? Pero nuestro fin no fue así. No ocurrió nada traumático, ningún cataclismo. Nos llamábamos un poco menos. Nos escribíamos un poco menos. Ya nadie le llevaba plantas a nadie. Todas teníamos suficientes plantas. Algunas encontramos pareja; otras no; algunas jamás lo intentaron. Poco a poco, nos distanciamos. Nuestra conexión inicial había nacido de nuestras pérdidas, y nuestras victorias posteriores no parecían causar el mismo efecto.

Un día, Charles me hizo una propuesta. O quizá era una petición. No le gustaba que siguiera refiriéndome a las Viudas de Concord como «las Viudas».

«Deberías llamarlas amigas, sin más», sugirió. Así llamaba a las demás personas que habían estado a mi lado. Llamaba amigos a mis alumnos. Llamaba amigas a las mujeres que me habían ayudado en casa. Usar la nomenclatura de la supervivencia sería otra prueba de que me había recuperado, también era por una cuestión de precisión. Pero cuando pienso en mis amigas y en mí, sigo viéndonos como viudas.

Puede que, un día, las Viudas —mis amigas— volvamos a reunirnos. Sé en lo más profundo que sigo teniéndolas, y ellas siempre me tendrán a mí. Al principio me pregunté si eran como la mayoría de las otras relaciones que había tenido hasta ese momento: utilitarias y transaccionales, un medio para un fin. Las Viudas estuvieron ahí para ayudarme a compartir mi tristeza y mi dolor. Mis posdoctorales y mis alumnos, como Brice y Vlada y Mary, estaban ahí para aportarme esperanza. Jessica, Veronica, Diana, Christine: las había encontrado para que me ayudaran a sobrellevar mi carga. Eso eran al principio; cada una tenía un propósito específico. Pero todas se convirtieron en algo más para mí y yo me convertí en algo más para ellas. Nuestras relaciones pasaron a tener menos que ver con la necesidad y más con la querencia: quería pasar tiempo con ellas; quería ayudarlas; quería escucharlas. Si las Viudas seguían siendo una especie de instrumento, eran más hermosas y precisas de lo que jamás habría imaginado: una brillante colección de sextantes y brújulas que me ayudaron a abrirme paso no solo a través de la muerte de Mike, sino a través del resto de mi vida. Todas hemos pasado página en muchos sentidos, pero a veces todavía las miro —en los lugares que ocupan en mi mente—, y pienso en lo agradable que es sentirlas cerca, en la calidez de su brillo, en el consuelo de su presencia.

En marzo de 2015, entregamos nuestro último informe para el Starshade. Sus 192 páginas de gráficas, tablas de Excel e ilustraciones se pueden condensar en una única línea: sabemos cómo construirlo. Juntos, habíamos resuelto o teníamos un plan para resolver todas y cada una de las trabas de su desarrollo, y se ha convertido en un proyecto tecnológico oficial de la NASA gracias al trabajo de nuestro equipo, lo que lo convierte en una inversión real con dinero real. Podría convertirse en algo real. La respuesta está en una flor con un centro enorme y hasta veintiocho pétalos puntiagudos, que se parece menos a un girasol que al dibujo del sol hecho por un niño. Estoy convencida de que es la mejor manera de poder tomar imágenes directas de los exoplanetas. Pero no solo de cualquier exoplaneta que orbite alrededor de cualquier enana roja rabiosa, sino de otra Tierra que orbite alrededor de otro Sol. Me parece la nave espacial más bonita del universo.

El Starshade ayudaría a un telescopio espacial a ver de una forma distinta que el Hubble y que el Kepler. Pensemos un momento en todo lo que nos han permitido ver; pues bien, hoy, ahora mismo si quisiéramos, podríamos hacer más. La ilustración que tal vez sea mi favorita aparece hacia el final del informe, y es una dramática comparación del antes y el después que demuestra la diferencia que el Starshade supondría para el campo de visión de un telescopio espacial. En el antes, la luz de una estrella muy potente ciega al telescopio, mientras que en el después, la oscuridad es casi absoluta. Es como si la estrella fuera un incendio desbocado y hubiésemos aprendido a apagarlo como una vela.

También lo hemos logrado, al menos de momento, con 630 millones de dólares, muy por debajo del presupuesto inicial de mil millones. Pero eso depende de que emparejemos al Starshade con un telescopio espacial ya en marcha, quizá el Telescopio de Sondeo Infrarrojo de Campo Amplio (o WFIRST, por sus siglas en inglés). Somos conscientes de que pedimos mucho dinero, y que hay muchas cosas que se pueden comprar con 630 millones de dólares. Las Fuerzas Aéreas tienen previsto cambiar su actual flota de bombarderos furtivos por cien B-21 nuevos. En 2017, la Oficina de Presupuestos del Congreso estimó que el coste de este programa sería de 97 000 millones de dólares; en otras palabras, podríamos construir un B-21 menos y producir el Starshade, y aún sobrarían algunos cientos de millones de dólares. Solo debemos decidir, como país y como especie, qué tipo de futuro queremos. ¿Qué nos importa y qué no? ¿Qué queremos lograr? ¿Cómo queremos que se nos recuerde? Nuestro informe debía tener un tono mesurado y articularse con un lenguaje académico. «El estudio de la misión Exo-S sirve como una prueba de concepto que demuestra que una misión de "Probe-class" de bajo riesgo y regida por un presupuesto de mil millones de dólares que se fundamente en tecnologías de eficacia comprobada es capaz de proporcionar datos científicos revolucionarios sobre los exoplanetas», escribimos. «La misión Exo-S supondría un gran paso para revelar directamente los sistemas planetarios de estrellas cercanos y, con suerte, para encontrar un planeta tan pequeño como la Tierra [...] Esperamos sinceramente que los resultados de este análisis resulten útiles para diseñar una misión de captura de imágenes futura para el estudio de exoplanetas habitables.»

En lo personal soy menos comedida; es una de las virtudes duraderas de mis años de dolor. Cuando el estudio del Starshade tocó su fin, ya había vuelto al equipo que trabaja en el TESS, el telescopio espacial de campo amplio que se está desarrollando en el MIT. Lo que parecía una carga demasiado difícil de manejar tras la muerte de Mike, ahora parecía relativamente fácil, al menos en comparación con los múltiples desafíos que había planteado el Starshade. La diferencia entre ambos es que el TESS era una realidad tangible que se lanzaría en abril de 2018. (Fui la Subdirectora Científica del proyecto entre 2017 y 2020.) Ver cómo se materializaba en el laboratorio intensificó todavía más mis deseos de construir el Starshade. ¿Por qué uno era posible y el otro no? ¿Por qué no podía hacerse también realidad?

Tomé prestada una versión a pequeña escala del Starshade, que utilizamos para hacer pruebas en el desierto, y una maqueta a tamaño real de uno de sus pétalos. Caben en un par de maletas de viaje. Ahora, esas maletas están tan golpeadas y maltrechas como las puertas a las que he acudido para tratar de lograr que se construya el Starshade. He recorrido aulas, aeropuertos y salas de conferencias con las maquetas a cuestas. He intentado mostrarle a la gente que podemos explorar nuestro universo con más detalle del que jamás creímos imaginable. Podríamos demostrar que no estamos solos.

Los niños casi siempre entienden lo que trato de decir, lo cual no siempre sucede con los adultos. A los adultos se les ha dado demasiadas razones para no creer, y por eso suelen decir que no. Los niños tienen mucha más fe en nosotros, y por eso siempre dicen que sí.

Me casé con Charles unas semanas después de entregar el informe final. Cuando fuimos a sacar la licencia de matrimonio, le preguntamos a la secretaria del ayuntamiento si podía casarnos. Dijo que sí, pero que la ceremonia tendría que oficiarse fuera de la oficina y después del cierre. Nos habló de un parque que había al otro lado de la calle, y fuimos a echarle un vistazo. Era perfecto. Hay un puentecito que cruza el arroyo que serpentea a través de Concord. Ahí sería donde Charles y yo cruzaríamos hacia nuestras nuevas vidas juntos.

Naturalmente, Melissa me ayudó a escoger el vestido de novia. También me ayudó a contratar a su amiga Gigi, la misma fotógrafa que había inmortalizado la boda de Chelsea Clinton y nos había sacado fotos para las páginas de citas. Quería tener una prueba de nuestro amor que pudiese sostener entre las manos. El día de la boda hizo frío, pero brillaba el sol y el cielo estaba despejado. Era un día perfecto de primavera, uno de esos en los que el mundo parece rebosante de vida. Me maquillé, me puse el vestido y fui hacia el parque. Los únicos que estábamos presentes éramos la secretaria del ayuntamiento, Gigi, Charles y yo. Tal como queríamos. Los votos fueron sencillos, expresiones sinceras de nuestro amor y compromiso interrumpidos a veces por la risa, a veces por el llanto. Me gusta pensar que Charles y yo nos rescatamos el uno al otro. Durante la ceremonia, mi cerebro no paraba de hacerse las mismas preguntas. «¿Qué probabilidades había? ¿Cómo encontré a Charles? ¿Cómo me encontró él a mí?» Me sentía la persona más afortunada de la Tierra. Todavía lo siento así. Después de sentirme maldita durante tanto tiempo, sentirme afortunada es una suerte en sí misma. Tras la ceremonia, nos reunimos con Melissa en un restaurante a unas manzanas de allí. También vinieron

Max y Alex, y Veronica. Melissa había organizado un brindis con champán. Nos dijo que el amor verdadero es casi imposible de encontrar, que hallar otra Tierra podría ser más fácil. Yo también era consciente de la suerte que tuve de encontrarla a ella aquel día ya tan lejano en la montaña, en la nieve.

Los niños empezaron a subírsele encima a Charles, diciéndole lo guapo que estaba con el traje. A mí, con mi bonito vestido blanco y mi maquillaje, no me hicieron ni caso. Es cierto que Charles estaba muy elegante, pero ¡la novia era yo!

Alex no tardó en hacer la pregunta a la que llevaba un año dando vueltas: «¿Ahora te podemos llamar papá?». A los adultos que estábamos presentes se nos hizo un nudo en la garganta. Melissa lloraba.

«Sí —dijo Charles—. Por supuesto.»

Entonces, Alex preguntó si podía probar el champán y Charles le sirvió un poco.

«Noto algo raro en la cabeza», dijo Alex.

«¡Charles! —exclamé—. Es tu primer día oficial como padre, y vas y emborrachas a tu hijo.»

Alex reconocía la candidez en cuanto la veía. Después de tomar champán y zarzaparrilla, pidió si podía tomar otra cosa.

«Claro», dijo Charles.

«¿Sabes esa heladería que...»

Ahí es donde intervine yo. «Creo que es hora de irse a casa, chicos.»

Charles y yo pasamos nuestra primera noche como marido y mujer en un hotel del centro de Concord. Al día siguiente nos levantamos y fuimos al ayuntamiento a recoger el certificado de matrimonio. Caminamos hasta casa con él en la mano; era la prueba de una nueva vida.

Poco después rellenamos más formularios, esta vez para que Charles adoptara a Max y a Alex. Queríamos que su paternidad fuera oficial. Freya, la abogada que había encontrado cuando lo único que quería era cortarme el pelo, preparó las solicitudes. Aquella viuda y abogada, exitosa por partida doble, no tuvo ninguna posibilidad de huida; no pensaba dejarla escapar jamás.

Teníamos que comparecer en el juzgado de familia de Cambridge. Max y Alex se pusieron traje por primera vez. Les quedaban un poco grandes, pero eran unos jovencitos guapísimos. Charles era un hombre algo más mayor, pero también estaba guapo. No perdía el color ni en invierno, y seguía encantándome el contraste de su camisa blanca sobre la forma definida de su mandíbula. Para ese día habían pronosticado una gran tormenta, y la nieve llegaría hasta los alféizares de las ventanas. No queríamos arriesgarnos a llegar tarde a nuestra cita y pasamos la noche en un hotel en la ciudad. Cuando nos levantamos, la nieve espolvoreaba las calles, pero no tardó en escampar y quedó un radiante cielo invernal. La tormenta nunca llegó.

Freya se reunió con nosotros en el juzgado con su asistente. La jueza y el alguacil eran los únicos testigos de aquel momento tan importante para nosotros. El juzgado de familia suele ser un lugar complicado, ya que la mayoría de las familias acuden cuando se están desintegrando y requieren de la ayuda de unos desconocidos para resolver sus diferencias. Sus pasillos son testigo de mucha tristeza. La jueza que nos tocó tenía fama de dura, pero creo que al vernos casi sintió alivio. Comparecíamos ante ella para que nos convirtiera en una familia.

La jueza leyó las declaraciones de adopción, primero para Max y luego para Alex. Hizo que el uno golpeara el mazo para oficializar la adopción del otro. Ahora Charles era padre de verdad y los niños volvían a tener padre. No me lo podía creer. Había habido tantos días negros y tantas noches en vela en los que ni por asomo imaginé algo parecido a esa escena... al menos no para mí. Durante años me había peleado con los cálculos más difíciles, y ahora aquí estaban, ante mí, resolviéndose solos. El resultado daba cuatro.

Bajamos las escaleras del juzgado juntos. Como una familia. Dejamos el hotel y nos subimos al coche. Charles preguntó a los niños si se habían puesto el cinturón. «Sí, papá.» Arrancó y puso rumbo a casa. El sol brillaba desde su altura invernal. En el cielo no había ni una nube. Ni una sombra en el mundo.

Les habíamos preguntado a los niños si preferían celebrar una gran fiesta con sus amigos, o hacer algo más tranquilo en casa, los cuatro solos, sentados en cuatro sillas alrededor de la mesa, comiendo tarta.

Escogieron la tarta.

Cuando Charles se mudó con nosotros, afirmaba su presencia sutilmente para sentirse más en casa en un hogar que no siempre parecía ser suyo. Los cables que había dejado encintados y colgando del techo del recibidor le molestaban. Quedaban feos y podían ser peligrosos. Me preguntó por qué no había luz en ese pasillo, y le conté la historia de los niños y sus duelos, y cómo me había preocupado encontrarme con un niño herido o una lámpara rota, y que había bajado la lámpara yo sola, y cómo me había sentido, insignificante y grandiosa a la vez. Desde entonces, había un agujero en el techo. No sabía cómo llenarlo.

A Charles siempre se le daba bien entender mis indirectas. Un día, mientras yo estaba en el trabajo, aprovechó la oportunidad: se subió a la escalera, picó el yeso, instaló una caja de distribución, pasó los cables por ella y conectó una lámpara nueva. A ras de techo esta vez, demasiado alta como para que nuestros niños cada vez más altos llegaran a tocarla.

Se aseguró de que la luz estuviera encendida cuando llegara a casa por la noche, llenando el recibidor con su brillo naranja. Emanaba de las ventanas y caía sobre los escalones de la entrada, y cuando entré por el camino que llevaba a casa sentí su calidez. Me quedé fuera y miré por las ventanas durante mucho rato antes de subir los escalones y abrir la puerta a los ruidos de dos niños contentos y al aroma de la cena.

A veces hace falta oscuridad para ver. A veces hace falta luz.

CAPÍTULO 21

La búsqueda continua

En agosto de 2017, tras años de trabajo, esperanza y esfuerzo, la SpaceX se preparaba para lanzar un cohete Falcon 9 al espacio desde la costa de Florida. El cohete no llevaba tripulación, pero un prototipo del ASTERIA iba a bordo.

Había sido un viaje difícil. La cámara había salido de mi imaginación y pasado por la clase de diseño y construcción y por dibujos y prototipos y por una vieja base de misiles en Nuevo México, y había viajado debajo del asiento de un avión protegida por Mary Knapp. Luego nos quedamos sin financiación en el MIT, y el Laboratorio Draper había preferido destinar la tecnología a otras cosas. El Laboratorio de Propulsión a Reacción, que siempre había mostrado interés por las posibilidades de los CubeSats, y en especial del ASTERIA, cogió el relevo del MIT y del Laboratorio Draper. Tres estudiantes de posgrado del MIT desempeñaron un papel crucial en el proyecto; se tomaron el trabajo con enorme seriedad y determinación, pues habían visto su importancia de primera mano. Con su pasión y su conocimiento se aseguraron de que el ASTERIA se convirtiera en todo lo que podía llegar a ser, que se construyera como era debido y se colocara con cuidado, por fin, en la bodega de un cohete que rugía en la plataforma de despegue una bonita tarde a finales de verano. El cohete ascendería en el cielo y se reuniría con la Estación Espacial Internacional, cuyos astronautas liberarían nuestro satélite llegado el otoño. De un suave susurro en mis sueños al espacio: no podía creer que estuviéramos llegando al final de tan larga lucha. La última vez que había sido testigo del lanzamiento de un cohete fue cuando el Kepler se fue al espacio y, desde entonces, habíamos encontrado muchísimos mundos nuevos.

Charles y yo habíamos planeado ir al lanzamiento del ASTERIA, pero se retrasó unos cuantos días, los suficientes para echar por tierra nuestros planes de viaje y de cuidado de los niños. Así que, el día del lanzamiento, fui en tren a Cambridge, me dirigí al Edificio Verde y subí en ascensor hasta mi piso. Avancé entre los pósteres de viaje que anunciaban mundos lejanos, entré en mi despacho y cerré la puerta. Me senté, sola. Abrí el portátil y me conecté a la emisión en directo. Ese lanzamiento era muy importante para muchas personas y por muchas razones; alrededor del mundo había ojos enfocados en ese cohete que seguía esperando en la plataforma.

Tenía las cortinas abiertas y, de vez en cuando, apartaba la vista de las imágenes de los cielos despejados de Florida y miraba por mi ventana, a mi hermosa vista del centro de Boston. Mirara donde mirara, el cielo estaba raso. El lanzamiento estaba previsto para las 12:31.

Pasé unos treinta minutos en silencio, escribiendo mensajes de agradecimiento a los miembros del equipo del ASTERIA. En el último momento, decidí no enviarlos. Sé que la superstición es acientífica; entiendo que al universo no le importa si un jugador de béisbol lleva puestos sus calzoncillos de la suerte: que golpee o no la pelota dependerá principalmente de él y del lanzador. Pero los cohetes son máquinas delicadas y de carácter volátil. Los rusos, antes de lanzar sus cohetes desde las estepas de Kazajistán para ponerlos en órbita, convocan a un sacerdote ortodoxo para que, con la barba y la túnica y el agua bendita movidas por el viento, bendiga los impulsores. Yo no iría tan lejos, pero tampoco iba a enviar un par de correos hasta que estuviéramos al amparo de la ingravidez.

Me sorprendía lo nerviosa que estaba mientras miraba la cuenta atrás para el lanzamiento. Finalmente llegó a cero y me acerqué tanto a la pantalla que, si alguien me hubiese visto, podría haber pensado que estaba intentando meterme en ella. Y, en cierto modo, así era.

Los motores se encendieron con una enorme bola de puro fuego. La torre de lanzamiento se derrumbó y el cohete empezó a soltarse de la plataforma. La lentitud de los cohetes durante los primeros segundos del lanzamiento es casi alarmante. Se parecen más a un barco carguero saliendo a duras penas de un puerto. Pero, pasados unos segundos, ese Falcon 9 empezó a moverse de veras. Salió disparado hacia arriba. El ascenso empezó a curvarse un poco, y con sus centelleantes hombros se abría camino hacia su futura órbita. Las cámaras de a bordo registraron su arqueado vuelo. En lo que parecía cuestión de segundos, el cielo de su alrededor pasó de azul a morado a negro. El cohete había entrado en el espacio. Los impulsores se desanclaron y lo que quedaba del cohete continuó su ascenso hacia la noche más profunda, dejando atrás la Tierra, azul y encendida, rumbo hacia una negrura imposible. Le llevaría algo de tiempo alcanzar la estación especial, la cual avanzaba por su propia órbita a 27 000 kilómetros por hora, unos 8 kilómetros por segundo. Pero el cohete, y nuestro satélite, ya estaban en ruta.

«Todo lo valiente tiene que empezar en alguna parte», pensé.

No todo lo valiente tiene que acabar.

A finales de 2016, después de que Charles y yo nos casáramos, antes del lanzamiento del satélite, la revista *New York Times Magazine* publicó un extenso reportaje sobre mí. Aquella atención me halagaba, pero también me preocupaba un poco todo lo que había contado. Todavía me cuesta abrirme, y hay conocidos que, cuando el reportaje salió publicado y lo leyeron, me dijeron que les había sorprendido lo mucho que había profundizado en mi historia. «Es muy personal, Sara», me dijo un compañero. Tenía razón, lo era. Un buen amigo se enfadó: «Han ido demasiado lejos». Pensé que todos mis secretos habían quedado expuestos.

Pero ese reportaje también me enseñó algo sobre mí misma. Después de leer el artículo, Bob Williams me envió un correo electrónico. Su esposa, que era una experimentada especialista en autismo, había leído entre líneas. Era capaz de reconocer a una persona autista a la legua. En su forma de caminar, su forma de gesticular. En su habitual soledad. De cerca, las señales son inconfundibles. El autismo se percibe en unos ojos que no parpadean. Se detecta en la voz, monótona. En las obsesiones con las máquinas y en cómo funcionan las cosas. En una atención inquebrantable.

«Cree que tienes autismo —escribió Bob—. Jamás he conocido a nadie capaz de concentrarse como tú.» Le dije que su mujer se equivocaba, que no podía ser. Era demasiado mayor como para desconocer algo tan básico sobre mí misma. Jamás nadie sugirió que fuese nada más que peculiar de pequeña y extraña de adulta. Mensaje, respuesta, mensaje, respuesta. Finalmente fui a ver a una doctora especializada en diagnosticar trastornos psiquiátricos que confirmó lo que Bob y su esposa ya sabían. Por primera vez, me vi a mí misma con total claridad.

No soy capaz de describir la «verdad» de aquella revelación. Sentí cómo caía sobre mí, como si algo me hubiese golpeado, como si se tratara de un impacto físico. De pronto, muchos momentos de mi vida por fin cobraron sentido. Pensé en mi solitaria infancia; en mi sed de espacios abiertos y en el hambre de sus posibles misterios; en mi solitaria búsqueda de conexión y en cómo me mira la gente cuando trato de hablar con ellos; en mi amor por la lógica y por las estrellas; en mi negativa a creer que estamos solos, que ahí afuera no hay nadie como nosotros.

Pues claro. *Pues claro.*

A veces pensamos que sabemos qué vamos a encontrar y dónde lo encontraremos, y luego no lo encontramos. A veces, igual que con el ASTERIA y otra Tierra, sabemos qué queremos encontrar y pensamos que disponemos de la forma adecuada de encontrarlo, pero seguimos sin saber si lo encontraremos. A veces, como ocurrió con Charles y conmigo, encontramos lo que más ansiábamos, y puede que jamás comprendamos cómo o por qué lo hemos encontrado.

Y, a veces, si tenemos mucha suerte, y esto es algo que solo ocurre una o dos veces a lo largo de nuestras vidas, encontramos algo que ni siquiera sabíamos que necesitábamos.

He empezado a preguntarme si ese es el mejor tipo de ciencia: una revelación que es inesperada y esencial a partes iguales, una necesidad accidental. ¿Acaso no es esa la forma de exploración más apasionante? Es más gratificante que una pregunta sin respuesta. Y es más profunda que una respuesta sin consecuencias. No hay mayor avance que la respuesta a una pregunta que jamás se nos ocurrió plantear.

¿Hay vida en el universo? Esa es la pregunta que siempre pensé que debía responder. Puede que me haya equivocado todo este tiempo. Puede que intentar ver las luces más pequeñas del universo no se trate de a quién exactamente encontraremos allí. Puede que no importe qué aspecto tienen los alienígenas, ni qué forma adopta su versión de la vida. Puede que nuestra búsqueda no deba centrarse en ellos. Puede que jamás se tratara de ellos.

¿Creo que hay otra vida en el universo?

Sí, lo creo.

Pero la pregunta más importante es: ¿qué dice de nosotros nuestra búsqueda de esa vida? Dice que somos curiosos; que tenemos esperanza; que somos capaces de maravillarnos y de hacer cosas maravillosas.

No creo que sea casualidad que en el corazón de todo telescopio haya un espejo. Si queremos encontrar otra Tierra, significa que queremos encontrar a otros como nosotros. Creemos que merece la pena conocernos. Queremos ser una luz en el cielo de otros. Y mientras sigamos buscándonos los unos a los otros, nunca estaremos solos.

AGRADECIMIENTOS

La historia de mi vida se hizo pública cuando Chris Jones escribió sobre mí con consideración y cariño en *The New York Times Magazine*. Me gustaría darle las gracias por la ayuda que me ha prestado con este libro.

Chris y yo fuimos conectados, de una forma demasiado cósmica como para plasmarla en palabras, por Matt Reeves, Rafi Crohn y Adam Kassan de 6th & Idaho. Mollie Glick de CAA también me ayudó de una forma crucial mientras surcaba este nuevo universo. Estoy en deuda con ellos por sus amables intervenciones.

De Crown, quisiera darles las gracias a Rachel Klaymen por ver potencial en la más pequeña de las estrellas; a Gillian Blake, a Meghan Houser y a Lawrence Krauser por su orientación y por sus inteligentes correcciones; a Mark Birkey por su cuidadoso trabajo de producción y revisión; a Elena Giavaldi por el maravilloso diseño de la portada; y a Gwyneth Stansfield y a Rachel Aldrich por su labor de difusión.

La aparición de Beth y Will en este libro no hace justicia a la importancia que tienen en mi vida, y por eso quiero expresarles mi más sentido agradecimiento por su afecto y su generosidad. Vuestro vivero de árboles de Navidad proporcionó un lugar seguro a mi familia cuando más lo necesitábamos.

He tenido la suerte de contar con otros muchos apoyos. Les estoy inmensamente agradecida a mis compañeros, estudiantes de posdoctorado y alumnos del MIT; sin ellos no podría haber siquiera soñado con recuperarme durante los difíciles tiempos que relato en este libro. Y también estoy inmensamente agradecida a las figuras paternas de mi vida y a mis amigos de nuestro generoso y comprensivo alumnado. Vaya mi infinita admiración también a los científicos e ingenieros del Laboratorio de Propulsión a Reacción y de la Northrop Grumman Corporation, y del resto del país, que se han dedicado al Starshade y a otras misiones espaciales de obtención de imágenes directas. Llegará el día en que encontremos lo que más ansiamos ver.

También debo darles las gracias, con toda mi alma, a las Viudas de Concord por su comprensión única, su apoyo incondicional y sus impecables consejos sobre moda. Me ayudasteis cuando necesitaba más ayuda de la que jamás temí necesitar, y nunca subestimaré el valor de vuestra amistad.

A Jessica, Veronica, Diana y Christine: siempre seréis mi familia.

Todo mi amor y gratitud para mis maravillosos hijos, Max y Alex, por vuestra paciencia y por la felicidad que traéis a mi vida. Estoy muy orgullosa de vosotros.

Y a ti, Charles Darrow: gracias por presentarte en ese bufé de ensaladas en Thunder Bay, y gracias por rescatarme cada día desde entonces. Te querré siempre.

Impreso en España